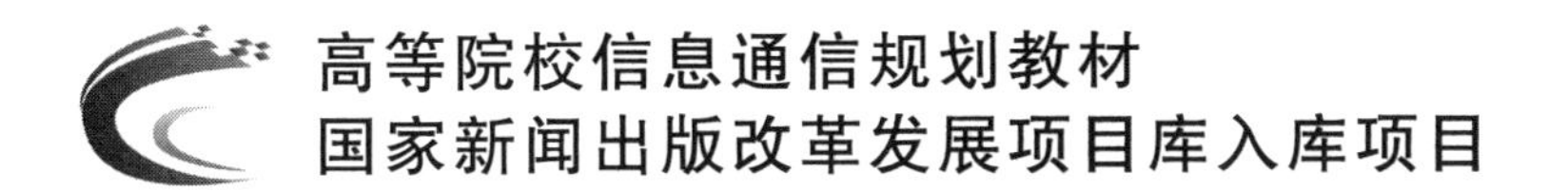

现代通信原理与技术

主编 陈 岗 洪 军 成 超

北京邮电大学出版社
www.buptpress.com

内 容 简 介

本书旨在全面介绍现代通信系统的基本原理、基本性能和基本分析方法。其内容主要包括绪论、信号与系统、信道与噪声、模拟调制技术、模拟信号数字化传输、数字基带传输技术、数字频带传输技术、同步系统、差错控制编码。本书共 9 章，每章前有本章学习目标，后附有本章小结、习题。本书内容丰富，讲述由浅入深、简明透彻、概念清楚、重点突出，既便于教师组织教学，又适合学生自学。

本书既可作为高职高专、职业本科和应用型本科院校通信类、电子类等专业的教材，也可作为成人高等学校有关专业的参考教材，还可供专业工程技术人员阅读和参考。

图书在版编目（CIP）数据

现代通信原理与技术 / 陈岗，洪军，成超主编． -- 北京：北京邮电大学出版社，2024.2
ISBN 978-7-5635-7125-3

Ⅰ. ①现… Ⅱ. ①陈… ②洪… ③成… Ⅲ. ①通信理论②通信技术 Ⅳ. ①TN91

中国国家版本馆 CIP 数据核字(2023)第 247141 号

策划编辑：马晓仟　**责任编辑**：孙宏颖　**责任校对**：张会良　**封面设计**：七星博纳

出版发行：北京邮电大学出版社
社　　址：北京市海淀区西土城路 10 号
邮政编码：100876
发 行 部：电话：010-62282185　传真：010-62283578
E-mail：publish@bupt.edu.cn
经　　销：各地新华书店
印　　刷：保定市中画美凯印刷有限公司
开　　本：787 mm×1 092 mm　1/16
印　　张：14.25
字　　数：380 千字
版　　次：2024 年 2 月第 1 版
印　　次：2024 年 2 月第 1 次印刷

ISBN 978-7-5635-7125-3　定价：46.00 元

前　　言

党的二十大报告提出，加快建设制造强国、质量强国、航天强国、交通强国、网络强国、数字中国。通信技术正朝着数字化、智能化、综合化和个人化等方向不断发展。通信技术领域的更新与发展都是以通信基本原理为基础的。因此，作为通信行业的工程技术人员，只有掌握了通信系统的基本原理和基础理论，才能适应通信技术的飞速发展。

目前，有关通信原理方面的教科书有很多，大多数都是由国内各院校的老师编写的，也有一些国外教材的中译本。但是，这些教材多数都是针对研究型的本科生和研究生的，理论性强，数学推导多，论证严谨。对于高职高专和应用型本科的学生来讲，由于他们的数学功底比较薄弱，对通信原理中的很多数学推导过程都难以理解，所以影响了学习效果，也不符合职业教育的培养目标。而市场上的一些高职高专或应用型本科类的通信原理教材，很多都是这些研究型本科教材的简单压缩，大多数只给出结论性的东西，高职高专以及应用型本科学生看不懂。特别地，受年制以及学分所限制，较多高职高专的通信类专业已经不开设研究型本科通信原理课程的前导课程信号与系统了，但市面上大多的通信原理教材缺少这部分内容，导致学生由于缺乏信号与系统的基本知识从而无法理解通信原理教材部分章节的内容。这些都是在教学过程中令高职高专和应用型本科的师生头疼的事情。

针对上述状况，编者在本书的编写过程中尤其注重了内容的安排，重点考虑本书内容的难易程度，弱化数学推导，以大量的原理框图和各种波形图进行讲解，并结合编者多年的教学经验，力争做到内容简明、通俗易懂。本书针对高职高专和应用型本科教学的特点，以“够用、简明”为原则，增加了信号与系统的内容，扼要介绍了通信原理课程所需要的信号与系统的部分基本知识，以满足基本的课程教学需求。本书在章节体系中加入了本章学习目标和本章小结，并且有较多的例题讲解，有利于高职高专、职业本科和应用型本科学生较好地掌握重点，并从总体上了解并把握章节内容。同时，本书插图丰富，有些图采用计算机软件仿真的结果，这样用图形的方法对理论加以说明，可以做到形象直观，使学生容易理解。

同时为了满足行业对于新形态教材的需求，本书对于部分重要的知识点，提供了微课等资源，可通过扫描书中二维码进行学习和交流。

本书共 9 章。第 1 章绪论，主要介绍通信的基本概念和性能指标。第 2 章信号与系统，简明介绍通信原理课程所用到的信号与系统方面的基本知识，包括常用信号、卷积积分、傅里叶变换及其性质，为后续章节的学习打下必要的基础。第 3 章信道与噪声，介绍信道的概念、加性噪声和信道容量的概念以及香农定理。第 4 章模拟调制技术，主要介绍各种调幅和调频系统。第 5 章模拟信号数字化传输，主要介绍模拟信号数字化的方法，包括抽样、量化和编码过程。第 6 章数字基带传输技术，主要介绍码间干扰及无码间干扰传输系统。第 7 章数字频带传输技术，主要介绍常见的几种二进制数字调制技术。第 8 章同步系统，主要介绍通信系统中的同步技术。第 9 章差错控制编码，主要介绍差错控制的概念和方法以及常用的信道编码技术。

本书第 1～4 章以及附录部分由广东轻工职业技术学院现代通信技术专业教师陈岗编写，第 5～7 章由该院校通信工程设计与监理专业教师洪军编写，第 8～9 章由该院校现代通信技术专业教师成超编写，全书由陈岗统稿和校对。

限于编者水平，书中难免存在疏漏和不足之处，恳请读者批评指正。

编　者

目　　录

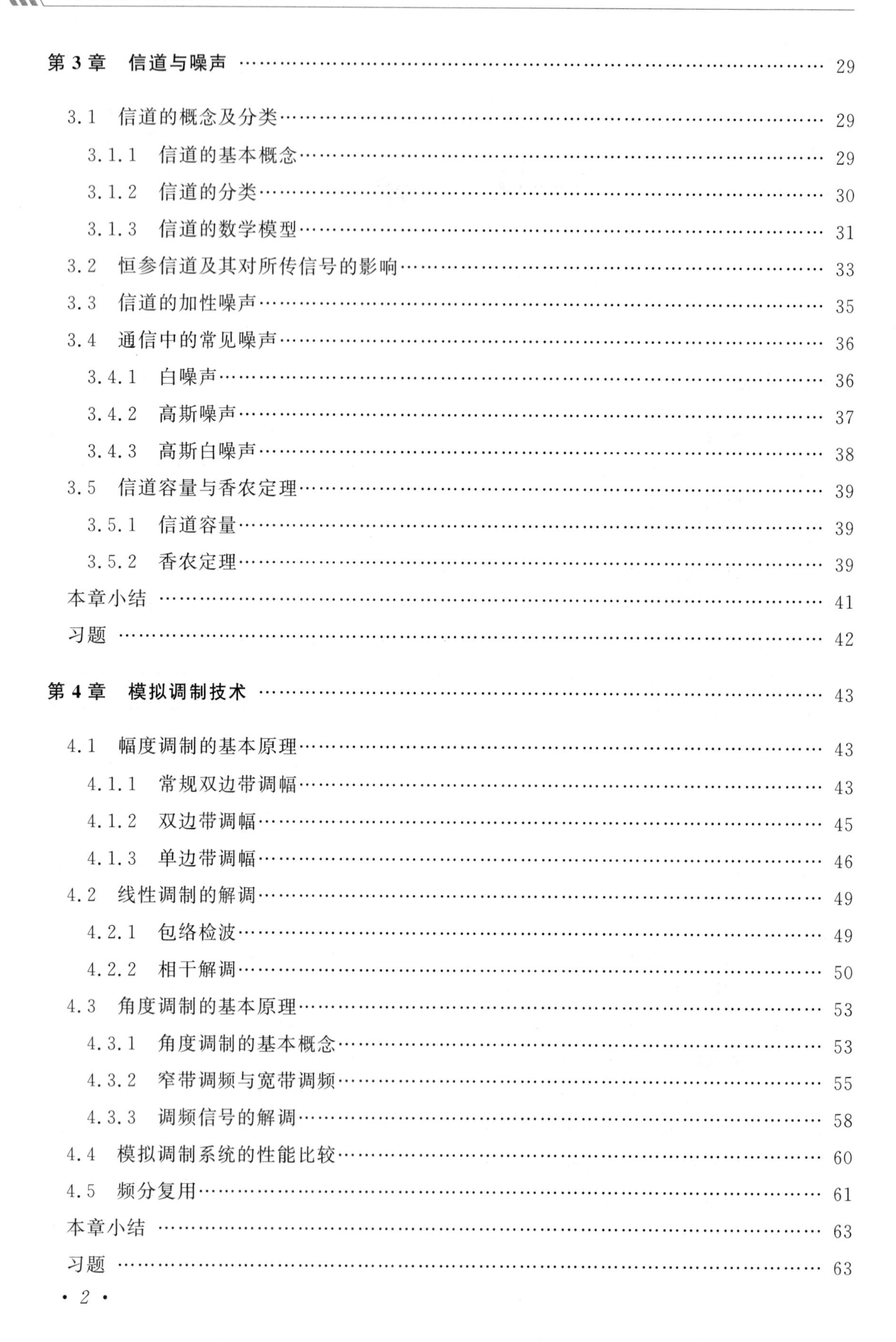

第1章 绪论

通信是现代文明的标志之一，对于人们日常生活和社会活动起着日益重要的作用。一般地，通信是指一地向另一地进行消息的有效传递。消息可以具有不同的形式，例如语言、文字、图像、视频等。通信中消息的传递是通过信号来进行的。特别地，利用"电信号"来承载消息的方式称为电通信。如今，在自然科学领域涉及"通信"这一术语时，一般是指"电通信"。光是一种电磁波，因此，广义来说，光通信也属于电通信的范畴。本书所讨论的通信均指电通信。据此，可对通信重新进行定义：利用电子等技术手段，借助电信号实现从一地向另一地进行消息的有效传递。

本章将分别介绍通信系统的组成、通信系统的分类、信息及其度量与通信系统的主要性能指标。

本章学习目标

- 了解模拟通信系统、数字通信系统的模型，理解数字通信的特点。
- 理解通信系统的主要性能指标，掌握有效性和可靠性的具体表述，掌握信息量的计算方法，掌握传码率、传信率、误码率、误信率的计算方法。

1.1 通信系统的组成

1.1.1 通信系统的一般模型

实现信息传递所需要的所有技术设备和传输媒质的总和称为通信系统。如图 1-1 所示，对于电通信而言，以基本的点对点通信为例，首先要把消息转换为电信号，然后经过发送设备，将信号送入信道，在接收端利用接收设备对接收信号作相应的处理后，将其送给信宿再转换为原来的消息。

信源（信息源，也称发终端）的作用是把消息转换为原始电信号。根据信源输出信号性质的不同，通常可以将其分为模拟信源和数字信源。模拟信源输出模拟信号，例如电话机、麦克风等。数字信源输出数字信号,例如数码相机、计算机等。信源输出的信号称为基带信号,所谓基带信号是指没有经过调制(进行频谱搬移和变换)的原始电信号,其特点是信号频谱位于低频段,具有低通形式,如语音信号的频率范围为 300~3 400 Hz,图像信号的频率范围为 0~6 MHz。

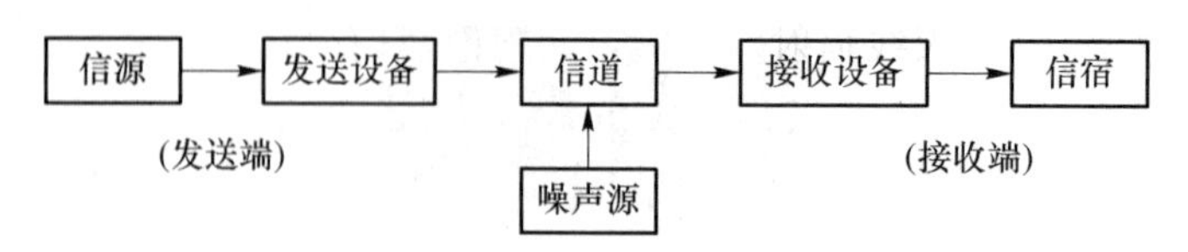

图 1-1 通信系统的一般模型

发送设备的作用是将信源产生的原始电信号(基带信号)转换为适合在信道中传输的信号,即将信源和信道特性相匹配,使其具有抗信道干扰的能力,并满足远距离传输的需求。为了实现信源与信道特性相匹配的功能,变换方式是多种多样的,在需要频谱搬移的场合,调制是常用的变换方式;对于传输数字信号来说,发送设备又常常包含信源编码和信道编码等。

信道是指传输信号的通道,即信号传输的物理媒介。通常,信道可分为有线信道和无线信道,比如双绞线、同轴电缆和光纤等属于有线信道,地波传输和短波电离层传输属于无线信道。每一种信道都有其固有的传输特性,而信道在传输各种信号的同时,各种噪声也随之进入,所以信道的这种固有传输特性与噪声干扰将直接影响到通信的质量。

接收设备主要完成发送设备的逆变换功能,比如解调、译码等。接收设备从带有噪声干扰的接收信号中正确恢复出相应的原始电信号,因而接收设备的质量将直接决定通信的质量。

信宿(受信者,也称收终端)将原始的电信号恢复成相应的消息,如电话机的听筒将对方传来的电信号还原成了声音。

图 1-1 给出的是通信系统的一般模型,按照信道中所传信号的形式不同,通信系统可进一步具体分为模拟通信系统和数字通信系统。

1.1.2 模拟通信系统

信道中传输模拟信号的系统称为模拟通信系统。如图 1-2 所示,模拟通信系统可由一般通信系统模型略加改变而成。这里,一般通信系统模型中的发送设备和接收设备分别用调制器、解调器来代替。

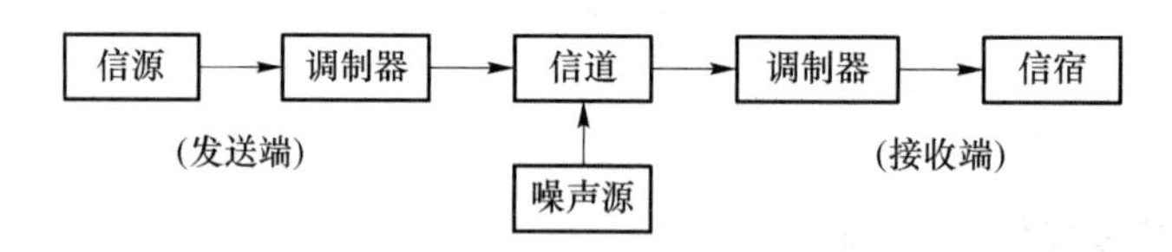

图 1-2 模拟通信系统模型

对于模拟通信系统,其发送设备的核心是调制器。模拟通信系统主要包含两种重要变换。一种变换是信源把连续消息变换成原始电信号(也称基带信号)和信宿把电信号恢复成最初的连续消息。由于信源所发出的原始电信号大都属于基带信号的范畴,即其频谱成分集中在低频段,往往不适合在信道中直接传输,可以通过调制将信号频谱搬移到高频段,从而使其更加适合信道的传输特性。因此,模拟通信系统里常有第二种变换,即将基带信号转换成适合于信道传输的信号,这一变换由调制器完成,在接收端同样需经相反的变换,它由解调器完成。经过调制的信号通常称为已调信号。已调信号有3个基本特性,一是携带有消息,二是适合在信道中传输,三是频谱具有带通形式,且中心频率远离零频,因此已调信号又称为频带信号。

不管是模拟通信系统还是数字通信系统,调制都是非常重要的一个环节,其作用主要有以下3点。

① 提高信号频率以便于天线辐射。根据天线理论,只有当辐射天线的尺寸大于信号波长的1/10时,信号才能够被天线有效辐射出去,比如,对于1 m长的天线,其辐射频率至少需要30 MHz,而大多数需要传输的消息被转换成信号后,其频率都比较低(属于基带信号范畴),所以需要通过调制完成频谱搬移。

② 改变信号占用带宽。调制过程的频谱搬移通常把低频段信号搬移到高频段上,所以信号在高频段上的相对有效带宽要比低频段上的相对有效带宽小很多。

③ 实现信道复用。信道的传输带宽是一种资源,而一路信号的传输带宽往往比信道带宽小很多,因此如果一个信道只传输一路信号就显得很浪费。通过调制,可以将多个相同频段内的信号调制到不同频段上进行复用传输,从而有效利用信道。

需要指出的是,在实际的模拟通信系统中,除了调制以外,还有放大、滤波、天线辐射等相关过程,但是这些过程只是对信号的性能有所改善,而不涉及信号本质的变换。

1.1.3 数字通信系统

信道中传输数字信号的系统称为数字通信系统。数字通信系统可进一步细分为数字频带传输通信系统、数字基带传输通信系统、模拟信号数字化传输通信系统。

1. 数字频带传输通信系统

数字通信的基本特征是,它的消息或信号具有"离散"或"数字"的特性,同时数字通信强调已调参量与代表消息的数字信号之间的一一对应关系。相应地,模拟通信强调变换的线性特性,即强调已调参量与代表消息的基带信号之间的比例特性。点对点的数字频带传输通信系统模型如图1-3所示。

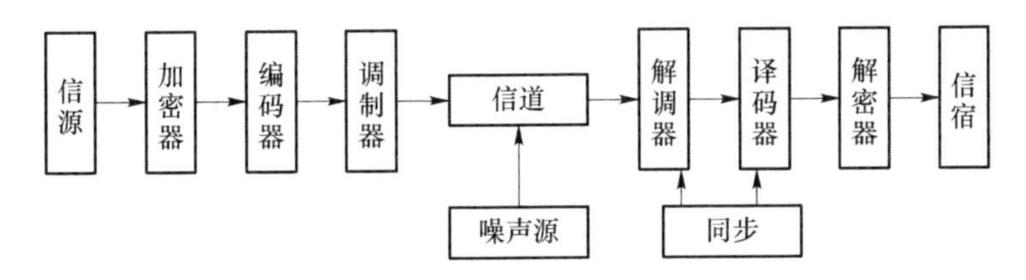

图1-3 点对点的数字频带传输通信系统模型

需要说明的是,在图1-3中,调制器/解调器、加密器/解密器、编码器/译码器等环节在具体通信系统中是否全部采用,要取决于具体设计条件和要求。但在一个系统中,如果发送端有调制、加密、编码模块,则接收端必须有对应的解调、解密、译码模块。通常把有调制器、解调器的数字通信系统称为数字频带传输通信系统。

2. 数字基带传输通信系统

与数字频带传输通信系统相对应,通常把没有调制器、解调器的数字通信系统称为数字基带传输通信系统,如图1-4所示。

在图1-4中,基带信号形成器可能包括编码器、加密器以及波形变换等,接收滤波器可能包括译码器、解密器等。

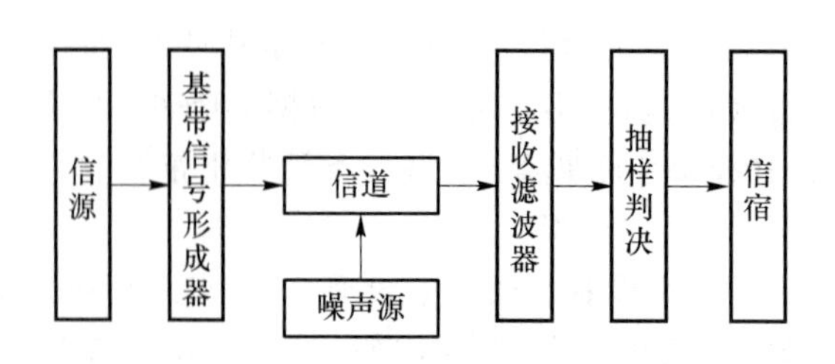

图 1-4　数字基带传输通信系统模型

3. 模拟信号数字化传输通信系统

在上面介绍的数字通信系统中，信源输出的信号均为数字基带信号，实际上，在日常生活中大部分信号(如语音信号）为连续变化的模拟信号。那么要实现模拟信号在数字通信系统中的传输，则必须在发送端将模拟信号数字化，即进行模/数（A/D）转换；在接收端需进行相反的转换，即数/模（D/A）转换。实现模拟信号数字化传输的系统如图 1-5 所示。

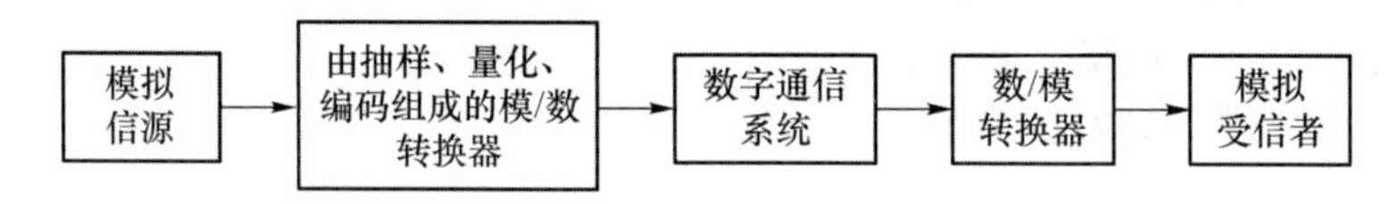

图 1-5　模拟信号数字化传输通信系统模型

1.1.4　数字通信的主要特点

目前，无论是模拟通信还是数字通信，在不同的通信业务中都得到了广泛的应用。但数字通信的发展速度已明显超过模拟通信，数字通信成为当代通信技术的主流。与模拟通信相比，数字通信具有以下一些优点。

1. 抗干扰能力强

数字通信系统中传输的是离散取值的数字波形，接收端的目的是在受到干扰的信号中判断出传输的是哪一个波形，而不需要还原被传输的整个波形。以二进制为例，信号的取值只有两个，接收端只要能正确判决发送的是两个状态中的哪一个即可。在远距离传输时，如微波中继通信，数字通信系统可采用多个中继站，在每个中继站利用数字通信特有的抽样判决再生的接收方式使信号再生，只要不发生错码，再生后的信号仍然像信源发出的信号一样，可以使噪声不积累。而模拟通信系统中传输的是连续变化的模拟信号，它要求接收机能够高度保真地重现原信号波形，一旦信号叠加上噪声后，即使噪声很小，也很难消除。

2. 差错可控

由于模拟线路特性不良，以及存在外来的干扰等，在传输数据时，极有可能出现差错。在数字通信中可以采用差错控制技术，它能自动发现差错且立即校正，并改善传输质量。

3. 易加密

实现数字通信以后，实施加密措施要比模拟通信容易，不需要很多的复杂设备，只要采用简单的逻辑运算就可以起到保密作用，而且效果要比模拟通信好。因此，数字通信的保密性强。

4. 易于与现代技术相结合

由于计算机技术、数字存储技术、数字交换技术以及数字处理技术等现代技术飞速发展，许多设备、终端接口均采用数字信号，因此极易与数字通信系统相连接。

此外，数字通信的缺点是占用带宽较大。以电话为例，一路模拟电话通常只占据4 kHz的带宽，但一路接近同样话音质量的数字电话可能要占据20～60 kHz的带宽。另外，由于数字通信对同步的要求高，因而系统设备复杂。但是，随着光纤等大容量传输媒介的使用、数据压缩技术及超大规模集成电路的出现，数字通信的这些缺点已经弱化，数字通信的应用必将会越来越广泛。

1.2 通信系统的分类

通信的目的是传递消息，按照不同的分法，通信系统可分为各种类别，下面介绍几种常用的分类方法。

1. 按传输媒介分

按照信号传输媒介可将通信系统分为有线通信系统和无线通信系统两种。有线通信系统采用有线信道传输，比如双绞线、同轴电缆、光纤等。无线通信系统采用无线信道传输，比如微波通信、卫星通信都是利用电磁波在空间中进行传输的。

2. 按信道中所传信号的特征分

按照传输信号的特征可将通信系统分为模拟通信系统和数字通信系统两种。模拟通信系统中传输的信号是连续信号，数字通信系统中传输的信号是数字信号，即信号的参量是可数的或者离散的。

3. 按工作频段分

按通信设备的工作频率不同，通信系统可分为长波通信系统、中波通信系统、短波通信系统、微波通信系统等。表1-1列出了通信中使用的频段、常用传输媒介及主要用途。

表1-1 通信频段、常用传输媒介及主要用途

频率范围	波长	频段名称	常用传输媒介	用途
3 Hz～30 kHz	10^8～10^4 m	甚低频(VLF)	有线线对、超长波无线电	音频、电话、数据终端长距离导航、时标
30～300 kHz	10^4～10^3 m	低频(LF)	有线线对、长波无线电	导航、信标、电力线通信
300 kHz～3 MHz	10^3～10^2 m	中频(MF)	同轴电缆、中波无线电	调幅广播、移动陆地通信、业余无线电
3～30 MHz	10^2～10 m	高频(HF)	同轴电缆、短波无线电	移动无线电话、短波广播定点军用通信、业余无线电
30～300 MHz	10～1 m	甚高频(VH)	同轴电缆、米波无线电	电视、调频广播、空中管制、车辆通信、导航
300 MHz～3 GHz	100～10 cm	特高频(UHF)	波导、分米波无线电	空间遥测、雷达导航、移动通信
3～30 GHz	10～1 cm	超高频(SHF)	波导、厘米波无线电	微波接力、卫星和空间通信、雷达
30～300 GHz	10～1 mm	极高频(EHF)	波导、毫米波无线电	雷达、微波接力、射电天文学
10^5～10^7 GHz	3×10^{-4}～3×10^{-6} cm	紫外可见光、红外	光纤、激光空间传播	光通信

工作频率和波长可互相转换，其关系为

$$\lambda=\frac{c}{f} \tag{1-1}$$

式中，λ 为工作波长，单位为 m；f 为工作频率，单位为 Hz；$c=3\times10^{8}$ m/s 为电磁波在自由空间中的传播速度。

4. 按调制方式分

按照调制方式可将通信系统分为基带通信系统和调制通信系统两种。基带通信系统直接传输信号，即信号未经过调制过程，比如音频通信系统。调制通信系统把信号调制后进行传输，即进行了频谱搬移的过程，比如调幅、调频系统。

5. 按通信者是否运动分

通信系统还可按收发信者是否运动分为移动通信系统和固定通信系统。移动通信系统是指通信双方至少有一方在运动中进行信息交换。移动通信系统具有建网快、投资少、机动灵活等特点，能使用户随时随地快速可靠地进行信息传递，因此，已被列为现代通信中的新兴通信方式之一。

6. 按信号复用方式分

传输多路信号常有 3 种复用方式，即频分复用、时分复用和码分复用。如图 1-6 所示，频分复用是用频谱搬移的方法使不同信号占据不同的频率范围的复用方式，时分复用是用脉冲调制的方法使不同信号占据不同的时间区间的复用方式，码分复用是用正交的脉冲序列编码分别携带不同信号的复用方式。传统的模拟通信采用频分复用，随着数字通信的发展，时分复用通信系统的应用越来越广泛，码分复用多用于空间通信的扩频通信和移动通信系统中。

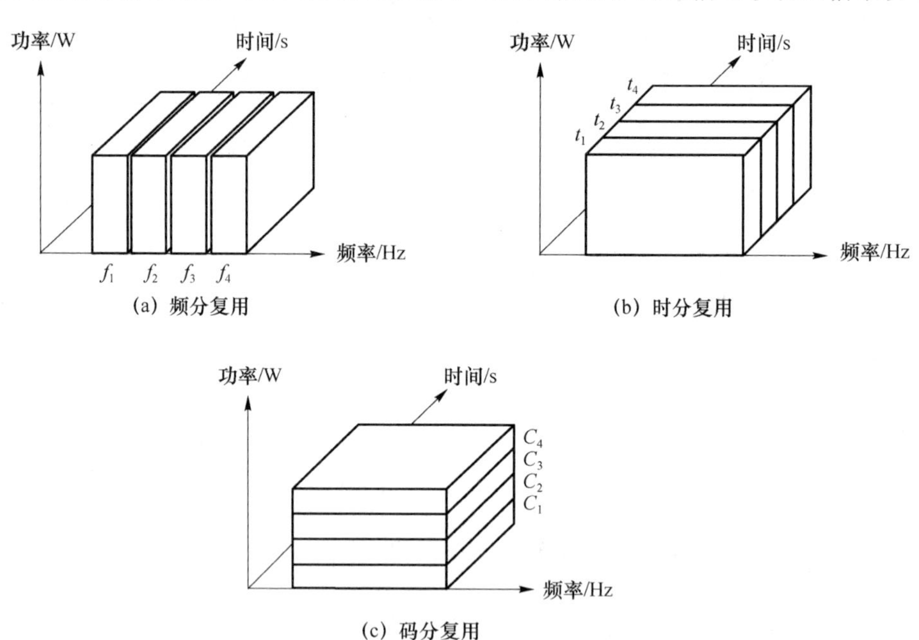

图 1-6　频分复用、时分复用、码分复用方式示意图

7. 按照通信方式分

按照通信方式可将通信系统分为单工通信系统、半双工通信系统和全双工通信系统 3 种。单工通信系统中存在一个信道，信号只能单方向进行传输，例如遥控遥测通信系统。半双工通信系统中存在一个共享的信道，通信双方都能够发送和接收信号，但是不能同时发送和接收，例如无线对讲系统。全双工通信系统中存在两个独立的信道，通信双方可以独立实时地收发信号，例如电话通信系统。单工、半双工、全双工通信系统示意图如图 1-7 所示。

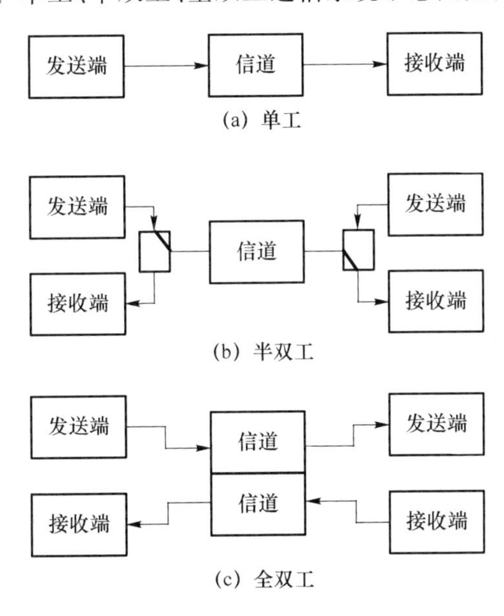

图 1-7 单工、半双工、全双工通信系统示意图

1.3 信息及其度量

通信的目的就是要准确、可靠、有效地传递信息，信息是消息中的有效内容。消息的出现是随机的，消息所包含信息的多少与消息的统计特性有关。消息的多少可以直观地使用“信息量”进行衡量。

在一切有意义的通信中，虽然消息的传递意味着信息的传递，但对接收者而言，传递的某些消息比另外一些消息具有更多的信息。例如，甲方告诉乙方 3 条不同的消息：①今天太阳从东方升起来；②今天升起的太阳比昨天要大一些；③今天太阳从西方升起来。

第 1 条消息是一件必然的事情，听起来感觉一点信息量都没有。第 2 条消息是一件有可能发生的事情，听起来感觉获得了一定的信息量。第 3 条消息是一件不可能发生的事情，听后会使人非常惊奇。这表明对接收者来说，事件越不可能发生，越会使人感到意外和惊奇，信息量就越大。

概率论告诉我们，事件的不确定程度可以用其出现的概率来描述。因此，消息包含的信息量多少与消息所表达事件的出现概率密切相关。事件出现的概率越小，则消息包含的信息量就越大，反之则越小。

根据以上认知，消息所含的信息量 I 与消息发生概率 P 的关系应当有如下规律。

① 消息所含的信息量 I 是该消息出现的概率 $P(x)$ 的函数，即

$$I=I[P(x)]$$

② 消息出现的概率 $P(x)$ 越小，I 越大；反之，I 越小。且当 $P(x)=1$ 时，$I=0$；当 $P(x)=0$ 时，$I=\infty$。

③ 若干个互相独立事件构成的消息（$x_1,x_2,x_3,\cdots$）所含信息量等于各独立事件 $x_1,x_2,x_3,\cdots$ 信息量之和，也就是说，信息具有相加性，即

$$I=I[P(x_1)\cdot P(x_2)\cdot P(x_3)\cdot\cdots]=I[P(x_1)]+I[P(x_2)]+I[P(x_3)]+\cdots$$

可以看出，若 I 与 $P(x)$ 间的关系式为

$$I=\log_a\frac{1}{P(x)}=-\log_a P(x) \tag{1-2}$$

就可以满足上述要求。因此，我们定义式(1-2)为消息 x 所含的信息量。

根据 a 的取值不同，信息量的单位也不同。当 a 取 2 时，信息量的单位为比特(bit)；当 a 取 e 时，信息量的单位为奈特；当 a 取 10 时，信息量的单位为哈特莱。通常 a 的取值都是 2，即用比特作为信息量的单位。

【例 1-1】 设有二进制离散信源，数字 0 或 1 以相等的概率出现，试计算每个符号的信息量。

解： 二进制等概率时

$$P(1)=P(0)=0.5$$

由式(1-2)，有

$$I(1)=I(0)=-\log_2 0.5=1\ \text{bit}$$

即二进制等概率时，每个符号的信息量相等，为 1 bit。

同理，对于离散信源，若 N 个符号等概率($P=1/N$)出现，且每一个符号的出现是相互独立的，则每个符号所含的信息量相等，为

$$I(0)=I(1)=\cdots=I(N-1)=-\log_2 P=-\log_2\frac{1}{N}=\log_2 N \tag{1-3}$$

式中，P 为每一个符号出现的概率；N 为信源所包含的符号数目。通常 N 是 2 的整数幂次，比如 $N=2^K(K=1,2,3,\cdots)$，则式(1-3) 可改写为

$$I(0)=I(1)=\cdots=I(N-1)=\log_2 N=\log_2 2^k=k \tag{1-4}$$

独立等概情况下 N 进制的每一符号包含的信息量，是二进制每一符号包含信息量的k 倍（k 是每一个 N 进制符号用二进制符号表示时所需的符号数目）。

【例 1-2】 试计算二进制符号不等概时的信息量，设 $P(0)=P$。

解： 由 $P(0)=P$，有 $P(1)=1-P$，根据式(1-2)，有

$$I(0)=-\log_2 P(0)=-\log_2 P$$

$$I(1)=-\log_2 P(1)=-\log_2(1-P)$$

可见，不等概时，每个符号所含的信息量不同。

计算消息的信息量常用到平均信息量的概念。平均信息量 $\bar{I}$ 定义为每个符号所含信息量的统计平均值，即等于每个符号的信息量乘以各自的出现概率再相加。设离散信源是由 N 个符号组成的集合，其中每个符号 $x_i(i=0,1,2,\cdots,n-1)$按一定的概率 $P(x_i)$独立出现，即

$$\begin{bmatrix} x_0 & x_1 & \cdots & x_{n-1} \\ P(x_0) & P(x_1) & \cdots & P(x_{n-1}) \end{bmatrix} \text{且} \sum_{i=0}^{n-1}P(x_i)=1$$

则每个符号所含信息量的平均值为

$$\begin{aligned}\bar{I} &= P(x_0)[-\log_2 P(x_0)] + P(x_1)[-\log_2 P(x_1)] + \cdots + P(x_{n-1})[-\log_2 P(x_{n-1})] \\ &= \sum_{i=0}^{n-1} P(x_i)[-\log_2 P(x_i)] \quad (\text{bit/ 符号})\end{aligned} \tag{1-5}$$

上述平均信息量的计算公式与热力学和统计力学中关于系统熵的公式一致，故又把离散信源的平均信息量称为离散信源的熵。

【例 1-3】 设有一由 5 个符号 A、B、C、D、E 组成的离散信源，它们出现的概率分别为1/2、1/4、1/8、1/16、1/16，试求信源的平均信息量 $\bar{I}$。

解： 根据式(1-5)，有

$$\begin{aligned}\bar{I} &= \frac{1}{2}\times\left(-\log_2\frac{1}{2}\right)+\frac{1}{4}\times\left(-\log_2\frac{1}{4}\right)+\frac{1}{8}\times\left(-\log_2\frac{1}{8}\right)+ \\ &\quad \frac{1}{16}\times\left(-\log_2\frac{1}{16}\right)+\frac{1}{16}\times\left(-\log_2\frac{1}{16}\right) \\ &= \frac{1}{2}+\frac{2}{4}+\frac{3}{8}+\frac{4}{16}+\frac{4}{16} \\ &= 1.875 \text{ bit/符号}\end{aligned}$$

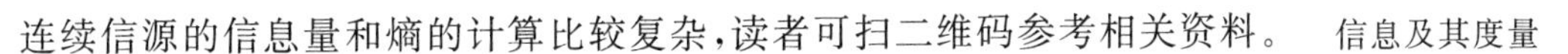

连续信源的信息量和熵的计算比较复杂，读者可扫二维码参考相关资料。

信息及其度量

1.4 通信系统的主要性能指标

通信系统优劣的评价指标有很多，比如系统的有效性、可靠性、标准性、经济性和适应性等。由于通信的目的是快速、准确地传输信息，因而有效性和可靠性便成为衡量通信系统最主要的性能指标。

所谓有效性是指信息传输的“速度”问题，而可靠性则是指接收信息的准确程度，也就是传输的“质量”问题。这两个问题相互矛盾而又相对统一。由于模拟通信系统和数字通信系统之间的区别，两者对有效性和可靠性的要求及度量的方法不尽相同。

1.4.1 有效性指标

1. 模拟通信系统的有效性指标

模拟通信系统的有效性通常用有效传输带宽来度量。信道的传输带宽本身就是一种资源，在一定的信道带宽范围内，多个用户可以采用频分复用的方式在信道中同时传送消息，单用户的传输带宽越小，则信道所能容纳的用户数就越多，因而系统的有效性就越好。同样的消息采用不同的调制方式则需要不同的频带宽度。如话音信号的单边带调幅占用的带宽仅为 4 kHz，而话音信号的宽带调频占用的带宽则为 48 kHz(调频指数为 5 时)。显然调幅信号的有效性比调频的好。

2. 数字通信系统的有效性指标

数字通信系统的有效性可用传输速率和频带利用率来衡量。通常从两个不同的角度来定义传输速率。

(1) 码元传输速率

码元传输速率简称码元速率,又称传码率、码率等,用符号 R_B 来表示,它被定义为单位时间(每秒)内传输码元的数目,单位为波特(Baud),简记为 B。例如,某系统每秒传送 2 000 个码元,则该系统的传码率为 2 000 B。数字信号一般有二进制与多进制之分,但码元速率仅表征单位时间内传输码元的数目,与进制数无关。根据码元速率的定义,若每个码元所占据的时间为 T_s,则有

$$R_B = \frac{1}{T_s} \tag{1-6}$$

通常在给出码元速率的同时要说明码元的进制数。

(2) 信息传输速率

信息传输速率简称信息速率,又称为传信率或比特率,用符号 R_b 表示,它定义为单位时间(每秒)内传送的信息量,单位为比特/秒,简记为 bit/s。例如,某信源在 1 s 内传送 2 000 bit 的信息,则该信源的信息速率 R_b 为 2 000 bit/s。

由于信息量与信号进制数 N 有关,因此传信率 R_b 也与 N 有关。

(3) 码元传输速率与信息传输速率的关系

在"0""1"等概率传输的二进制系统中,一个码元含有的信息量为 1 bit,所以二进制的传码率在数值上与传信率是相等的。对于 N 进制系统,每一个码元代表的信息量为 $\log_2 N$,根据码元速率和信息速率的定义可知,R_B 与 R_b 在数值上有如下关系:

$$R_{bN} = R_{BN} \cdot \log_2 N \tag{1-7}$$

例如,在十六进制中,若传码率为 1 000 B,则传信率为 4 000 bit/s。

(4) 频带利用率

在比较不同通信系统的有效性时,不能单看它们的传输速率,还应考虑它们所占用的频带宽度,因为两个传输速率相等的系统其传输效率并不一定相同。因此,还需要从频带利用率的角度来衡量数字通信系统的有效性。频带利用率指标定义为单位带宽(每赫兹)内的传输速率,用符号 η 或 η_b 来表示:

$$\eta = \frac{R_B}{B}\ (\text{Baud/Hz}) \tag{1-8}$$

$$\eta_b = \frac{R_b}{B}\ (\text{bit/(s} \cdot \text{Hz)}) \tag{1-9}$$

式中,B 为信道传输带宽。

1.4.2 可靠性指标

1. 模拟通信系统的可靠性指标

模拟通信系统的可靠性通常用接收端解调器输出信噪比来度量。输出信噪比越高,通信质量就越好。不同调制方式在相同信道输入信噪比下所得到的解调后输出信噪比是不同的。如调频信号的抗干扰能力比调幅的好,但调频信号所需的传输带宽却大于调幅的。

2. 数字通信系统的可靠性指标

数字通信系统的可靠性可用信号在传输过程中出现错误的概率来衡量,即用差错率来衡量。差错率常用误码率和误信率表示。

（1）误码率

误码率也称码元差错率，用符号 P_e 表示，是指错误接收的码元数在传输总码元数中所占的比例，更确切地说，误码率是码元在传输系统中被传错的概率，即

$$P_e=\frac{接收的错误码元数}{传输的总码元数} \tag{1-10}$$

（2）误信率

误信率也称信息差错率，用符号 P_{eb} 表示，是指错误接收的比特数在传输总比特数中所占的比例，更确切地说，误信率是信息在传输系统中被传错的概率，即

$$P_{eb}=\frac{接收的错误比特数}{传输的总比特数} \tag{1-11}$$

【例 1-4】 已知某十六进制数字通信系统的信息速率为 4 000 bit/s，在接收端半小时内共测得出现了 36 个错误码元，试求系统的误码率。

解： 依题意，$R_{b16}=4\ 000$ bit/s，可根据信息速率求得传码率。由 $R_{b16}=R_{B16}\cdot\log_2 16$，得

$$R_{B16}=\frac{R_{b16}}{\log_2 16}=1\ 000\ \text{B}$$

通信系统的主要性能指标

由式(1-10)，得

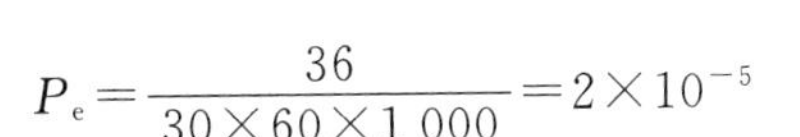

$$P_e=\frac{36}{30\times60\times1\ 000}=2\times10^{-5}$$

本 章 小 结

① 信号是消息的载体，并以参量的形式来表征，可分为模拟信号和数字信号。信息是消息中的有效内容。

② 通信系统模型中的发送设备完成信号与信道的匹配功能，接收设备则完成发送设备的逆过程，但应该注意的是，接收设备从带有干扰的接收信号中正确分离出相应的信号。

③ 通信系统从不同角度可以分为很多类，例如，按照复用方式分成频分复用、时分复用和码分复用通信系统，按照通信方式分成单工、半双工和全双工通信系统。

④ 信息量可用来衡量消息中所包含信息的多少，其大小与消息所表达事件的出现概率密切相关。一个二进制码元含 1 bit 的信息量，一个 N 进制码元含$\log_2 N$ bit 的信息量。

⑤ 度量模拟通信系统有效性的指标是传输带宽，度量可靠性的指标是接收端的输出信噪比。度量数字通信系统有效性的指标是传输速率和频带利用率，度量可靠性的指标是误码率和误信率。

习 题

1-1 说明消息、信号与信息三者的区别与联系。

1-2 说明数字通信系统与模拟通信系统相比较而具有的优点。

1-3 说明模拟通信系统模型中各组成部分的主要功能。

1-4 说明数字频带传输通信系统、数字基带传输通信系统及模拟信号数字化传输通信系

统中各组成部分的主要功能。

1-5　已知英文字母A出现的概率为0.201，C出现的概率为0.002，试求英文字母A和C各自的信息量。

1-6　掷两个骰子，第一次掷出的两个骰子点数之和为4，第二次掷出的两个骰子点数之和为7，分别计算两次掷骰子所包含的信息量。

1-7 某信源符号集由A、B、C、D、E、F组成，设每一符号独立出现，其出现概率分别为1/2、1/4、1/8、1/16、1/32、1/32。试求该信源输出符号的平均信息量。

1-8　设一数字传输系统传送二进制信号，码元速率为2 400 B，试求该系统的信息速率。若该系统改为传送十六进制信号，在码元速率不变的情况下，请再计算此时系统的信息速率。

1-9　已知二进制信号的信息速率为4 800 bit/s，在信息速率不变的情况下，若变换成八进制信号传输，请计算系统的码元速率。

1-10　已知某数字消息序列的码元周期为8×10^{-6} s，若将该序列采用八进制系统进行传输，求该系统的信息传输速率。

1-11　已知某八进制系统，其信息传输速率为2 400 bit/s。在半小时内共收到360个错误码元，求该系统的码元传输速率和误码率。

1-12　某电台在5 min内共收到正确的信息量为356.4 Mbit，假定系统的信息速率为1 200 kbit/s。

① 试计算系统的误信率。

② 若具体指出系统所传数字信号为八进制信号，请判断误信率是否有改变。

第2章 信号与系统

信号是信息的载体，信号的传递离不开系统，通信是信号与系统的集合。系统是指由相互作用和依赖的若干单元组合而成的、具有特定功能的有机整体。

本章主要介绍通信原理课程所用到的信号与系统方面的基本知识，包括抽样信号、单位阶跃信号、单位冲激信号等常用信号，并初步分析系统的特性，最后介绍傅里叶变换，包括傅里叶变换的时移性质、卷积性质等，为后续章节的学习打下必要的基础。

本章学习目标

- 了解抽样信号、单位阶跃信号、单位冲激信号等常用信号的特点。
- 了解系统的分类和分析方法，理解线性时不变系统的特性，理解单位冲激响应的概念，掌握卷积积分的计算方法。
- 理解傅里叶变换的过程和意义，掌握傅里叶变换和反变换的计算方法，理解傅里叶变换的时移性质、卷积性质等。

2.1 信　　号

信号是信息的载体。如上课铃响是声信号，十字路口的红绿灯是光信号，电视机天线接收的电视信息是电信号。日常生活中的文字信号、图像信号、生物电信号等都是信号。

为了有效地传播和利用信息，常常需要将信号转换成便于传输和处理的电信号。例如，无线广播就是将语音信号变换为适宜远距离传播的载波信号，由天线发射出去，收音机通过无线接收到信号，通过信号变换形成语音信号。

信号是携带信息的独立变量的函数。信号是信息的一种物理体现，一般是随时间或位置变换的物理量。电信号的基本形式是随时间变化的电压或电流。描述信号的常用方法包括“表示为时间的函数”和“信号的图形表示”。“信号”与“函数”通常是相通的概念，语音信号和音叉信号例子的图形表示如图 2-1 所示。

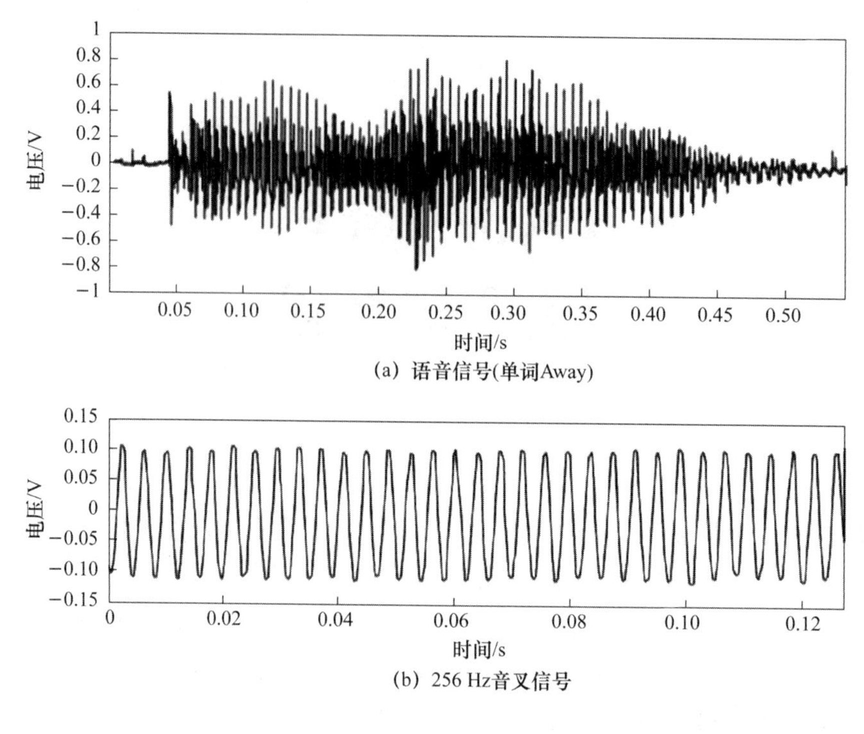

图 2-1 信号示例

2.1.1 连续信号与离散信号

自变量在整个连续时间范围内都有定义的信号是连续时间信号，简称连续信号。此处连续是指函数信号的定义域——时间(或其他变量)是连续的，而信号的值域可以是连续的，也可以是离散的。离散信号是在连续信号上采样得到的信号。离散信号是一个序列，其自变量是离散的。离散信号不等同于数字信号，数字信号不仅自变量是离散的，信号的值域还是经过量化的。

图 2-2(a)所示为连续信号。若对该信号在离散时间点上进行采样，则其变成一个时间上离散、幅度上连续的信号，即离散信号，如图 2-2(b)所示。若对于图 2-2(b)所示的信号，在幅度上进行量化，用有限个电平表示幅度采样值，则其变成数字信号，如图 2-2(c)所示。

2.1.2 常用的信号

1. 抽样信号

抽样信号的表达式为

$$\mathrm{Sa}(t)=\frac{\sin t}{t} \tag{2-1}$$

抽样信号的图形如图 2-3 所示。

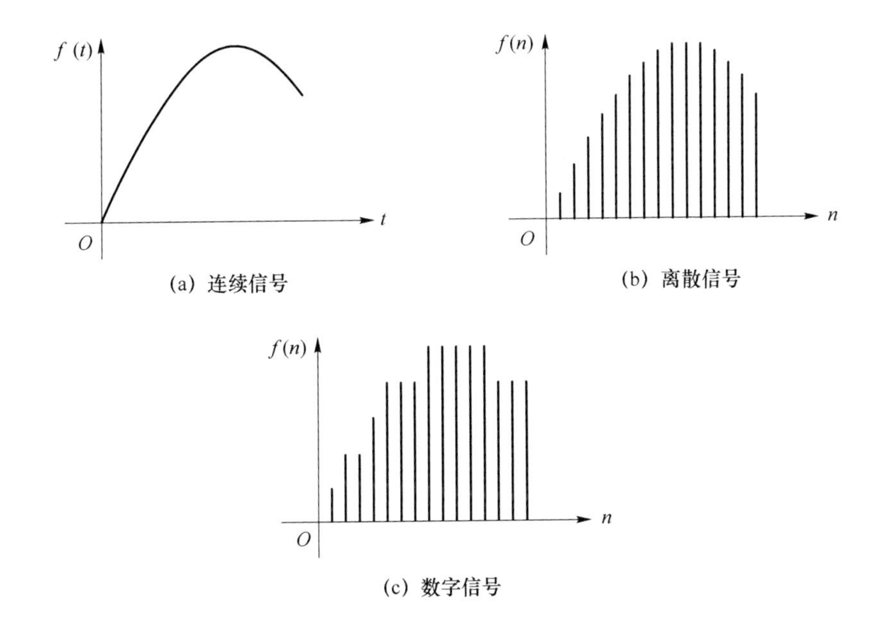

图 2-2 连续信号、离散信号和数字信号示例

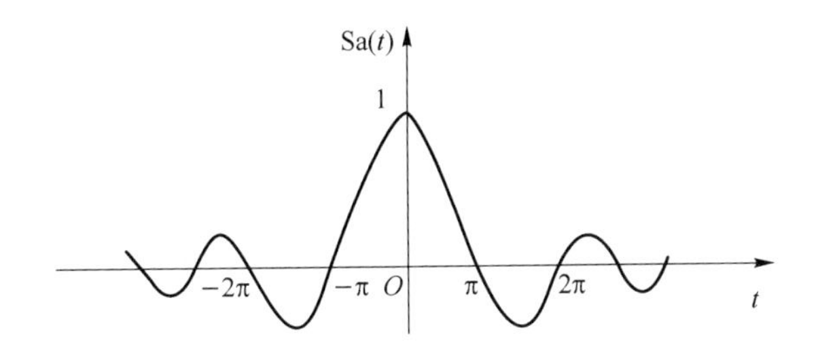

图 2-3 抽样信号的图形

抽样信号具有如下性质。

① 当 $t=0$ 时，$\mathrm{Sa}(0)=\lim\limits_{t\to 0}\dfrac{\sin t}{t}=1$。

② 当 $\mathrm{Sa}(t)=0$ 时，可有 $t=\pm k\pi, k=1,2,3,\cdots$，由此式即可确定抽样信号的零值点。

③ 该信号是一个振荡信号，其振幅的衰减速度为$\dfrac{1}{t}$，与时间成反比。

④ 该信号是关于时间 t 的偶函数，即

$$\mathrm{Sa}(-t)=\mathrm{Sa}(t)$$

⑤ 该信号在$\pm\infty$区间的积分值为有限值，即

$$\int_{-\infty}^{\infty}\frac{\sin t}{t}\mathrm{d}t=\pi$$

2. 单位阶跃信号

若某一信号本身存在不连续点(跳变点)或其导数与积分存在不连续点，则称此信号为奇异信号。一般来说，奇异信号都是实际信号的理想化模型。单位阶跃信号就属于奇异信号的范围，单位阶跃信号定义为

$$u(t)=\begin{cases}0, & t<0\\ 1, & t>0\end{cases} \tag{2-2}$$

单位阶跃信号的图形如图 2-4 所示。

单位阶跃信号在信号分析中的作用主要是描述信号在某一时刻的转换。如果将此信号作为信号源放入电路中，就相当于起到一个开关电路作用。因此也常称此信号为“开关”函数。

3. 单位冲激信号

单位冲激信号也属于奇异信号的范围。单位冲激信号定义为

$$\delta(t)=\begin{cases}\infty, & t=0\\ 0, & t\neq 0\end{cases} \quad 且 \quad \int_{-\infty}^{\infty}\delta(t)\mathrm{d}t=1 \tag{2-3}$$

单位冲激信号的图形如图 2-5 所示。

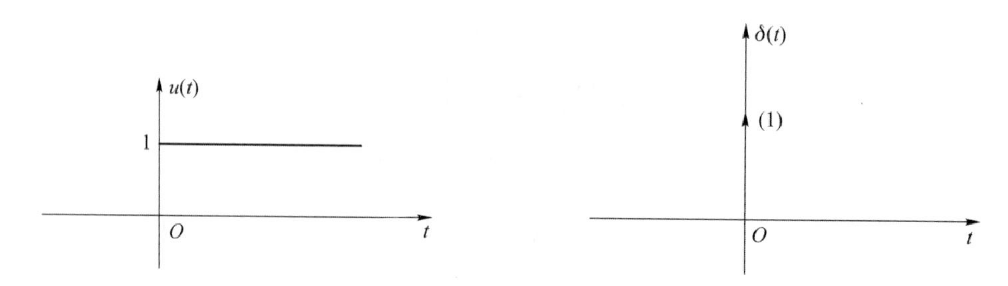

图 2-4　单位阶跃信号的图形

图 2-5　单位冲激信号的图形

该信号仅在 $t=0$ 的瞬间存在，且在无穷小的时间间隔上取值为无穷大，但积分值为有限值。图 2-5 中信号的箭头表示该信号的积分值等于 1，通常将其积分值称为冲激强度。当冲激信号在$(-\infty,+\infty)$区间的积分值为任意常数 a 时，则称此信号为强度为 a 的冲激信号，用 $a\delta(t)$表示。冲激信号具有如下性质。

(1) 时移性质

如果单位冲激信号发生在 $t=t_0$ 处，则该信号称为时移冲激信号。其表达式为

$$\delta(t-t_0)=\begin{cases}\infty, & t=t_0\\ 0, & t\neq t_0\end{cases} \quad 且 \quad \int_{-\infty}^{\infty}\delta(t-t_0)\mathrm{d}t=1 \tag{2-4}$$

特别地，$a\delta(t-t_0)$的表达式为

$$a\delta(t-t_0)=\begin{cases}\infty, & t=t_0\\ 0, & t\neq t_0\end{cases} \quad 且 \quad \int_{-\infty}^{\infty}a\delta(t-t_0)\mathrm{d}t=a$$

其图形如图 2-6 所示。

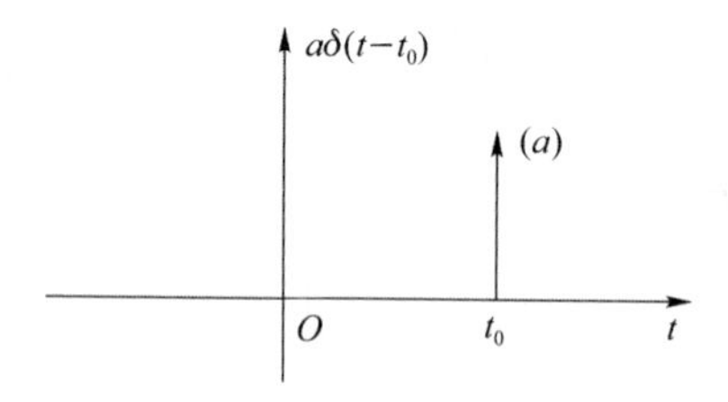

图 2-6　$a\delta(t-t_0)$的图形

(2) 奇偶性

$$\delta(-t)=\delta(t)$$

单位冲激信号是关于 t 的偶函数，这意味着对单位冲激函数进行积分，只要积分的范围包括 $t=0$，那么积分的结果就等于 1。而如果对单位冲激函数进行时域的平移运算，然后再进行

积分，只要积分范围包含这个平移后的冲激信号，那么积分的结果也等于 1。

(3) 乘积性质

$$x(t)\delta(t)=x(0)\delta(t)$$

即单位冲激信号与一个函数相乘，结果为函数在 $t=0$ 时刻的取值与单位冲激信号的乘积。

(4) 抽样性质

按照广义函数的理论 $\delta(t)$ 也可定义为

$$\int_{-\infty}^{\infty} x(t)\delta(t)\mathrm{d}t = x(0)$$

其中，$x(t)$ 是在 $t=0$ 处连续的函数。

(5) 微积分性质

$$\delta(t)=\frac{\mathrm{d}u(t)}{\mathrm{d}t}$$

信号简介

则由微分、积分的互逆运算有

$$u(t) = \int_{-\infty}^{t} \delta(\tau)\mathrm{d}\tau$$

即单位冲激信号是单位阶跃信号的微分，单位阶跃信号是单位冲激信号的积分。

2.2 系　　统

系统是指由相互作用和依赖的若干单元组合而成的、具有特定功能的有机整体，可以看作信号的变换器、处理器。有意义的系统总是以某些方式将输入信号变成输出信号，当然，这种改变可能是期望的，也可能是不期望的，比如图像去噪的目的是得到主观上更好看的图像。在现代战争的电子信息战中，敌方制造的各种电磁干扰就不是我们所期望的。系统如何改变输入信号完全由系统的特性决定，通过系统的输入输出关系可以对系统的某些特性进行有效的分析。首先，一个系统的特性与输入、输出无关，比如一个电阻，不管通电与否，电阻的阻值不会改变；其次，利用系统的输入输出关系可以定义、分析系统的某些性质，比如给电阻加上电压源，通过测量电流，即可计算出电阻值。

2.2.1 系统的分类

1. 连续时间系统与离散时间系统

连续时间系统是指输入、输出及状态量都是时间 t 的连续函数，即能够完成一种连续信号转换成另一种连续信号的数学模型。这种数学模型就是微分方程，例如模拟通信系统。

离散时间系统是指输入、输出都是离散 n 的变量(n 为整数集合)，即将一种离散信号转换成另一种离散信号的数学模型。离散时间系统的数学模型是差分方程，例如数字计算机系统。

2. 即时系统与动态系统

在系统的分析里面，常把系统的输入信号称为激励信号，把系统的输出信号称为响应信号。若系统的响应信号只取决于同时刻的激励信号，而与它过去的工作状态(历史)无关，则为无记忆系统，也称即时系统，例如仅由电阻元件所组成的系统。即时系统常用代数方程来描述。

若系统响应信号不仅取决于同时刻的激励信号，而且与它过去的工作状态有关，则为动态系统，它记载着曾经发生过的信息，例如电容、电感、磁芯等。动态系统的数学模型是微分方程或差分方程。

3. 线性系统与非线性系统

具有叠加性与均匀性（也称齐次性）的系统称为线性系统。所谓叠加性是指当几个激励信号同时作用于系统时，总的输出响应等于每个激励单独作用所产生响应之和；而均匀性的含义是，当输入信号乘以某常数时，响应也乘以相同的常数。不满足叠加性或均匀性的系统是非线性系统。

（1）叠加性

设激励信号 $x_1(t)$ 作用于线性系统，产生响应 $y_1(t)$；又设激励信号 $x_2(t)$ 作用于同一系统，产生响应 $y_2(t)$，则当两个激励信号同时作用于该系统时，其响应为两个响应之和，即

$$y_1(t)=T[x_1(t)],\quad y_2(t)=T[x_2(t)]$$

则有

$$y(t)=y_1(t)+y_2(t)=T[x_1(t)+x_2(t)]$$

（2）齐次性

设激励信号为 $x(t)$，经系统产生的响应为 $y(t)$，则当激励信号扩大或缩小 a 倍时，其响应也随之扩大或缩小 a 倍，即

$$x(t)\xrightarrow{T}y(t)$$

则有

$$ax(t)\xrightarrow{T}ay(t)$$

综合考虑，可有

$$\alpha y_1(t)+\beta y_2(t)=T[\alpha x_1(t)+\beta x_2(t)]$$

表明线性系统必须同时满足齐次性和叠加性。

4. 时变系统与时不变系统

时变系统是指系统参数随时间变化的系统。例如，由可变电容所组成的电路系统就是时变系统，描述这种系统的数学模型应是变系数微分方程或变系数差分方程。

时不变系统是指系统参数不随时间而改变的系统。描述这种系统的数学模型应是常系数微分方程或常系数差分方程。

设有连续时不变系统，若激励 $x(t)$ 经该系统产生的响应是 $y(t)$，即

$$y(t)=T[x(t)]$$

则

$$y(t-\tau)=T[x(t-\tau)]$$

也就是当输入延迟 τ 后成为 $x(t-\tau)$，系统的响应也应延迟 τ 成为 $y(t-\tau)$。由此可知，只要初始状态不变，非时变系统的响应形式仅取决于输入形式，而与输入的时间起点无关。

【例 2-1】 判断下列系统是否为线性系统和时不变系统。

① $y(t)=\cos x(t)$。

② $y(n)=nx(n)$。

解：① 对于 $y(t)=\cos x(t)$，设输入信号分别为 $x_1(t)$ 和 $x_2(t)$，相应的输出为 $y_1(t)$ 和 $y_2(t)$，则

$$y_1(t)=T[x_1(t)]=\cos x_1(t),\quad y_2(t)=T[x_2(t)]=\cos x_2(t)$$

当输入为 $\alpha x_1(t)+\beta x_2(t)$ 时，相应的输出为

$$y_3(t)=T[\alpha x_1(t)+\beta x_2(t)]=\cos[\alpha x_1(t)+\beta x_2(t)]\neq\cos[\alpha x_1(t)]+\cos[\beta x_2(t)]$$

即

$$y_3(t)\neq y_1(t)+y_2(t)$$

故该系统为非线性系统。又设输入延迟时间为 τ，则相应输出为

$$y_4(t)=\cos[x(t-\tau)]=y(t-\tau)$$

故该系统为时不变系统。

② 同理，根据线性系统的性质可判断系统 $y(n)=nx(n)$ 为线性系统。此外，按时不变系统的定义，当输入信号为 $x_1(n)$ 时，其输出为 $y_1(n)=nx_1(n)$，若该系统为时不变系统就应有

$$y_1(n-n_0)=(n-n_0)x_1(n-n_0)$$

那么设输入为 $x_2(n)=x_1(n-n_0)$，相应的输出为

$$y_2(n)=nx_1(n-n_0)$$

显然 $y_2(n)\neq y_1(n-n_0)$，故该系统为时变系统。

2.2.2 线性时不变系统

同时满足线性和时不变性的系统，称为线性时不变(Linear Time-Invariant，LTI)系统。

下面介绍连续时间 LTI 系统的卷积分析。

1. 用冲激函数表示连续时间信号

对于连续时间信号而言，可以利用冲激函数的抽样性质来推导系统输出的卷积表示。冲激函数的选择性质是这样的：

$$x(t)\delta(t-t_0)=x(t_0)\delta(t-t_0)$$

由于冲激函数是偶函数，有

$$\delta(t-t_0)=\delta[-(t-t_0)]=\delta(t_0-t)$$

于是有

$$\int_{-\infty}^{\infty}x(\tau)\delta(t-\tau)\mathrm{d}\tau=\int_{-\infty}^{\infty}x(t)\delta(t-\tau)\mathrm{d}\tau=x(t)\int_{-\infty}^{\infty}\delta(t-\tau)\mathrm{d}\tau=x(t)$$

因此可得到一个结论，可以将连续时间函数 $x(t)$ 表示为

$$x(t)=\int_{-\infty}^{\infty}x(\tau)\delta(t-\tau)\mathrm{d}\tau \tag{2-5}$$

2. 卷积积分

不妨定义一个特殊的输出信号：

$$\delta(t)\rightarrow h(t)$$

称 $h(t)$ 为单位冲激响应，表示输入为单位冲激信号时系统的输出。由于 LTI 系统的时不变性，因此有

$$\delta(t-\tau)\rightarrow h(t-\tau)$$

输入信号乘以 $x(\tau)$，根据 LTI 系统的线性性质，得

$$x(\tau)\delta(t-\tau)\rightarrow x(\tau)h(t-\tau)$$

由于 $x(t)$ 可表示为

$$x(t)=\int_{-\infty}^{\infty}x(\tau)\delta(t-\tau)\mathrm{d}\tau$$

再根据线性性质，则有

$$x(t)\rightarrow\int_{-\infty}^{\infty}x(\tau)h(t-\tau)\mathrm{d}\tau$$

即输入为 $x(t)$ 时，系统的输出 $y(t)$ 为

$$y(t)=\int_{-\infty}^{\infty}x(\tau)h(t-\tau)\mathrm{d}\tau \tag{2-6}$$

我们将以上的运算定义为卷积积分(或者简称卷积)，记为“ * ”，表示为

$$y(t)=x(t)*h(t)$$

特别地，$x(t)$ 与 $\delta(t)$ 的卷积等于 $x(t)$ 本身，即

$$x(t)=x(t)*\delta(t)$$

卷积是连续时间信号(或者说函数)之间的一种运算，两个以 t 为时间变量的信号卷积运算的结果，还是一个以 t 为时间变量的信号。单位冲激响应完全刻画了 LTI 系统的变换规律。不同的系统输入都在单位冲激响应的作用下产生相应的响应。因此，给定了一个 LTI 系统的单位冲激响应，就等于给定了该系统。

【例 2-2】 已知给定的 LTI 系统的输入信号为

$$x(t)=\mathrm{e}^{-\alpha t}u(t),\quad \alpha>0$$

该系统的单位冲激响应为

$$h(t)=u(t)$$

试求该系统的输出信号。

解： 首先作出输入信号与单位冲激响应的波形图，如图 2-7 所示。

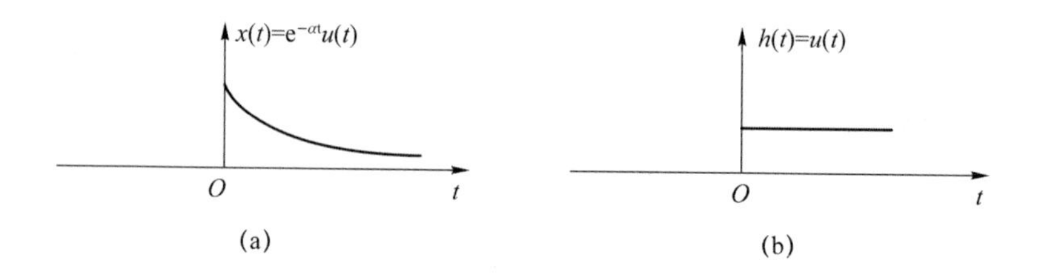

图 2-7 输入信号与单位冲激响应的波形图

一般常采用图形法来计算卷积，其过程为：首先更换两个信号的自变量(t 更改为 τ)；其次对其中一个函数先后进行翻转、平移操作，从而作出 $x(\tau)$ 和 $h(t-\tau)$ 的图形；最后根据积分运算计算卷积的结果。在进行卷积积分时，通常需要分情况讨论 t 在不同位置时对积分计算的影响。更改自变量作出 $x(\tau)$ 和 $h(\tau)$ 的图形，分别如图 2-8(a)和图 2-8(b)所示。通过翻转自变量作出 $h(-\tau)$ 的图形，如图 2-8(c)所示，最后向右平移 t 个单位，作出 $h(t-\tau)$ 的图形，如图 2-8(d)所示。

根据卷积积分的计算公式，有

$$y(t)=\int_{-\infty}^{\infty}x(\tau)h(t-\tau)\mathrm{d}\tau$$

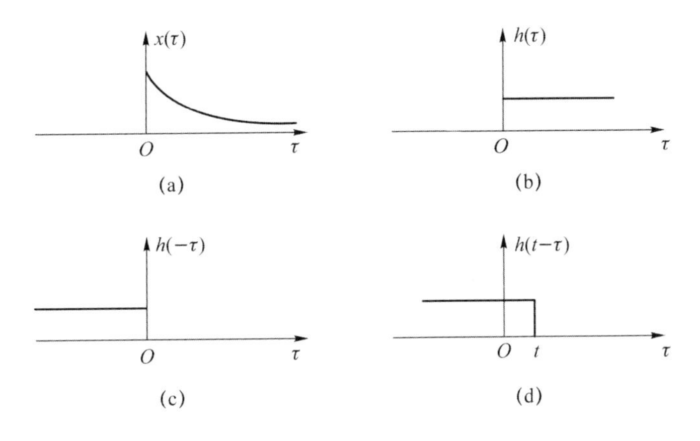

图 2-8 $x(\tau)$、$h(\tau)$、$h(-\tau)$、$h(t-\tau)$的图形

当 $t>0$ 时，有

$$y(t)=\int_0^t x(\tau)h(t-\tau)\mathrm{d}\tau=\int_0^t \mathrm{e}^{-\alpha\tau}\mathrm{d}\tau=\frac{-\mathrm{e}^{-\alpha\tau}}{\alpha}\bigg|_0^t=\frac{1-\mathrm{e}^{-\alpha t}}{\alpha}$$

当 $t<0$ 时，显然有 $y(t)=0$。

综上，$y(t)=\dfrac{1-\mathrm{e}^{-\alpha t}}{\alpha}u(t)$，其图形如图 2-9 所示。

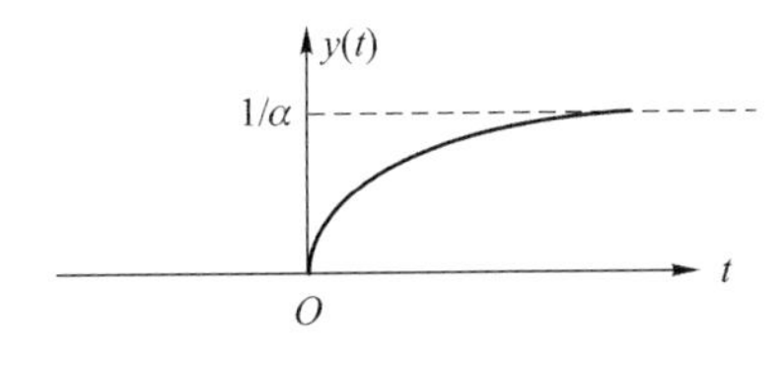

图 2-9 输出信号的图形

线性时不变系统

2.3 傅里叶变换

本节介绍连续时间傅里叶变换。对于周期信号，常用周期信号的傅里叶分析方法，然而，对于要处理的信号，还有相当大一部分信号是非周期信号。有必要考虑非周期信号的傅里叶方法。上一节以分析信号的时间函数的方式来分析信号，这种分析方法被称为时域(time domain)方法。

1822 年，法国数学家傅里叶在研究热传导理论时发表了《热的解析理论》，提出并证明了将周期函数展开为正弦级数的原理，奠定了傅里叶级数的理论基础。两百多年来，傅里叶方法在各个领域获得了广泛的应用，成为信号分析与系统设计不可缺少的重要工具。

傅里叶方法帮助人们使用信号的频率分量来分析信号，这种方法被称为频域(frequency domain)方法。在许多情况下，在频域上来刻画 LTI 系统对于信号实施的变换，将会使分析变得相当简单。频域方法是一类重要的系统与信号的分析方法，除了用于 LTI 系统的分析以外，还适用于更广泛的系统分析，或者仅仅分析信号本身。傅里叶方法的基本出发点是将信号分解为复指数信号的加权和，或者积分。

复指数信号的物理背景就是正弦信号。在电路分析等课程中，我们对于正弦信号已经有了足够的了解。人们很早就意识到，正弦振荡是各种振荡的基本形式，这正是傅里叶方法的真正基础。傅里叶方法帮助人们从时域的分析方法转变到频域的分析方法。在工程上，频域方法具有更加广泛的应用，是一种常用的信号分析方法。

2.3.1 傅里叶变换与反变换

对于傅里叶正变换 $x(t)\xrightarrow{F}X(\omega)$，其变换公式为

$$X(\omega)=\int_{-\infty}^{\infty}x(t)e^{-j\omega t}dt \tag{2-7}$$

对于傅里叶反变换 $X(\omega)\xrightarrow{F^{-1}}x(t)$，其变换公式为

$$x(t)=\frac{1}{2\pi}\int_{-\infty}^{\infty}X(\omega)e^{j\omega t}d\omega \tag{2-8}$$

式中，ω 为角频率，单位为弧度/秒(rad/s)。ω 与频率 f 的关系为

$$\omega=2\pi f$$

下面介绍傅里叶变换的若干例子。

【例 2-3】 求 $x(t)=e^{-\alpha t}u(t)$，$\alpha>0$ 的傅里叶变换。

解：

$$X(\omega)=\int_{-\infty}^{\infty}x(t)e^{-j\omega t}dt=\int_{-\infty}^{\infty}e^{-\alpha t}u(t)e^{-j\omega t}dt=\int_{0}^{\infty}e^{-(\alpha+j\omega)t}dt$$

$$=\left.\frac{e^{-(\alpha+j\omega)t}}{-(\alpha+j\omega)}\right|_{0}^{\infty}=\frac{1}{\alpha+j\omega}=\frac{\alpha-j\omega}{\alpha^2+\omega^2}=\frac{1}{\sqrt{\alpha^2+\omega^2}}e^{-j\arctan\frac{\omega}{\alpha}}$$

可得信号的幅度频率响应 $|H(\omega)|$ 和相位频率响应 $\varphi(\omega)$ 分别为

$$\begin{cases}|H(\omega)|=\dfrac{1}{\sqrt{\alpha^2+\omega^2}}\\[2ex]\varphi(\omega)=-\arctan\dfrac{\omega}{\alpha}\end{cases}$$

$X(\omega)$ 的频谱响应图(简称频谱图)如图 2-10 所示，包括幅度频率响应图(也称为幅频响应图)和相位频率响应图(也称为相频响应图)。

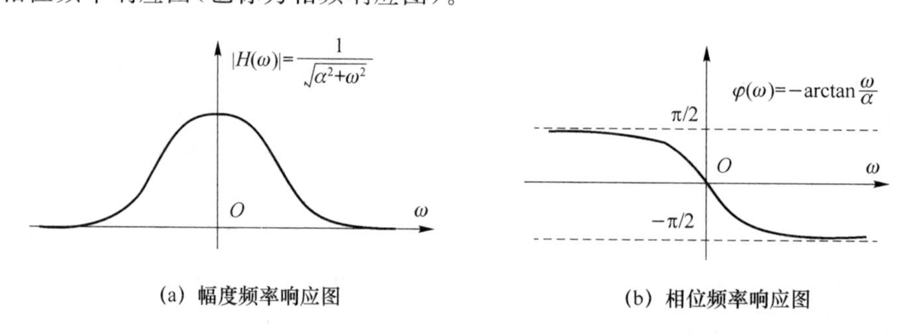

(a) 幅度频率响应图　　(b) 相位频率响应图

图 2-10　$X(\omega)$的频谱图

【例 2-4】 求 $x(t)=\delta(t)$的频谱。

解：

$$X(\omega)=\int_{-\infty}^{\infty}x(t)e^{-j\omega t}dt=\int_{-\infty}^{\infty}\delta(t)e^{-j\omega t}dt$$

$$=\int_{-\infty}^{\infty}\delta(t)e^{-j\omega\cdot 0}dt=\int_{-\infty}^{\infty}\delta(t)dt=1$$

$\delta(t)$的频谱图如图 2-11 所示。

单位冲激信号的频谱是常数 1，或者说，在所有的频率点上，频谱的值都是恒定的。这个例子的物理含义非常广泛，它意味着，尖脉冲信号的频谱非常宽，会对处于不同接收频率的电子设备都产生干扰。

在生活中人们有这样的体验，当人们开灯的时候，电视机和收音机都受到了不同的干扰。电视机和收音机的接收频段是不一样的，这说明开灯的时候，电流的突变激发了一个尖脉冲的磁场，而这个磁场又激发了电场，形成了一个尖脉冲电磁波，这个尖脉冲电磁波的频谱是很宽的，它同时干扰了电视机和收音机。电机干扰、大电流设备的开机所产生的电磁干扰等都属于这种现象。

【例 2-5】 求图 2-12 所示方波信号的频谱。

$$x(t)=\begin{cases}1, & t\leqslant|T_1|\\ 0, & t>|T_1|\end{cases}$$

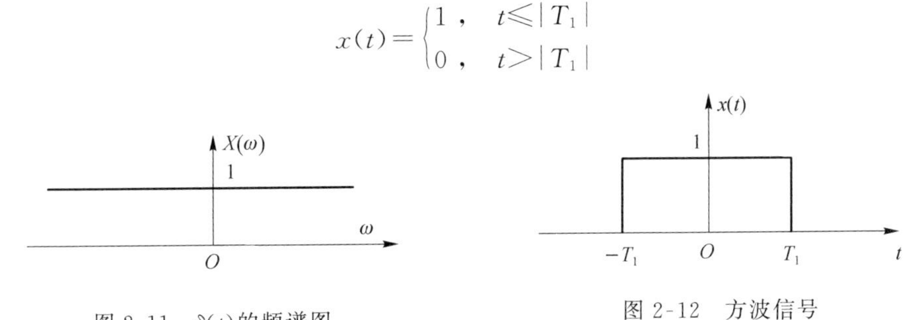

图 2-11 $\delta(t)$的频谱图

图 2-12 方波信号

解：

$$X(\omega)=\int_{-\infty}^{\infty}x(t)\mathrm{e}^{-\mathrm{j}\omega t}\mathrm{d}t=\int_{-T_1}^{T_1}\mathrm{e}^{-\mathrm{j}\omega t}\mathrm{d}t=\left.\frac{\mathrm{e}^{-\mathrm{j}\omega t}}{-\mathrm{j}\omega}\right|_{-T_1}^{T_1}$$

$$=\frac{\mathrm{e}^{\mathrm{j}\omega T_1}-\mathrm{e}^{-\mathrm{j}\omega T_1}}{\mathrm{j}\omega}=\frac{2\sin(\omega T_1)}{\omega}=2T_1\mathrm{Sa}(\omega T_1)$$

可见，方波信号的频谱是一个抽样函数。

【例 2-6】 求图 2-13 所示频谱形状为方波的信号的傅里叶反变换。

$$X(\omega)=\begin{cases}1, & |\omega|\leqslant|W|\\ 0, & |\omega|>|W|\end{cases}$$

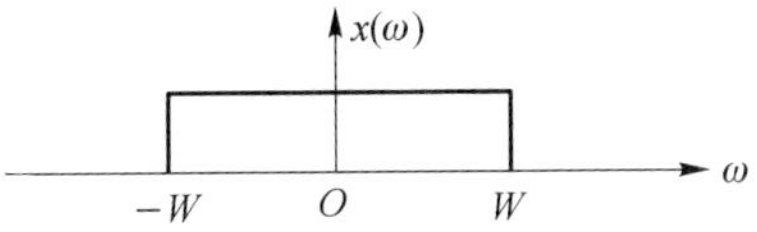

图 2-13 频谱形状为方波的信号

解：

$$x(t)=\frac{1}{2\pi}\int_{-\infty}^{\infty}X(\omega)\mathrm{e}^{\mathrm{j}\omega t}\mathrm{d}\omega=\frac{1}{2\pi}\int_{-W}^{W}\mathrm{e}^{\mathrm{j}\omega t}\mathrm{d}\omega$$

$$=\left.\frac{\mathrm{e}^{\mathrm{j}\omega t}}{2\pi\mathrm{j}t}\right|_{-W}^{W}=\frac{2\mathrm{j}\sin(Wt)}{2\mathrm{j}\pi t}=\frac{W}{\pi}\mathrm{Sa}(Wt)$$

可见，频谱形状为方波的信号其傅里叶反变换是一个抽样信号。

【例 2-7】 求信号 $\cos(\omega_0 t)$的傅里叶变换。

解： 首先求 $\delta(\omega-\omega_0)$的傅里叶反变换，根据傅里叶反变换公式得

$$x(t)=\frac{1}{2\pi}\int_{-\infty}^{\infty}\delta(\omega-\omega_0)\mathrm{e}^{\mathrm{j}\omega t}\mathrm{d}\omega=\frac{1}{2\pi}\mathrm{e}^{\mathrm{j}\omega_0 t}$$

即$\frac{1}{2\pi}e^{j\omega_0 t}\xrightarrow{F}\delta(\omega-\omega_0)$，可得

$$e^{j\omega_0 t}\xrightarrow{F}2\pi\delta(\omega-\omega_0)$$

同理可得

$$e^{-j\omega_0 t}\xrightarrow{F}2\pi\delta(\omega+\omega_0)$$

根据欧拉公式

$$e^{jx}=\cos x+j\sin x$$

可得

$$\cos(\omega_0 t)=\frac{1}{2}(e^{j\omega_0 t}+e^{-j\omega_0 t})$$

所以

$$\cos(\omega_0 t)\xrightarrow{F}\pi\delta(\omega-\omega_0)+\pi\delta(\omega+\omega_0)$$

信号$\cos(\omega_0 t)$的频谱图如图2-14所示。

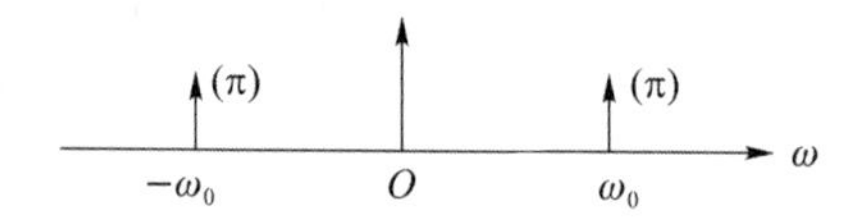

图2-14　信号$\cos(\omega_0 t)$的频谱图

受篇幅所限，其余信号的傅里叶变换不在此逐一推导，附录A中表A-1列出了常用信号的傅里叶变换。

2.3.2　傅里叶变换的性质

1. 线性性质

如果

$$x_1(t)\xrightarrow{F}X_1(\omega),\quad x_2(t)\xrightarrow{F}X_2(\omega)$$

则根据傅里叶变换的公式，不难得到

$$ax_1(t)+bx_2(t)\xrightarrow{F}aX_1(\omega)+bX_2(\omega) \tag{2-9}$$

也就是说，两个信号线性组合的频谱等于这两个信号频谱的线性组合。

2. 时移性质

若$x(t)\xrightarrow{F}X(\omega)$，下面分析$x(t-t_0)$的频谱。令$t'=t-t_0$，则

$$\begin{aligned}\int_{-\infty}^{\infty}x(t-t_0)e^{-j\omega t}dt &= \int_{-\infty}^{\infty}x(t')e^{-j\omega(t_0+t')}dt' \\ &= \int_{-\infty}^{\infty}x(t')e^{-j\omega t_0}e^{-j\omega t'}dt' \\ &= e^{-j\omega t_0}\int_{-\infty}^{\infty}x(t')e^{-j\omega t'}dt' \\ &= e^{-j\omega t_0}X(\omega)\end{aligned}$$

即

$$x(t-t_0) \xrightarrow{\mathrm{F}} \mathrm{e}^{-\mathrm{j}\omega t_0} X(\omega) \tag{2-10}$$

对 $x(t-t_0)$ 的频谱幅度进行分析，可得

$$\left|\mathrm{e}^{-\mathrm{j}\omega t_0} X(\omega)\right| = \left|\mathrm{e}^{-\mathrm{j}\omega t_0}\right| \cdot \left|X(\omega)\right| = \left|X(\omega)\right|$$

即 $x(t-t_0)$ 的频谱幅度保持不变。也就是说，延时影响频谱的相位，而不影响频谱的幅度。

3. 卷积性质

根据前文的分析，对于时不变系统，若输入信号为 $x(t)$，系统的单位冲激响应为 $h(t)$，则系统的输出为输入信号与单位冲激响应的卷积，即 $y(t)=x(t) * h(t)$。下面分析系统输出信号 $y(t)$ 的频谱。

$$\begin{aligned}
Y(\omega) &= \int_{-\infty}^{\infty} y(t)\mathrm{e}^{-\mathrm{j}\omega t}\,\mathrm{d}t \\
&= \int_{-\infty}^{\infty} \left[\int_{-\infty}^{\infty} x(\tau)h(t-\tau)\,\mathrm{d}\tau\right]\mathrm{e}^{-\mathrm{j}\omega t}\,\mathrm{d}t \\
&= \int_{-\infty}^{\infty}\int_{-\infty}^{\infty} x(\tau)h(t-\tau)\mathrm{e}^{-\mathrm{j}\omega t}\,\mathrm{d}\tau\mathrm{d}t \\
&= \int_{-\infty}^{\infty}\int_{-\infty}^{\infty} x(\tau)h(t-\tau)\mathrm{e}^{-\mathrm{j}\omega t}\,\mathrm{d}t\mathrm{d}\tau \\
&= \int_{-\infty}^{\infty} x(\tau)\left[\int_{-\infty}^{\infty} h(t-\tau)\mathrm{e}^{-\mathrm{j}\omega t}\,\mathrm{d}t\right]\mathrm{d}\tau \\
&= \int_{-\infty}^{\infty} x(\tau)\mathrm{e}^{-\mathrm{j}\omega\tau}H(\omega)\,\mathrm{d}\tau \\
&= H(\omega)\int_{-\infty}^{\infty} x(\tau)\mathrm{e}^{-\mathrm{j}\omega\tau}\,\mathrm{d}\tau \\
&= H(\omega)X(\omega) \\
&= X(\omega)H(\omega)
\end{aligned}$$

即有

$$Y(\omega)=X(\omega)H(\omega) \tag{2-11}$$

可见，两个信号的卷积的频谱等于这两个信号的频谱的乘积。信号经过线性时不变系统后，系统的变换规律如图 2-15 所示。

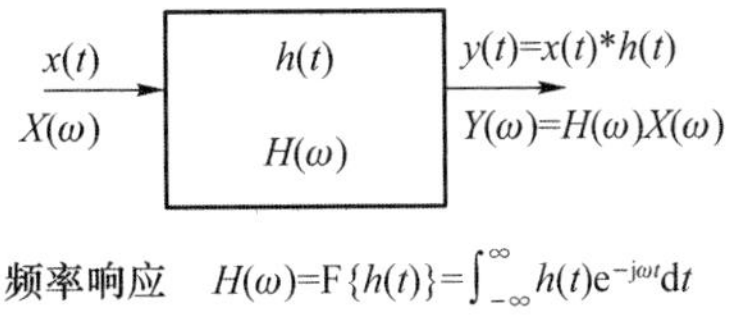

$x(t)$
$X(\omega)$
$h(t)$
$H(\omega)$
$y(t)=x(t)*h(t)$
$Y(\omega)=H(\omega)X(\omega)$
频率响应 $H(\omega)=\mathrm{F}\{h(t)\}=\int_{-\infty}^{\infty}h(t)\mathrm{e}^{-\mathrm{j}\omega t}\mathrm{d}t$

图 2-15 线性时不变系统的卷积性质

频率响应可理解为由频率来决定系统的响应，或者说不同的频率产生不同的响应。指定了频率响应 $H(\omega)$，也就指定了系统。由此可见，在频域中，LTI 系统的输出信号的频谱等于其输入信号的频谱乘以该系统的频率响应。一般地，乘法比卷积更容易计算，因此，使用卷积性质分析 LTI 系统的输出将更加简单。

卷积性质是频率滤波器的理论基础。对于一个滤波器 $H(\omega)$，可以认为其是滤波器系统对于输入信号的不同频率分量的放大倍数。图 2-16 描述了低通滤波器（LPF）、高通滤波器（HPF）、带通滤波器（BPF）对于信号的滤波作用。

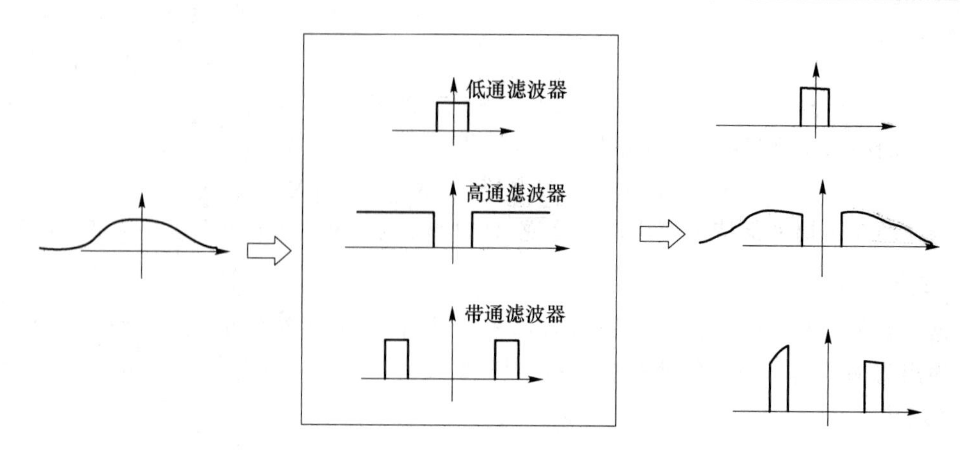

图 2-16 不同滤波器对于信号的滤波作用

从图 2-16 中可以看出，信号经过低通滤波器后，仅保留信号的低频段成分；信号经过高通滤波器后，仅保留信号的高频段成分；信号经过带通滤波器后，仅保留信号的中间某一段频带成分。

从频域的观点来看，$H(\omega)$也可以看成对 LTI 系统的刻画和描述。如图 2-17 所示，若信号依次经过 $H_1(\omega)$和 $H_2(\omega)$两个不同的系统，由于总的频率特性为 $H_1(\omega)$和 $H_2(\omega)$两个频率特性的乘积，所以信号经过多个系统最后的结果与经过系统的顺序无关。

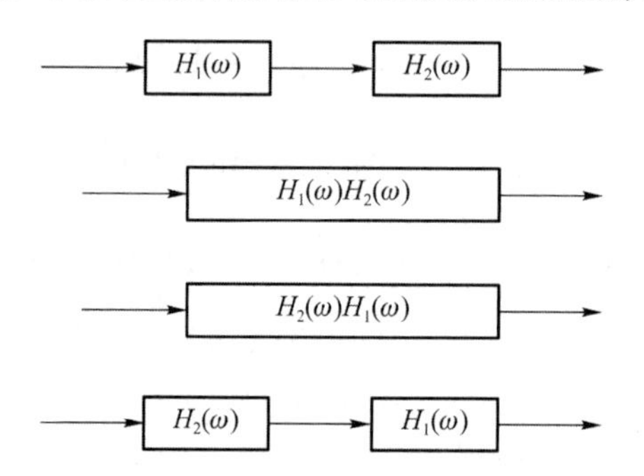

图 2-17 信号依次经过不同系统的等价情况

在图 2-17 中，信号经过 4 种不同的系统，结果都是等价的。

4. 相乘性质

可以证明：若 $s(t)\xrightarrow{F}S(\omega)$，$p(t)\xrightarrow{F}P(\omega)$，则有

$$p(t)s(t)\xrightarrow{F}\frac{1}{2\pi}P(\omega) * S(\omega) \tag{2-12}$$

两个信号乘积的频谱正比于这两个信号频谱的卷积。综上所述，傅里叶变换的相乘性质和卷积性质的关系如图 2-18 所示。

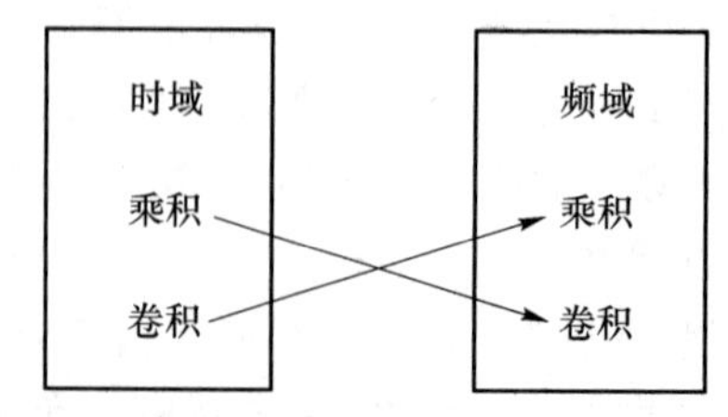

图 2-18 傅里叶变换的相乘性质和卷积性质

【例 2-8】　计算 $r(t)=p(t)s(t)$ 的频谱，其中 $p(t)=\cos(\omega_0 t)$。

解：

$$\cos(\omega_0 t)\xrightarrow{\mathrm{F}}\pi\delta(\omega-\omega_0)+\pi\delta(\omega+\omega_0)$$

$$X(\omega)*\delta(\omega-\omega_0)=X(\omega-\omega_0)$$

$$X(\omega)*\delta(\omega+\omega_0)=X(\omega+\omega_0)$$

$$R(\omega)=\frac{1}{2\pi}X(\omega)*[\pi\delta(\omega-\omega_0)+\pi\delta(\omega+\omega_0)]=\frac{1}{2}[X(\omega-\omega_0)+X(\omega+\omega_0)]$$

可见，若采用作图法绘制信号与载波 $p(t)=\cos(\omega_0 t)$ 相乘所得的频谱图，处理过程为，先把频谱的幅度变为原来的一半，然后把频谱图的原点分别往 ω_c 和 $-\omega_c$ 处平移，最后将两处平移后所得图形进行叠加即可。总的过程如图 2-19 所示。

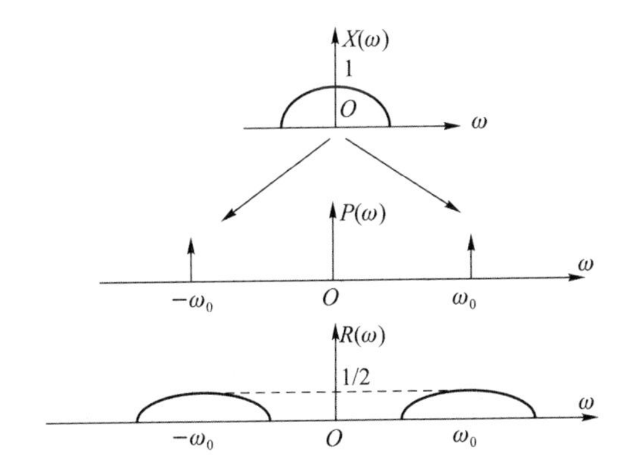

图 2-19　信号与正弦载波乘积的频谱图

傅里叶变换的性质

思考：若 $r(t)$ 再与 $\cos(\omega_0 t)$ 相乘，即 $r_1(t)=r(t)p(t)$，则此时 $r_1(t)$ 的频谱图是怎样的呢？

根据上述的分析，把 $R(\omega)$ 的频谱图再向 ω_0、$-\omega_0$ 处分别平移，将得到的图形进行叠加，并且把幅度降为原来的一半即可。具体操作不再赘述，读者可自行分析和作图。

受篇幅所限，其余傅里叶变换性质不在此逐一推导，附录 A 中表 A-2 列出了常用的傅里叶变换性质。

本 章 小 结

① 信号是信息的载体，通信是信号与系统的集合。连续信号是自变量在整个连续时间范围内都有定义的信号。离散信号是一个序列，其自变量是离散的。数字信号的自变量是离散的，值域也是离散的。

② 单位阶跃信号在信号分析中的作用主要是描述信号在某一时刻的转换，也称为“开关”函数。单位冲激信号仅在某个瞬间存在，在无穷小的时间间隔上取值为无穷大，但积分值为有限值。单位冲激信号的频谱是常数 1，或者说，在所有的频率点上，频谱的值都是恒定的。

③ 系统从不同角度有不同的分类方法，按照是否满足线性关系可分为线性系统与非线性系统，按照是否随时间变化可分为时变系统和时不变系统。既满足线性也满足时不变性的系统称为线性时不变系统，对于线性时不变系统，可以通过卷积运算计算其输出。

④ 傅里叶变换是一种特殊的积分变换。它能将满足一定条件的某个函数表示成基本正弦函数的线性组合或者积分。周期信号可表示为谐波关系的正弦信号的加权和，非周期信号

可用正弦信号的加权积分表示。正弦函数在物理上是被充分研究而相对简单的函数类。因此傅里叶变换在通信、物理学、数论、组合数学、信号处理、概率、统计、密码学、声学、光学等领域都有着广泛的应用。

⑤ 傅里叶变换提供了一种从时域分析转向频域分析的工具。线性时不变系统的单位冲激响应的傅里叶变换称为系统的频谱响应,根据卷积的性质,系统输出信号的频谱等于输入信号的频谱与系统频谱响应的乘积。从频谱分析的角度,系统的频谱响应即系统的传递函数,确定了系统的频谱响应即定义了系统的全部参数。乘法比卷积更容易计算,因此,从频谱的角度分析系统将更加简单。

习　题

2-1　说明连续信号、离散信号和数字信号的概念和区别。

2-2　说明单位阶跃信号、单位冲激信号的概念和表达式。

2-3　说明线性时不变系统的概念和性质。

2-4　说明系统频谱响应的概念和性质。

2-5　给定信号 $f_1(t)=u(t)-u(t-3)$ 和 $f_2(t)=\mathrm{e}^{-t}u(t)$,计算卷积积分 $y(t)=f_1(t)*f_2(t)$。

2-6　给定信号 $x(t)=\begin{cases}1, & 0<t<3T\\ 0, & 其他\end{cases}$ 和 $h(t)=\begin{cases}\dfrac{t}{2T}, & 0<t<2T\\ 0, & 其他\end{cases}$,如图 2-20 所示,计算卷积积分 $y(t)=x(t)*h(t)$。

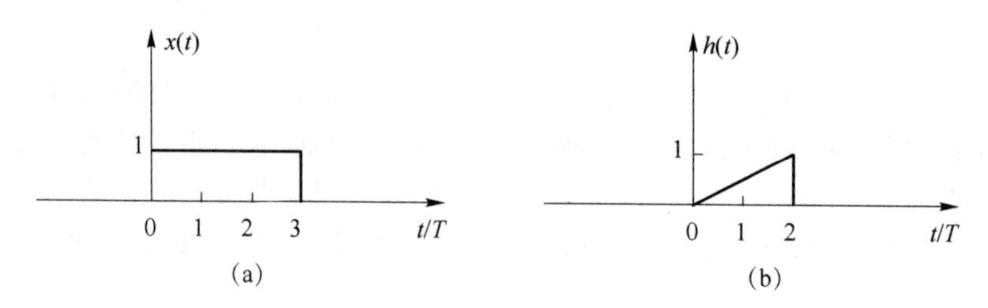

图 2-20　$x(t)$、$h(t)$的图形

2-7　计算信号 $x(t)=\cos(1\,000\pi t)$的傅里叶变换,并画出其频谱图。

2-8　计算信号 $x(t)=\sin(\omega_0 t)$的傅里叶变换。

2-9　计算信号 $x(t)=\sin t\cos t$ 的傅里叶变换。

2-10　计算函数 $f(t)=\dfrac{1}{2}\left[\delta(t+a)+\delta(t-a)+\delta\left(t+\dfrac{a}{2}\right)+\delta\left(t-\dfrac{a}{2}\right)\right]$的傅里叶变换。

2-11　计算信号 $x(t)=\mathrm{e}^{-\beta|t|}\ (\beta>0)$的傅里叶变换。

2-12　已知某线性时不变系统如图 2-21 所示。已知图中 $h_1(t)=u(t)$,$h_2(t)=\delta(t-1)$,$h_3(t)=\mathrm{e}^{-3(t-2)}u(t-2)$,求该系统的冲激响应 $h(t)$。

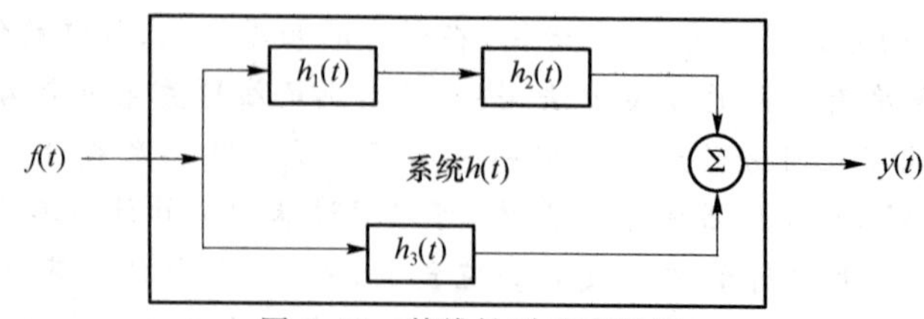

图 2-21　某线性时不变系统

第3章
信道与噪声

任何一个通信系统,从大的方面都可视为由发送方、信道及接收方三大部分组成。信道是通信系统不可或缺的组成部分,信道特性的好坏直接影响到系统的总性能。信号在通信系统中传输还受到噪声的影响,噪声是信道中的所有噪声以及分散在通信系统中的其他噪声的集合。

本章主要介绍信道的概念以及分类,并阐述信道的加性噪声和信道容量的概念,最后介绍香农定理。

本章学习目标

- 了解信道的概念和分类。
- 了解信道的加性噪声,理解白噪声、高斯噪声以及高斯白噪声等常见噪声的概念和特性。
- 了解信道容量的概念,理解香农定理及其意义。

3.1 信道的概念及分类

3.1.1 信道的基本概念

信道是指以传输媒质为基础的信号通路。具体地说,信道是由有线或无线线路提供的信号通路,它让信号通过,同时又对信号加以限制并且会损坏信号。

通常,将仅指信号传输媒质的信道称为狭义信道。目前采用的传输媒质有架空明线、电缆光导纤维(光缆)、中长波地表波传播、超短波及微波视距传播(含卫星中继)、短波电离层反射、对流层散射、电离层反射、波导传播、光波视距传播等。可以看出,狭义信道是指接在发送端设备和接收端设备中间的传输媒质。狭义信道的定义直观、易理解。

在通信原理的分析中,从研究消息传输的观点看,人们所关心的只是通信系统中的基本问题,因而,信道的范围还可以扩大。它除包括传输媒质外,还可能包括有关的转换器,如馈线、天线、调制器、解调器等。通常将这种扩大了范围的信道称为广义信道。

3.1.2 信道的分类

信道大体上可分为狭义信道和广义信道两大类。

1. 狭义信道

按照传输媒质来划分,狭义信道可以分为有线信道、无线信道。

(1) 有线信道

有线信道的特点是传输媒质是看得见的,以导线为传输媒质,信号沿导线进行传输,信号的能量集中在导线附近,因此传输效率高,但是部署不够灵活。这一类信道使用的传输媒质包括用电线传输电信号的架空明线、电话线、双绞线、对称电缆和同轴电缆等,还包括传输经过调制的光脉冲信号的光导纤维等。

(2) 无线信道

无线信道的特点是看不见,传输媒质比较多,主要有以辐射无线电波为传输方式的无线电信道和在水下传播声波的水声信道等。

无线电信号由发射机的天线辐射到整个自由空间中进行传播。不同频段的无线电波有不同的传播方式,主要有地波传输、天波传输、视距传输等。

- 地波传输:地球和电离层构成波导,中长波、长波和甚长波可以在这天然波导内沿着地面传播并绕过地面的障碍物。长波可以应用于海事通信,中波调幅广播利用了地波传输。
- 天波传输:短波、超短波可以通过电离层形成的反射信道和对流层形成的散射信道进行传播。短波电台就利用了天波传输方式。天波传输的距离最远可以达到 400 km 左右。
- 视距传输:对于超短波、微波等更高频率的电磁波,通常采用直接点对点的直线进行传输。由于波长很短,无法绕过障碍物,视距传输要求发射机与接收机之间没有物体阻碍。

由于电磁波在水体中传输的损耗很大,在水下通常采用声波的水声信道进行传输。

无线通信指在自由空间中传播信号,因此能量分散、传输效率较低,并且很容易被他人截获,安全性差。但是,无线通信摆脱了对导线的依赖,因此具有有线通信所没有的高度灵活性。

2. 广义信道

按照功能进行划分,广义信道通常可以分为调制信道和编码信道两类,其范围如图 3-1 所示。

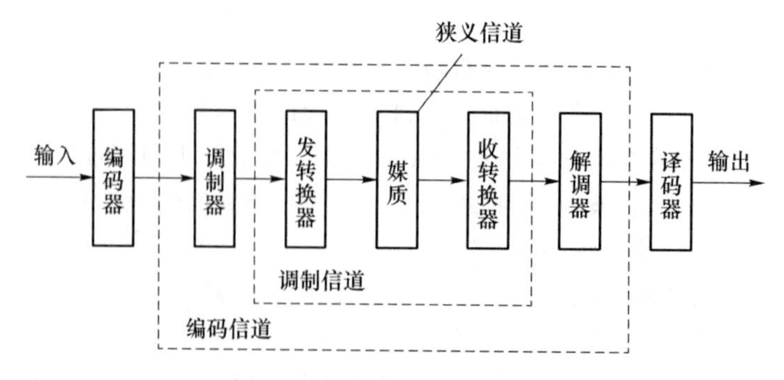

图 3-1　调制信道与编码信道

（1）调制信道

调制信道是指信号从调制器的输出端传输到解调器的输入端经过的部分。对于调制和解调的研究者来说，信号在调制信道上经过的传输媒质和转换设备都对信号做出了某种形式的变换，研究者只关心这些变换的输入和输出的关系，并不关心实现这一系列变换的具体物理过程。

（2）编码信道

编码信道是指数字信号由编码器输出端传输到译码器输入端经过的部分。对于编译码的研究者来说，编码器输出的数字序列经过编码信道上的一系列变换之后，在译码器的输入端成为另一组数字序列，研究者只关心这两组数字序列之间的变换关系，而并不关心这一系列变换的具体物理过程，甚至并不关心信号在调制信道上的具体变化。编码器输出的数字序列与译码器输入的数字序列之间的关系，通常用将多端口网络的转移概率作为编码信道的数学模型进行描述。

根据研究对象和关心问题的不同，还可以定义其他形式的广义信道。

3.1.3 信道的数学模型

1. 调制信道模型

调制信道模型描述的是调制信道的输出信号和输入信号之间的数学关系。调制信道、输入信号、输出信号存在以下特点。

① 信道总具有输入信号端和输出信号端。

② 信道一般是线性的，即输入信号和对应的输出信号之间满足叠加原理。

③ 信道是因果的，即输入信号经过信道后，相应的输出信号的响应有延时。

④ 信道使通过的信号发生畸变，即输入信号经过信道后，相应的输出信号会发生衰减。

⑤ 信道中存在噪声，即使输入信号为零，输出信号仍然会具有一定功率。

根据上述特点，可用一个二对端（或多对端）的时变线性网络来表示调制信道。这个网络就称为调制信道模型，如图 3-2 所示。

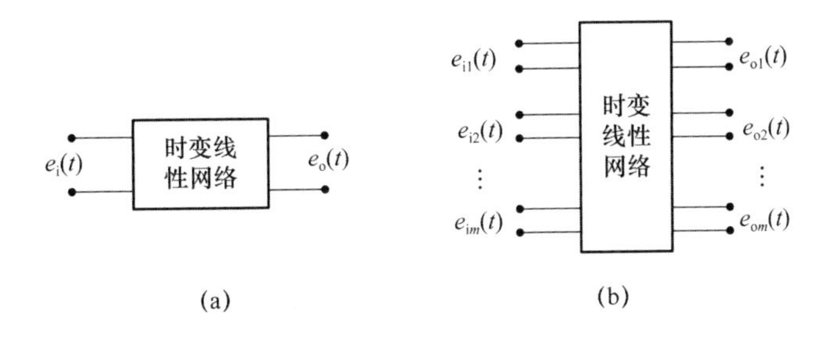

图 3-2 调制信道模型

对于二对端的信道模型而言，根据调制信道一般都满足线性的特点，其输出与输入之间的关系式可表示成

$$e_o(t)=k(t)\cdot e_i(t)+n(t) \tag{3-1}$$

式中，$e_i(t)$表示输入的已调信号；$e_o(t)$表示调制信道总输出信号；$k(t)$依赖于网络的特性，$k(t)$与 $e_i(t)$的乘积反映网络特性对于 $e_i(t)$的时变线性作用，$k(t)$的存在对 $e_i(t)$来说是一种干扰，

通常称为乘性干扰；$n(t)$表示信道噪声，与输入信号无关，通常称为加性干扰或加性噪声。

由以上分析可见，信道对信号的影响可归纳为两点：一是乘性干扰 $k(t)$；二是加性干扰 $n(t)$。如果确定了 $k(t)$和 $n(t)$的特性，则信道对信号的具体影响就能确定。不同特性的信道仅反映信道模型有不同的 $k(t)$及 $n(t)$。

乘性干扰 $k(t)$一般是一个复杂函数，它可能包括各种线性畸变和非线性畸变。同时由于信道的延迟特性和损耗特性随时间的变化而随机变化，故 $k(t)$往往只能用随机过程加以表述。不过，经大量观察表明，有些信道的 $k(t)$基本不随时间的变化而变化，也就是说，信道对信号的影响是固定的或变化极为缓慢的；而有的信道则不然，它们的 $k(t)$是随机快速变化的。因此，在分析研究乘性干扰 $k(t)$时可以把调制信道粗略地分为两大类：一类称为恒参信道，即其 $k(t)$可看成不随时间变化或变化极为缓慢；另一类则称为随参信道，它是非恒参信道的统称，其 $k(t)$是随时间随机快变的。

一般地，架空明线、电缆、波导、中长波地波传播、超短波及微波视距传播、卫星中继、光导纤维以及光波视距传播等传输媒质构成的信道属于常见的恒参信道，其他传输媒质构成的信道称为随参信道。而陆地移动信道、短波电离层反射信道、超短波及微波对流层散射信道、超短波电离层散射信道以及超短波超视距绕射信道等，都是常见的随参信道。

调制信道

2. 编码信道模型

编码信道是包括调制信道及调制器、解调器在内的信道。它与调制信道有明显的不同。调制信道对信号的影响是通过乘性干扰和加性干扰使调制信号发生“模拟”变化，而编码信道对信号的影响则是一种数字序列的变换，即把一种数字序列变成另一种数字序列。故有时把调制信道看成一种模拟信道，而把编码信道看成一种数字信道。

由于编码信道包含调制信道，因而它同样要受到调制信道的影响。但是，从编/译码的角度看，这个影响已反映在解调器的输出数字序列中，即输出数字序列以某种概率发生差错。显然调制信道越差，即特性越不理想和加性噪声越严重，则发生错误的概率就会越大。因此，编码信道模型可用数字信号的转移概率来描述。

常见的二进制数字传输系统的一种简单的编码信道模型如图 3-3 所示。之所以说这个模型是“简单的”，是因为在这里假设解调器每个输出码元的差错发生是相互独立的，即当前码元的差错与其前后码元的差错没有依赖关系。

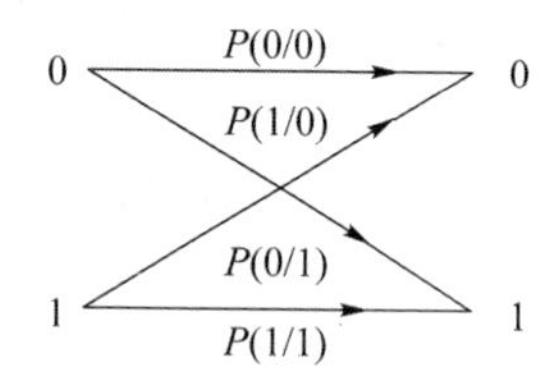

图 3-3　二进制编码信道模型

在图 3-3 中，$P(0/0)$、$P(1/0)$、$P(0/1)$、$P(1/1)$称为信道转移概率。以 $P(0/1)$为例，其含义是“经信道传输，把 1 转移为 0”的概率。具体地，把 $P(0/0)$和 $P(1/1)$称为正确转移概率，而把 $P(1/0)$和 $P(0/1)$称为错误转移概率。根据概率性质可知

$$P(0/0)+P(1/0)=1$$

$$P(1/1)+P(0/1)=1$$

转移概率完全由编码信道的特性决定，一个特定的编码信道就会有相应确定的转移概率。编码信道的转移概率一般需要对实际编码信道作大量的统计分析才能得到。

3.2 恒参信道及其对所传信号的影响

恒参信道对信号传输的影响是确定的或者是变化极其缓慢的。因此，恒参信道可以等效为一个线性时不变网络。从理论上来说，只要知道网络的传输特性，则利用信号通过线性系统的分析方法，就可求得信号通过恒参信道的变化规律。

线性时不变网络的传输特性可以用幅度-频率特性（简称“幅频特性”）和相位-频率特性（简称“相频特性”）来表征。所以这里首先讨论理想情况下恒参信道的幅频特性和相频特性，然后分别讨论实际幅频特性和相频特性对信号传输的影响。

1. 理想恒参信道的特性

根据式(3-1)，对于恒参信道，$k(t)$为常数，不妨设为 k，在无失真传输情况下，若考虑信道的延迟，并且不考虑噪声的影响，则要求信道的输出信号为

$$e_o(t)=ke_i(t-t_d)$$

式中，k 为乘性因子，表示经过传输后放大或衰减一个固定值；t_d 为时间延迟，表示输出信号滞后输入信号一个固定的时间。对上式进行傅里叶变换得

$$E_o(\omega)=k\mathrm{e}^{-\mathrm{j}\omega t_d}E_i(\omega)$$

可得恒参信道的传输特性函数为

$$H(\omega)=\frac{E_o(\omega)}{E_i(\omega)}=k\mathrm{e}^{-\mathrm{j}t_d\omega} \tag{3-2}$$

因此，恒参信道的幅频特性和相频特性函数分别为

$$\begin{cases}|H(\omega)|=k\\ \varphi(\omega)=-t_d\omega\end{cases} \tag{3-3}$$

由此可见，要使任意一个信号通过线性网络不产生失真，网络的传输特性应该具备以下 2 个理想条件。

① 网络的幅频特性是一个不随频率变化的常数。

② 网络的相频特性应与频率成负斜率直线关系。

若信号的角频率严格限制在$[-\omega_H,\omega_H]$范围内，则无失真传输的条件只要传输特性在区间$[-\omega_H,\omega_H]$内满足以上 2 个要求即可。任何一个物理信号，它的频谱往往是很宽的，因而，严格地说无失真的信道也需要很宽的频带。在实际通信工程中，总是要求信道在信号的有限带宽之内尽量满足无失真传输条件，但是实际上是有失真地传输，只不过，这种失真控制在允许的范围内罢了。

信道的相频特性通常还采用群延迟-频率特性来衡量。所谓的群延迟-频率特性就是相频特性的导数。理想恒参信道的群延迟-频率特性可以表示为

$$\tau(\omega)=\frac{\mathrm{d}\varphi(\omega)}{\mathrm{d}\omega}=-t_d \tag{3-4}$$

综上，理想信道的幅频特性、相频特性和群迟延-频率特性曲线如图 3-4 所示。

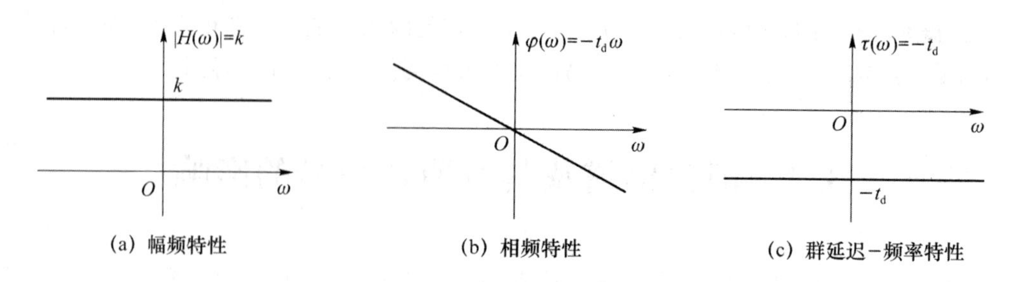

图 3-4 理想信道的幅频特性、相频特性和群迟延-频率特性曲线

2. 幅度-频率畸变

幅度-频率畸变是由实际信道的幅频特性不理想所引起的，这种畸变又称为频率失真，属于线性失真。图 3-5 所示是典型音频电话信道的幅度衰减特性。该衰减特性在 300～1 100 Hz 频率范围内比较平坦，在 300 Hz 以下和 1 100 Hz 以上衰耗增加很快。信道的幅频特性不理想会使通过它的信号波形产生失真。

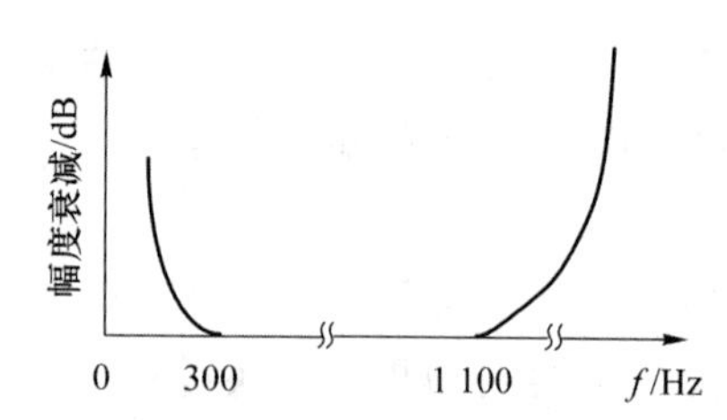

图 3-5 典型音频电话信道的幅度衰减特性

为了减小幅度-频率畸变，在设计总的电话信道传输特性时，一般都要求把幅度-频率畸变控制在一个允许的范围内。这就要求改善电话信道中的滤波性能，或者再通过一个线性补偿网络，使衰耗特性曲线变得平坦，接近于图 3-4(a)所示的曲线。这一措施通常称为“均衡”。在载波电话信道上传输数字信号时，通常要采用均衡措施。

3. 相位-频率畸变

当信道的相频特性偏离线性关系时，会使通过信道的信号产生相位-频率畸变，相位-频率畸变也属于线性失真。图 3-6 给出了一个典型电话信道的群延迟-频率特性。可以看出，群延迟-频率特性偏离了理想特性的要求，因此会使信号产生严重的相频失真或群延迟失真。在话音传输中，由于人耳对相频失真不太敏感，因此相频失真对模拟话音传输的影响不明显。如果传输数字信号，相频失真还会引起码间干扰，特别当传输速率较高时，相频失真会引起严重的码间干扰，使误码性能降低。由于相频失真也是线性失真，因此同样可以采用均衡器对相频特性进行补偿，改善信道传输条件。

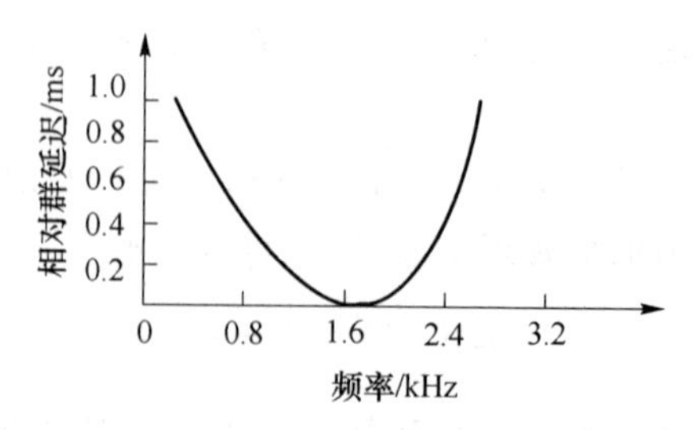

图 3-6 典型电话信道的群延迟-频率特性

在调制信道中，乘性因子为常数的信道是恒参信道，如果乘性因子不为常数，则为随参信道。属于随参信道的传输媒质主要以电离层反射、对流层散射等为代表。随参信道的特性比恒参信道要复杂得多，对信号的影响比恒参信道也要严重得多，其根本原因在于它包含一个复杂的传输媒质。受篇幅所限，本书不对随参信道进行深入讨论，感兴趣的读者可查阅相关资料。

3.3 信道的加性噪声

调制信道对信号的影响除乘性干扰外，还有加性干扰（即加性噪声的干扰）。加性噪声虽然独立于有用信号，但它却始终存在，干扰有用信号，因而不可避免地会对通信产生影响。本节讨论信道中的加性噪声，内容包括信道内各种噪声的分类及性质，并定性地说明它们对信号传输的影响。

信道中加性噪声的来源有很多，表现的形式也多种多样。根据加性噪声来源的不同，一般可以粗略地将加性噪声分为以下 4 类。

（1）无线电噪声

它来源于各种用途的其他频道的无线电发射机。这类噪声的频率范围很宽广，从甚低频到特高频都可能有无线电干扰的存在，并且干扰的强度有时很大。不过，这类噪声有个特点，就是干扰频率是固定的，因此可以预先设法防止或避开。特别是在加强了无线电频率的管理工作后，无论在频率的稳定性、准确性，还是在谐波辐射等方面都有严格的规定，使得信道内信号受它的影响可降到最低程度。

（2）工业噪声

它来源于各种电气设备，如电力线、点火系统、电车、电源开关、电力铁道、高频电炉等。这类噪声来源分布很广泛，无论是城市还是农村，内地还是边疆，各地都有工业噪声存在。尤其是在现代化社会里，各种电气设备越来越多，因此这类噪声的强度也就越来越大。但它也有个特点，就是干扰频谱集中于较低的频率范围，例如几十兆赫兹以内。因此，选择高于这个频段工作的信道就可防止受到它的干扰。另外，也可以在干扰源方面设法消除干扰或减少干扰的产生，例如加强屏蔽和采取滤波措施，防止接触不良和消除波形失真。

（3）自然噪声

自然噪声是指自然界存在的各种电磁波源，例如闪电、雷击、大气中的电暴和各种宇宙噪声等。

（4）内部噪声

内部噪声是系统设备本身产生的各种噪声，例如电阻中自由电子的热运动和半导体中载流子的起伏变化等。

以上是从噪声的来源来分类的，优点是比较直观。但是，从防止或减小噪声对于通信系统的影响角度来分析，按照噪声的性质来分类会更加有利。某些类型的噪声是确知的，虽然消除这些噪声不一定很容易，但至少在原理上可消除或基本消除。另一些噪声则往往不能准确预测其波形，这种不能预测的噪声统称为随机噪声。根据噪声的性质，常见的噪声可分为 3 类。

① 单频噪声。单频噪声是一种连续波的干扰（如外台信号），它可视为一个已调正弦波，但它的幅度、频率或相位是事先不能预知的。这种噪声的主要特点是占有极窄的频带，但在频

率轴上的位置可以测定。因此,单频噪声并不是在所有通信系统中都存在。

② 脉冲噪声。脉冲噪声是突发出现的幅度大而持续时间短的离散脉冲。这种噪声的主要特点是其突发的脉冲幅度大,但持续时间短,且相邻突发脉冲之间往往有较长的安静时段。从频谱上看,脉冲噪声通常有较宽的频谱(从甚低频到高频),但频率越高,其频谱强度就越小。脉冲噪声主要来自各种电气断续电流干扰、雷电干扰、电火花干扰、电力线感应等。数据传输对脉冲噪声的容限取决于比特速率、调制解调方式以及对差错率的要求。

③ 起伏噪声。起伏噪声是以热噪声、散弹噪声及宇宙噪声为代表的噪声。它们都是不规则的随机过程,只能采用大量统计的方法来寻求其统计特性。这些噪声的特点是,无论在时域内还是在频域内起伏噪声总是普遍存在的,而且起伏噪声来自信道本身,因此它对信号传输的影响是不可避免的。

由以上分析可见,单频噪声不是所有的通信系统中都有的而且比较容易防止;脉冲噪声由于具有较长的安静期,故对模拟话音信号的影响不大;起伏噪声不能避免,且始终存在,因此,一般来说,它是影响通信质量的主要因素之一。因此,今后在研究噪声对通信系统的影响时,应以起伏噪声为重点。

应当指出,脉冲噪声虽然对模拟话音信号的影响不大,但是在数字通信中,它的影响是不容忽视的。一旦出现突发脉冲,由于它的幅度大,将会导致一连串的误码,对通信造成严重的危害。在数字通信中,通常可以通过纠错编码技术来减轻这种危害。

3.4 通信中的常见噪声

本节介绍几种噪声,它们在通信系统的理论分析中常常用到,实际统计与分析研究证明,这些噪声的特性是符合具体信道特性的。

3.4.1 白噪声

白噪声是指一种功率谱密度为常数的随机信号。换句话说,此信号在各个频段上的功率谱密度是一样的,由于白光是由各种频率(颜色)的单色光混合而成的,因而此信号的这种具有平坦功率谱的性质被称作是“白色的”,也因此被称作白噪声。相对地,其他不具有这一性质的噪声信号被称为有色噪声。

白噪声的功率谱密度函数通常被定义为

$$P_{\mathrm{n}}(\omega)=\frac{n_0}{2} \quad (-\infty<\omega<+\infty) \tag{3-5}$$

式中,n_0 是一个常数,单位取“瓦/赫兹”(W/Hz)。白噪声的功率谱密度函数如图 3-7 所示。

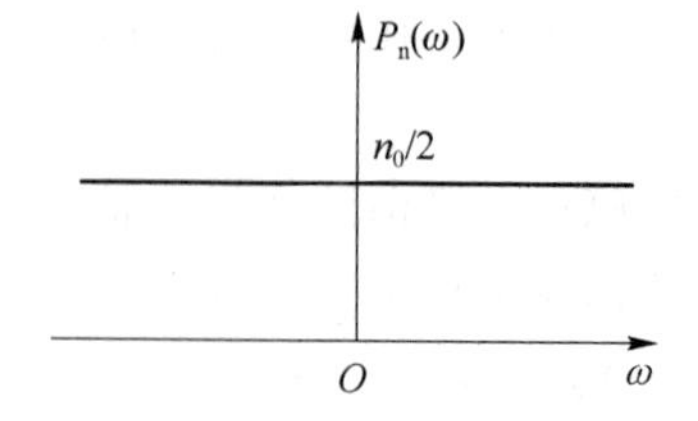

白噪声

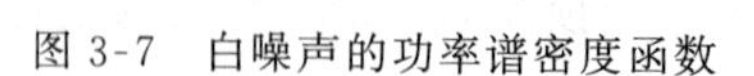
图 3-7 白噪声的功率谱密度函数

若采用单边频谱，即频率在$(0,+\infty)$的范围内，白噪声的功率谱密度函数又常写成

$$P_{\mathrm{n}}(\omega)=n_0 \quad (0<\omega<+\infty) \tag{3-6}$$

理想的白噪声具有无限带宽，因而其能量是无限大的，但这在现实世界是不可能存在的。一般地，只要一个噪声过程所具有的频谱宽度远远大于它所作用系统的带宽，并且在该带宽中它的频谱密度基本上可以作为常数来考虑，就可以把它作为白噪声来处理。例如，热噪声和散弹噪声在很宽的频率范围内具有均匀的功率谱密度，通常可以认为它们是白噪声。白噪声在数学处理上比较方便，因此它是系统分析的有力工具。

3.4.2 高斯噪声

高斯随机过程又称正态随机过程，是实际应用中非常重要又普遍存在的随机过程。在信号检测、通信系统、电子测量等许多应用中，高斯噪声是非常重要的一种随机过程，自始至终都必须考虑。此外，在许多特殊应用场合，通常假设讨论的对象具有高斯特性。高斯随机过程的统计特性及其线性变换具有许多独特的性质。所有这些都促使人们深入研究这类随机信号的各种性质及其与系统的关系。

所谓高斯噪声是指它的概率密度函数服从高斯分布(即正态分布)的一类噪声。其一维概率密度函数可用数学表达式表示为

$$p(x)=\frac{1}{\sqrt{2\pi}\sigma}\exp\left[-\frac{(x-\alpha)^2}{2\sigma^2}\right] \tag{3-7}$$

式中，α 为噪声的数学期望值，也就是均值；σ^2 为噪声的方差。

通常，通信信道中噪声的均值 $\alpha=0$。可以证明，在噪声均值为零时，噪声的平均功率等于噪声的方差。该结论非常有用，在通信系统的性能分析中，常常通过求方差的方法来计算噪声的功率。

由于高斯噪声在计算系统抗噪声性能时需要用到，下面予以进一步讨论。式(3-7)可用图3-8表示。

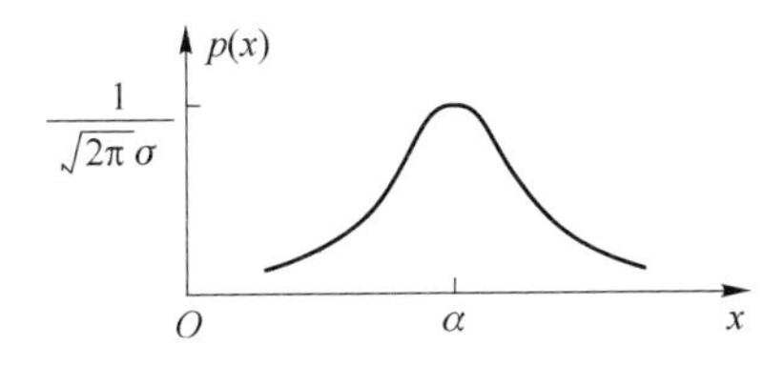

图 3-8 高斯噪声一维概率密度函数

由式(3-7)和图3-8容易看出，高斯噪声的一维概率密度函数 $p(x)$具有如下特性。

① $p(x)$关于直线 $x=\alpha$ 对称。

② $p(x)$在$(-\infty, \alpha)$内单调上升，在(α, ∞)内单调下降，且在点 α 处达到极大值$\frac{1}{\sqrt{2\pi}\sigma}$。当 $x\to\pm\infty$时，$p(x)\to 0$。

③ $\int_{-\infty}^{\infty} p(x)\mathrm{d}x = 1$，且$\int_{-\infty}^{\alpha} p(x)\mathrm{d}x = \int_{\alpha}^{\infty} p(x)\mathrm{d}x = \frac{1}{2}$。

④ α 表示分布中心，σ 表示集中的程度。对于不同的 α，表现为 $p(x)$的图形左右平移；对于不同的 σ，$p(x)$的图形将随 σ 的减小而变高和变窄。

⑤ 当 $\alpha=0$，$\sigma=1$ 时，相应的正态分布称为标准化正态分布，这时有

$$p(x)=\frac{1}{\sqrt{2\pi}}\exp\left(-\frac{x^2}{2}\right) \tag{3-8}$$

现在再来看正态概率分布函数 $F(x)$。概率分布函数 $F(x)$ 用来表示随机变量 x 的概率分布情况，按照定义，它是概率密度函数 $p(x)$ 的积分，即

$$\begin{aligned} F(x) &= \int_{-\infty}^{x} p(z)\mathrm{d}z \\ &= \int_{-\infty}^{x} \frac{1}{\sqrt{2\pi}\sigma}\exp\left[-\frac{(z-\alpha)^2}{2\sigma^2}\right]\mathrm{d}z \\ &= \frac{1}{\sqrt{2\pi}\sigma}\int_{-\infty}^{x} \exp\left[-\frac{(z-\alpha)^2}{2\sigma^2}\right]\mathrm{d}z \end{aligned} \tag{3-9}$$

这个积分不易计算，在工程上常引入误差函数来表述。所谓误差函数，其定义式为

$$\mathrm{erf}(x) = \frac{2}{\sqrt{\pi}}\int_0^x \mathrm{e}^{-z^2}\mathrm{d}z \tag{3-10}$$

并称 $1-\mathrm{erf}(x)$ 为互补误差函数，记为 $\mathrm{erfc}(x)$，即

$$\mathrm{erfc}(x) = 1-\mathrm{erf}(x) = \frac{2}{\sqrt{\pi}}\int_x^{\infty} \mathrm{e}^{-z^2}\mathrm{d}z \tag{3-11}$$

可以证明，利用误差函数的概念，正态概率分布函数可表示为两种形式：

$$\begin{cases} F(x)=\dfrac{1}{2}+\dfrac{1}{2}\mathrm{erf}\left(\dfrac{x-\alpha}{\sqrt{2}\sigma}\right) \\ F(x)=1-\dfrac{1}{2}\mathrm{erfc}\left(\dfrac{x-\alpha}{\sqrt{2}\sigma}\right) \end{cases} \tag{3-12}$$

用误差函数表示 $F(x)$ 的好处是，借助于一般数学手册所提供的误差函数表，如附录 C 中的表 C-1 所示，可方便地查出不同 x 值时误差函数的近似值，避免复杂积分运算。为了方便以后分析，在此给出误差函数和互补误差函数的主要性质。

a. 误差函数 $\mathrm{erf}(x)$ 是递增函数，它具有如下性质：

- $\mathrm{erf}(-x)=-\mathrm{erf}(x)$；
- $\mathrm{erf}(\infty)=1$。

b. 互补误差函数 $\mathrm{erfc}(x)$ 是递减函数，它具有如下性质：

- $\mathrm{erfc}(-x)=2-\mathrm{erfc}(x)$；
- $\mathrm{erfc}(\infty)=0$；
- $\mathrm{erfc}(x)\approx\dfrac{1}{\sqrt{\pi}x}\mathrm{e}^{-x^2}$，$x\gg1$。

3.4.3 高斯白噪声

白噪声是根据噪声的功率谱密度是否均匀来定义的，而高斯噪声则是根据它的概率密度函数呈正态分布来定义的，那么什么是高斯型白噪声呢？

高斯型白噪声也称高斯白噪声，是指噪声的概率密度函数满足正态分布统计特性，同时它的功率谱密度函数是常数的一类噪声。这里值得注意的是，高斯型白噪声同时涉及噪声的两个不同方面，即概率密度函数的正态分布性和功率谱密度函数的均匀性，二者缺一不可。

在通信系统的理论分析中，特别是在分析、计算系统抗噪声性能时，经常假定系统中信道噪声(即前述的起伏噪声)为高斯型白噪声。其原因在于：一是高斯型白噪声可用具体的数学表达式表述，比如，只要知道了均值和方差，则高斯白噪声的一维概率密度函数便可由式(3-7)确定，只要知道了功率谱密度值$\frac{n_0}{2}$，高斯白噪声的功率谱密度函数便可由式(3-5)确定，便于推导分析和运算；二是高斯型白噪声确实反映了实际信道中的加性噪声情况，比较真实地代表了信道噪声的特性。

3.5 信道容量与香农定理

当一个信道受到加性高斯噪声的干扰时，如果信道传输信号的功率和信道的带宽受限，则这种信道传输数据的能力将会如何？这一问题，在信息论中有一个非常明确的结论——高斯白噪声下关于信道容量的香农(Shannon)定理。本节介绍信道容量的概念及香农定理。

3.5.1 信道容量

从信息论的角度讲，通常可以把信道分为离散信道和连续信道两大类。其中，离散信道中输入与输出信号的取值都是离散时间函数；连续信道中输入与输出信号的取值都是连续时间函数。离散信道的传输特性通常用转移概率来描述，而连续信道的传输特性通常用概率密度来描述。

在有干扰的信道中，由于信道的带宽限制和噪声的存在，信道传输信息的最大能力是有限的。在信息论中，称信道无差错传输信息的最大信息速率为信道容量，记为C。

对于离散信道，由于涉及的概率论知识比较多，这里不作介绍，有兴趣的读者可查阅相关参考资料。从说明概念的角度考虑，下面只讨论连续信道的信道容量。

3.5.2 香农定理

假设连续信道的加性高斯白噪声功率为N，信道的带宽为B，信号功率为S，则该信道的信道容量为

$$C=B\log_2\left(1+\frac{S}{N}\right) \tag{3-13}$$

式中，信道容量C的单位为bit/s；$\frac{S}{N}$为信号功率与噪声功率的比值，简称信噪比。

这就是信息论中具有重要意义的香农定理，它表明当信号与作用在信道上的起伏噪声的平均功率给定时，具有一定频带宽度B的信道在理论上单位时间内可能传输的信息量的极限数值。

由于噪声功率N与信道带宽B有关，故若噪声双边功率谱密度为$\frac{n_0}{2}$，则噪声功率$N=n_0B$，因此，香农定理的另一种形式为

$$C=B\log_2\left(1+\frac{S}{n_0B}\right) \tag{3-14}$$

由上式可见，一个连续信道的信道容量受 B、n_0、S 3 个要素限制，只要这 3 个要素确定，则信道容量也就随之确定。通过香农定理可以得到如下一些重要结论。

① 在给定带宽 B、信噪比 $\frac{S}{N}$ 的情况下，信道的极限传输能力为 C，而且此时能够做到无差错传输，即误码率趋近于 0。

② 当信道的传输带宽 B 一定时，接收端的信噪比 $\frac{S}{N}$ 越大，系统的信道容量 C 越大。当噪声功率 N 趋近 0 时，信道容量 C 趋近∞。

③ 当接收端的信噪比 $\frac{S}{N}$ 一定时，信道的传输带宽 B 越大，系统的信道容量 C 也越大。但当信道带宽 B 趋于∞时，信道容量 C 并不趋于∞，而是趋于一个固定值。因为当信道带宽越大时，进入信道中的噪声功率也越大，导致信噪比 $\frac{S}{N}$ 不可能保持恒定并且变小了，因而信道容量不可能趋于∞。具体推导过程如下。

$$\begin{aligned}
\lim_{B\to\infty}C &= \lim_{B\to\infty}B\log_2\left(1+\frac{S}{N}\right)\\
&= \lim_{B\to\infty}B\log_2\left(1+\frac{S}{n_0B}\right)\\
&= \lim_{B\to\infty}\frac{S}{n_0}\log_2\left(1+\frac{S}{n_0B}\right)^{\frac{n_0B}{S}}\\
&= \frac{S}{n_0}\log_2 e\\
&\approx 1.44\,\frac{S}{n_0}
\end{aligned}$$

④ 信道容量可以通过系统带宽与信噪比的互换而保持不变。维持同样大小的信道容量，可以通过调整信道的 B 及 $\frac{S}{N}$ 来达到，即信道容量可以通过系统带宽与信噪比互换而保持不变。若减小带宽，则必须增大信噪比，即增加信号功率，反之亦然。因此，当信噪比太小而不能保证通信质量时，可采用宽带系统传输，增加带宽，降低对信噪比的要求，以改善通信质量。这就是所谓的用带宽换功率的措施。应当指出，带宽和信噪比的互换不是自动完成的，必须变换信号使之具有所要求的带宽。实际上这是由各种类型的调制和编码完成的，调制和编码的过程就是实现带宽和信噪比之间互换的手段。例如，如果 $\frac{S}{N}=7$，$B=4\ 000$ Hz，则可得 $C=12$ kbit/s；但是，如果 $\frac{S}{N}=15$，$B=3\ 000$ Hz，则可得同样的 C 数值。这就提示我们，为达到某个实际传输速率，在系统设计时可以利用香农公式中的互换原理，确定合适的系统带宽和信噪比。

通常把实现了极限信息速率传送（即达到信道容量值）且能做到任意小差错率的通信系统称为理想通信系统。香农定理证明了理想通信系统的“存在性”，给出了信道容量的理论极限，但并未给出如何达到或者接近这一理论极限的具体实施方案。正是基于此，这么多年以来，全世界的通信工作者们都在研究、设计、实践，从而推动了通信领域的各项技术不断向前发展。

【例 3-1】 已知某高斯白噪声信道的带宽为 8 kHz,信号与噪声的功率比为 15,试确定这种通信系统的极限传输速率。

解: 根据香农定理

$$C=B\log_2\left(1+\frac{S}{N}\right)=8\times\log_2(1+15)=32\ \text{kbit/s}$$

【例 3-2】 已知彩色电视图像由 5×10^5 个像素组成,设每个像素有 64 种彩色度,每种彩色度有 16 个亮度等级。如果所有彩色度和亮度等级的组合机会均等,并统计独立。计算:

① 每秒传送 100 个画面所需的信道容量。

② 若接收机的信噪比为 30 dB,求所需的传输带宽。

解: ① 每一个像素的概率

$$P=\frac{1}{64\times16}$$

则每一个像素的信息量为

$$I_1=-\log_2\frac{1}{64\times16}=10\ \text{bit}$$

每个图像的信息量为

$$I_2=5\times10^5 I_1=5\times10^6\ \text{bit}$$

图像的信息传输速率为

$$R_b=100\times I_2=5\times10^8\ \text{bit/s}$$

所以信道容量为

$$C\geqslant R_b=5\times10^8\ \text{bit/s}$$

② 根据信噪比 dB 值的定义,有

$$10\lg\frac{S}{N}=30$$

可得

$$\frac{S}{N}=10^3$$

根据香农定理

$$C=B\log_2\left(1+\frac{S}{N}\right)$$

得

$$B=\frac{C}{\log_2\left(1+\frac{S}{N}\right)}=\frac{5\times10^8}{\log_2(1+10^3)}\approx50.2\ \text{MHz}$$

香农定理

本章小结

① 信道是信号传输的通道。根据信道的特性设计更加合理有效的发送设备和接收设备,对提高通信的质量(有效性和可靠性)非常重要。

② 通常根据调制信道的乘性干扰因子是否随时间改变将信道分成恒参信道和随参信道两大类。常见的恒参信道有架空明线、电缆、中长波地波传播、超短波及微波视距传播、人造卫

星中继等。常见的随参信道有陆地移动信道、短波电离层反射信道等。

③ 通信系统中常常存在一种噪声——高斯白噪声，它的概率密度函数满足正态分布统计特性，同时它的功率谱密度函数是常数的。高斯白噪声反映了实际信道中的加性噪声情况，比较真实地代表了信道噪声的特性。

④ 信道容量是信道中信息无差错传输的最大速率。通常用香农的信道容量公式估算实际信道最大的信息传输能力。通过香农定理可以看出，通信系统的有效性和可靠性始终是一对矛盾，在系统信道容量一定的情况下，这对矛盾是不可调和的。为此，针对不同的通信系统对系统的性能要求有所不同的特点，可以通过牺牲有效性来换取可靠性，亦可以通过牺牲可靠性来换取有效性。

习　题

3-1　请说明狭义信道以及广义信道的概念。

3-2　请说明调制信道、编码信道的概念，并指出这两种信道的范围。

3-3　说明区分恒参信道和随参信道的主要标志，并分别列举通信中常用的恒参信道和随参信道的若干例子。

3-4　请说明信道无失真传输应该具备的理想条件。

3-5　根据噪声的性质，简述常见噪声的分类。

3-6　说明信道容量 C 的概念，并说明香农定理的意义。

3-7　已知某高斯白噪声信道的带宽为 5 MHz，信号与噪声的功率比为 31，试确定这种通信系统的极限传输速率。

3-8　具有 4 MHz 带宽的某高斯信道，若信道中信号功率与噪声功率谱密度之比为 60 MHz，试求其信道容量。

3-9　假设计算机的终端通过带宽为 3.4 kHz 的电话信道来传输数据。

① 若要求传输信道的信噪比为 30 dB，试求该信道的信道容量。

② 若线路上的最大信息传输速率为 48 kbit/s，试求所需最小的信噪比。

3-10　已知某待传图片由 2.5×10^6 个像素组成，每个像素有 16 个亮度电平，且所有亮度电平等概率出现。假设传输信道中的信噪比要求为 30 dB，试求用 2 分钟来传送一张图片时所需要的最小信道带宽。

第4章 模拟调制技术

在通信系统中，模拟信源所产生的信号通常包含丰富的直流和低频成分，为了使这类信号能够更加适合信道的传输特性，往往这类信号要经过调制的过程，即将这类具有丰富直流和低频成分的信号搬移到高频载波频段上进行传输。在这里，通常把经过调制的信号称为已调信号（也称频带信号），而将调制以前的信号称为调制信号（也称基带信号）。

本章主要讨论模拟调制系统。在模拟调制系统中，载波通常采用高频正弦信号，如果调制信号是为了控制载波信号幅度的变化，则这种调制称为调幅；如果是为了控制载波信号相位的变化，则称为调相；如果是为了控制载波信号频率的变化，则称为调频。

本章主要研究了各种模拟调制的时间表达式、波形、频谱结构、调制与解调的过程，并讨论了复用技术。

本章学习目标

- 理解 AM、DSB、SSB 等幅度调制的基本原理。
- 掌握包络检波和相干解调的原理。
- 了解角度调制系统，掌握 FM 调制的基本原理。
- 了解常用的复用方式，理解频分复用的原理和应用。

4.1 幅度调制的基本原理

在幅度调制系统中，调制信号将控制载波幅度的变化。根据已调信号与调制信号频谱之间的关系，通常又可以将调幅分成常规双边带调幅（AM）、抑制载波双边带调幅（DSB）、单边带调幅（SSB）和残留边带调幅等几种常见形式。

4.1.1 常规双边带调幅

1. AM 信号的表达式、频谱及带宽

常规双边带调幅是指用调制信号叠加一个直流分量后，去控制载波的振幅，使已调信号的

包络按照调制信号的规律变化。AM 系统的调制原理框图如图 4-1 所示。

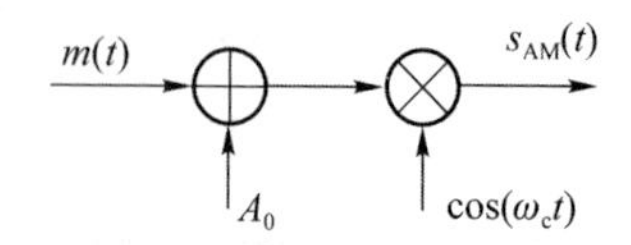

图 4-1 AM 系统的调制原理框图

在图 4-1 中,调制信号为 $m(t)$,正弦载波为 $c(t)=\cos(\omega_c t)$,A_0 为外加的直流分量,则已调信号的表达式为

$$\begin{aligned} s_{AM}(t) &= [A_0+m(t)]\cos(\omega_c t) \\ &= A_0\cos(\omega_c t)+m(t)\cos(\omega_c t) \end{aligned} \tag{4-1}$$

可得到 AM 信号的频谱表达式为

$$s_{AM}(\omega)=\pi A_0[\delta(\omega+\omega_c)+\delta(\omega-\omega_c)]+\frac{1}{2}[M(\omega+\omega_c)+M(\omega-\omega_c)] \tag{4-2}$$

AM 信号的波形图和频谱图分别如图 4-2(a)、图 4-2(b)所示,图 4-2 假设调制信号 $m(t)$最大角频率为 ω_H,带宽为 $B_m=f_H$。

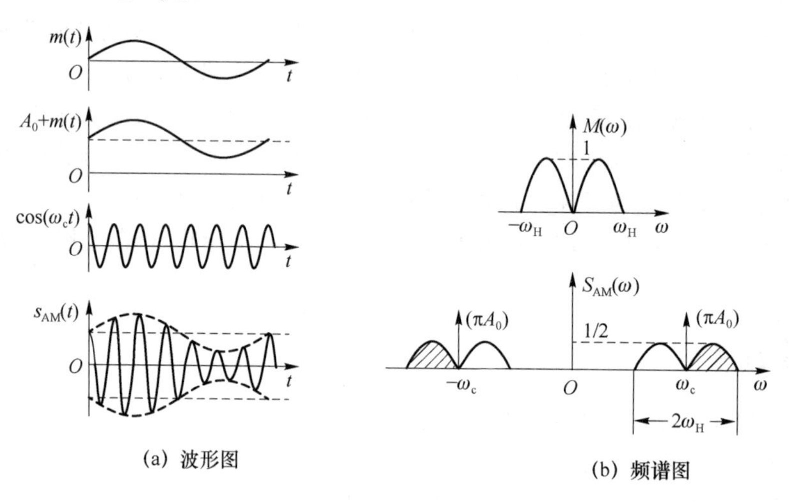

(a) 波形图 (b) 频谱图

图 4-2 AM 信号的波形图和频谱图

由图 4-2(a) 可见,AM 信号波形的包络与输入基带信号 $m(t)$成正比,故用包络检波的方法很容易恢复原始调制信号。但为了保证包络检波时不发生失真,必须满足 $A_0 \geqslant m(t)_{max}$,否则将出现过调幅现象而带来包络失真。

由图 4-2(b)所示的频谱图可知,AM 信号的频谱是由载频分量和上、下两个边带组成的〔通常将频谱中画斜线的部分称为上边带(USB),不画斜线的部分称为下边带(LSB)〕。上边带的频谱与原调制信号的频谱结构相同,下边带是上边带的镜像。显然,无论是上边带还是下边带,都含有原调制信号的完整信息。

信号的带宽是指信号所占频带的宽度,也就是信号的最高频率与最低频率的差值。由图 4-2(b) 可知,AM 信号是带有载波的双边带信号,它的带宽为基带信号带宽的两倍,即

$$B_{AM}=2B_m=2f_H \tag{4-3}$$

式中,$B_m=f_H$,为调制信号带宽;f_H 为调制信号的最高频率。

2. AM 信号的功率分配及调制效率

AM 信号在 1 Ω 电阻上的平均功率应等于 $s_{AM}(t)$的均方值。当 $m(t)$为已知信号时,$s_{AM}(t)$

的均方值即其平方的时间平均，即

$$\begin{aligned}P_{AM}&=\overline{s_{AM}^2(t)}\\&=\overline{[A_0+m(t)]^2\cos^2(\omega_c t)}\\&=\overline{A_0^2\cos^2(\omega_c t)}+\overline{m^2(t)\cos^2(\omega_c t)}+\overline{2A_0 m(t)\cos^2(\omega_c t)}\end{aligned}$$

一般地，调制信号为交流信号，不含直流分量，因此，$\overline{m(t)}=0$。又因为$\overline{\cos^2(\omega_c t)}=\frac{1}{2}$，所以

$$P_{AM}=\frac{A_0^2}{2}+\frac{\overline{m^2(t)}}{2}=P_c+P_s$$

式中，$P_c=\frac{A_0^2}{2}$为载波功率；$P_s=\frac{\overline{m^2(t)}}{2}$为边带功率，它是调制信号功率 $P_m=\overline{m^2(t)}$的一半。由此可见，常规双边带调幅信号的平均功率包括载波功率和边带功率两部分。只有边带功率分量与调制信号有关，载波功率分量不携带信息。调制效率的定义为

$$\eta_{AM}=\frac{P_s}{P_{AM}}=\frac{\overline{m^2(t)}}{A_0^2+\overline{m^2(t)}} \tag{4-4}$$

一般地，为了避免出现过调幅现象，需使 $A_0\geqslant m(t)_{max}$，显然，AM 信号的调制效率总是远小于 1。下面通过一个例子，定量分析 AM 信号的调制效率。

【例 4-1】 设 $m(t)$为正弦信号，进行 100%的常规双边带调幅，求此时的调制效率。

解： 依题意不妨设 $m(t)=A_1\cos(\omega_1 t)$，100%的常规双边带调幅就是指 $A_0=m(t)_{max}$，即 $A_0=A_1$，因此

$$\overline{m^2(t)}=\frac{A_0^2}{2}=\frac{A_1^2}{2}$$

$$\eta_{AM}=\frac{P_s}{P_{AM}}=\frac{\frac{A_0^2}{2}}{A_0^2+\frac{A_0^2}{2}}=\frac{1}{3}\approx 33.3\%$$

由此可见，正弦信号进行 100%的常规双边带调幅时，调制效率仅为 33.3%，在实际的应用中，调制效率还会更低。

4.1.2 双边带调幅

1. DSB 信号的表达式、频谱及带宽

如前所述，常规双边带调幅系统的已调信号由载波分量和边带分量组成，其中载波分量需要消耗大量的功率却不携带调制信号的任何信息，为了节省发射功率，在发送端将已调信号中的载波分量抑制掉，这就是抑制载波双边带调幅(DSB-SC，一般简称为 DSB)。由于在常规双边带已调信号中的载波分量与调制时的直流分量有关，故抑制载波双边带调幅系统在进行调制时只要消除直流分量，便可以达到抑制载波的目的。

DSB 系统的调制原理框图如图 4-3 所示。

在图 4-3 中，假设调制信号为 $m(t)$，正弦载波为 $c(t)=\cos(\omega_c t)$，则已调信号的表达式为

$$s_{DSB}(t)=m(t)\cos(\omega_c t) \tag{4-5}$$

可得到 AM 信号的频谱表达式为

$$s_{\mathrm{DSB}}(\omega)=\frac{1}{2}[M(\omega+\omega_c)+M(\omega-\omega_c)] \tag{4-6}$$

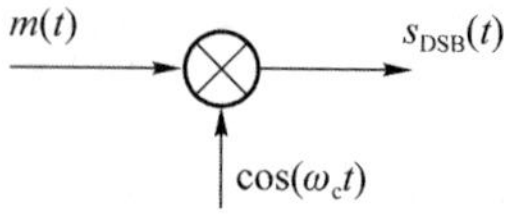

图 4-3　DSB 系统的调制原理框图

DSB 信号的波形图和频谱图分别如图 4-4(a)、图 4-4(b)所示，图 4-4 假设调制信号 $m(t)$ 的最大角频率为 ω_H，带宽为 $B_m=f_H$。

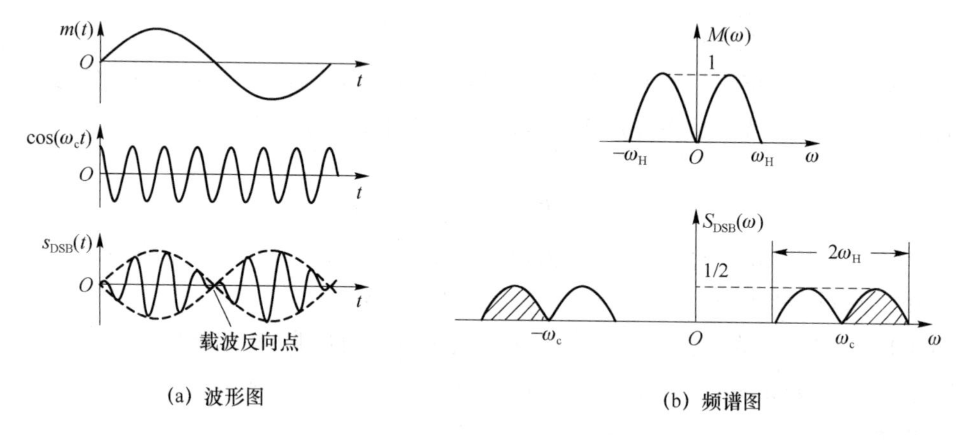

(a) 波形图　　(b) 频谱图

图 4-4　DSB 信号的波形图和频谱图

由图 4-4(a)可以看出，DSB 信号在调制信号的过零点处，高频载波相位有 180°突变，DSB 波形的包络与输入基带信号 $m(t)$ 不再成正比，故不能再用包络检波的方法恢复原始调制信号。

由频谱图可知，除不再含有载频分量离散谱外，DSB 信号的频谱与 AM 信号的完全相同，仍由上下对称的两个边带组成。故 DSB 信号是不带载波的双边带信号，它的带宽与 AM 信号的相同，也为基带信号带宽的两倍，即

$$B_{\mathrm{DSB}}=2B_m=2f_H \tag{4-7}$$

式中，$B_m=f_H$，为调制信号带宽；f_H 为调制信号的最高频率。

2. DSB 信号的功率分配及调制效率

由于不再包含载波成分，因此 DSB 信号的功率就等于边带功率，是调制信号功率的一半，即

$$P_{\mathrm{DSB}}=\overline{S_{\mathrm{DSB}}^2(t)}=P_s=\frac{\overline{m^2(t)}}{2}=\frac{P_m}{2} \tag{4-8}$$

式中，P_s 为边带功率；$P_m=\overline{m^2(t)}$，为调制信号功率。显然，DSB 信号的调制效率为 100%。

4.1.3　单边带调幅

在模拟线性调制通信系统中，DSB 通过抑制载波克服了 AM 浪费发射功率的缺点。由于

DSB 信号的上、下两个边带是完全对称的，皆携带了调制信号的全部信息，因此从信息传输的角度来考虑，仅传输其中一个边带就够了。这就又演变出了另一种新的调制式——单边带调制(SSB)，从而节省传输带宽。在实际中根据传输的不同单边带调幅可以分为上边带调幅和下边带调幅两种形式。

1. SSB 信号的产生

产生 SSB 信号的方法有很多，其中基本的方法有滤波法和相移法。

(1) 用滤波法产生 SSB 信号

单边带调幅可以通过滤波法来实现，即先将调制信号按照抑制载波双边带的方式进行调制，然后利用滤波器滤除抑制载波双边带中的某一个边带，从而得到单边带调幅信号。SSB 系统的调制原理框图如图 4-5 所示。

图 4-5 中 $H_{SSB}(\omega)$ 为单边带滤波器。形成 SSB 信号的 $H_{SSB}(\omega)$ 滤波器特性具体如图 4-6 所示，可采用理想高通滤波器 $H_H(\omega)$ 或理想低通滤波器 $H_L(\omega)$，滤波器通带与阻带的频率转换点设置为与载波频率 ω_c 相等。

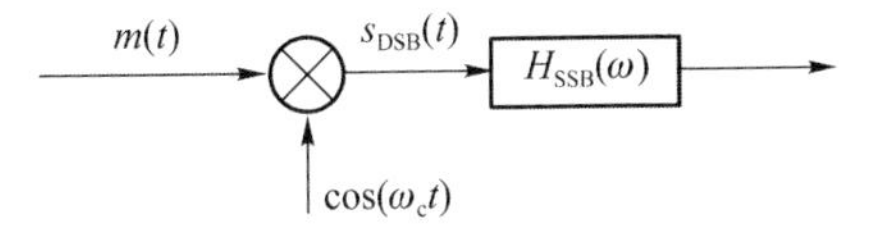

图 4-5 SSB 系统的调制原理框图

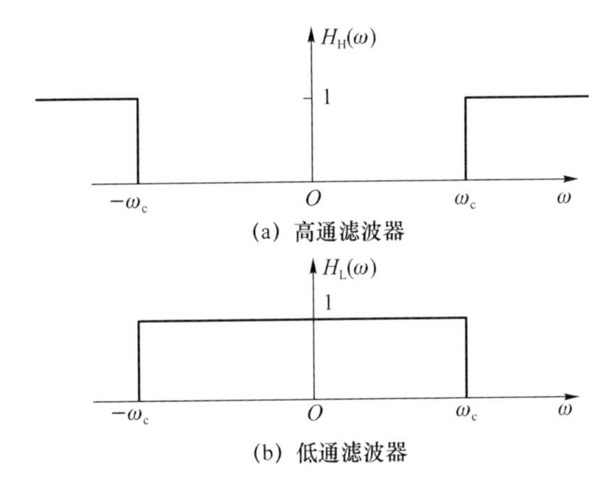

图 4-6 SSB 滤波器特性

图 4-7 从频域角度描述了单边带信号的形成过程。调制信号与载波相乘后形成抑制载波的双边带信号，然后经过理想高通滤波器 $H_H(\omega)$后，滤掉了下边带信号，形成了如图 4-7(c)所示的上边带信号；或者经过理想低通滤波器 $H_L(\omega)$后，滤掉了上边带信号，形成了如图 4-7(d)所示的下边带信号。上边带信号和下边带信号都属于 SSB 信号的范畴，在实际通信中，可采用其中任意一种。

由图 4-5 可以看出，SSB 信号的频谱可表示为

$$S_{SSB}(\omega)=S_{DSB}(\omega)H_{SSB}(\omega)=\frac{1}{2}[M(\omega+\omega_c)+M(\omega-\omega_c)]H_{SSB}(\omega) \tag{4-9}$$

用滤波法产生 SSB 信号，原理框图简洁、直观，但存在的一个重要问题是单边带滤波器不易制作。这是因为，理想特性的滤波器是不可能做到的，实际滤波器从通带到阻带总会存在一个过渡带。而一般调制信号都具有丰富的低频成分，经过调制的 DSB 信号的上、下边带之间的间隔很窄，要想通过一个边带而滤除另一个，要求单边带滤波器在 ω_c 附近具有陡峭的截止特性，即很小的过渡带，这就使得滤波器的设计与制作很困难，有时甚至难以实现。为此，在实际中往往采用多级调制的办法，以减小实现难度。限于篇幅，本书不作详细介绍。

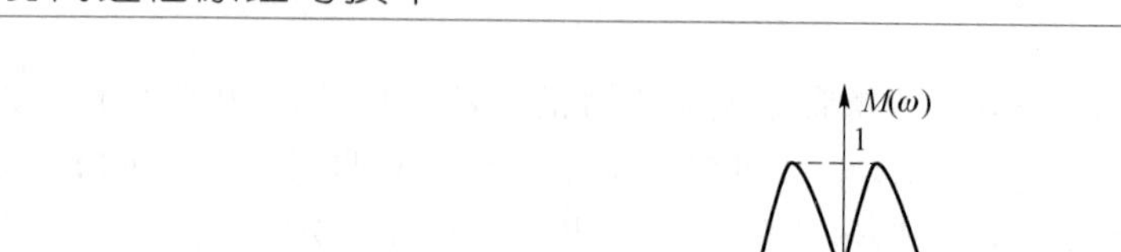

(a) 调制信号

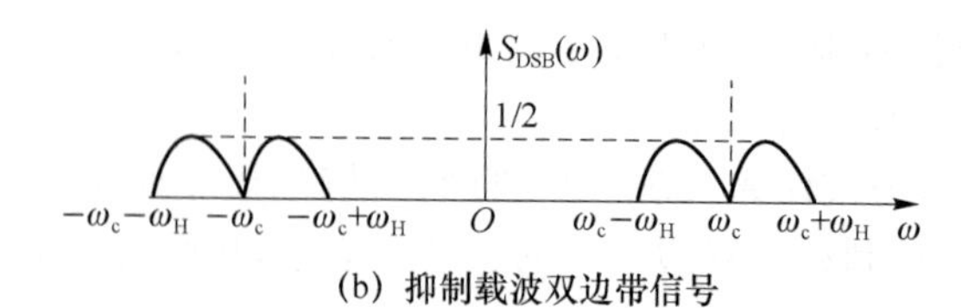

(b) 抑制载波双边带信号

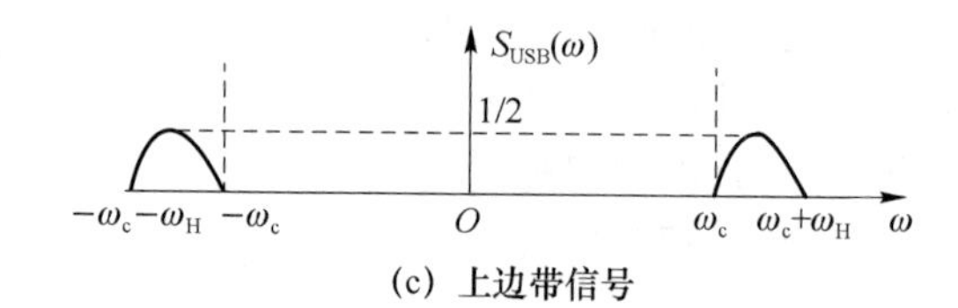

(c) 上边带信号

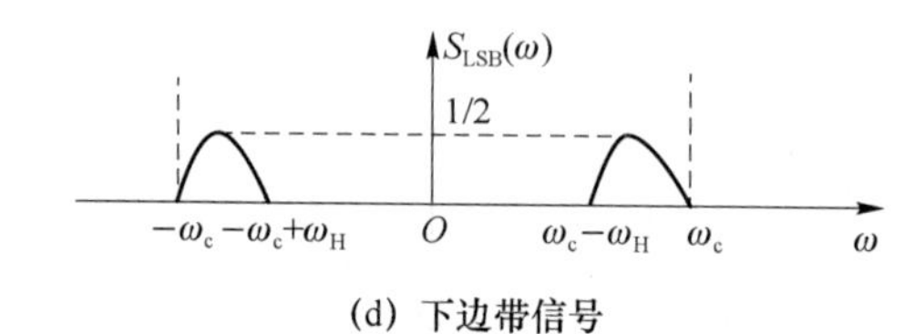

(d) 下边带信号

图 4-7　SSB 信号的频谱

(2) 用相移法产生 SSB 信号

可以证明,SSB 信号的时域表达式为

$$s_{SSB}(t)=\frac{1}{2}m(t)\cos(\omega_c t)\mp\frac{1}{2}\hat{m}(t)\sin(\omega_c t) \tag{4-10}$$

式中,“-”对应上边带信号,“+”对应下边带信号;$\hat{m}(t)$表示把 $m(t)$的所有频率成分均相移 $-\pi/2$, 称 $\hat{m}(t)$是 $m(t)$的希尔伯特变换。

根据式(4-10),可得到用相移法产生的 SSB 信号的一般模型,如图 4-8 所示。在图 4-8 中,$H_h(\omega)$为希尔伯特滤波器,它实质上是一个宽带相移网络,对 $m(t)$中的任意频率分量均相移 $-\pi/2$。用相移法产生 SSB 信号的困难在于宽带相移网络的制作,该网络要对调制信号的所有频率分量均严格相移 $-\pi/2$,是有一定难度的。

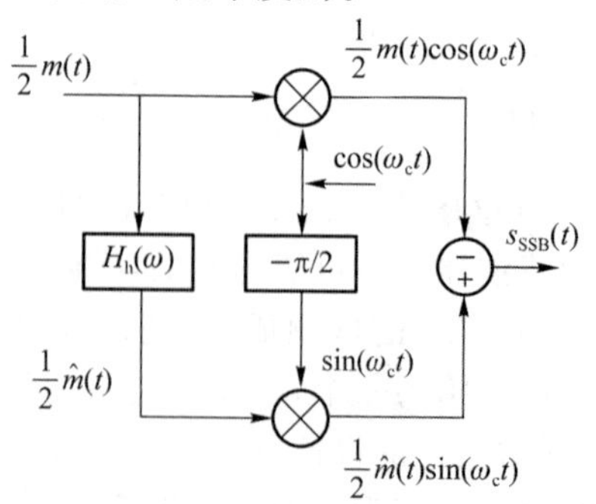

图 4-8　用相移法产生 SSB 信号的一般模型

2. SSB信号的带宽、功率分配及调制效率

从图4-7中可以清楚地看出，SSB信号的频谱是DSB信号频谱的一个边带，其带宽为DSB信号的一半，与基带信号带宽相同，即

$$B_{\mathrm{SSB}}=\frac{1}{2}B_{\mathrm{DSB}}=B_{\mathrm{m}}=f_{\mathrm{H}} \tag{4-11}$$

式中，$B_{\mathrm{m}}=f_{\mathrm{H}}$，为调制信号带宽；$f_{\mathrm{H}}$为调制信号的最高频率。

由于仅包含一个边带，因此SSB信号的功率为DSB信号的一半，即

$$P_{\mathrm{SSB}}=\frac{1}{2}P_{\mathrm{DSB}}=\frac{\overline{m^2(t)}}{4}=\frac{P_{\mathrm{m}}}{4} \tag{4-12}$$

显然SSB信号不含载波成分，SSB信号的调制效率为100%。

综上所述，单边带调幅的优点是，节省了载波发射功率，调制效率高；频带宽度只有双边带调幅的一半，频带利用率提高一倍。其缺点是单边带滤波器或者宽带相移网络实现难度大。为了解决这个问题，在实际中可采用残留边带调幅（VSB），这是一种折中的方法，牺牲了一部分带宽，这样在工程上比较容易实现。关于残留边带调幅的内容，受篇幅所限，本书不展开讨论。

4.2 线性调制的解调

根据调制前后调制信号的频谱是否发生线性变化，可将调制分为线性调制和非线性调制。前文介绍的各种幅度调制，包括AM、DSB、SSB、VSB等，其调制的过程实际上是频谱的线性搬移过程，即将低频段的调制信号的频谱线性搬移到高频的载波上，这属于线性调制的范畴。从已调信号中恢复原始电信号的过程称为解调，解调是调制的逆过程。而线性调制的解调也是一个频谱搬移的过程，它将高频载波上的频谱搬移到低频段上，从而还原出原始的信息。线性系统的解调通常可以采用两种方式，即相干解调和非相干解调。非相干解调主要采用了包络检波器进行解调，故又可以称为包络检波。

4.2.1 包络检波

包络检波器一般由半波/全波整流器和LPF组成。电路由二极管VD、电阻R和电容C组成，如图4-9所示。

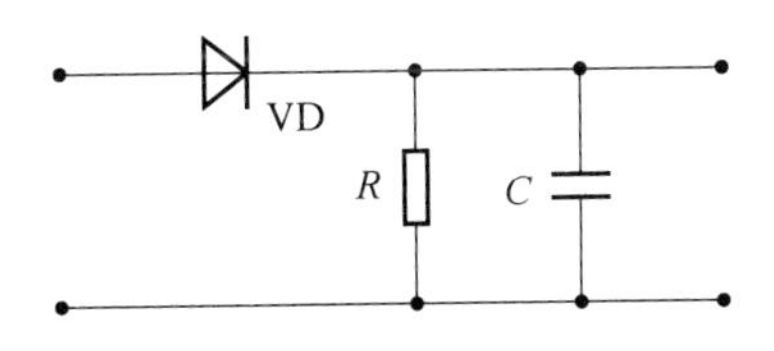

图4-9 包络检波器电路的组成

包络检波器的工作原理是：在输入信号的正半周期，二极管正偏，电容C充电并迅速达到输入信号的峰值；当输入信号低于这个峰值时，二极管进入反偏状态，电容C通过负载电阻缓慢地放电，放电过程将一直持续到下一个正半周期；当输入信号大于电容两端的电压时，二极管

管再次导通,将重复以上过程;合理调整电容、电阻充放电 RC 乘积数值,可使得包络检波器的输出信号与输入信号十分相似。由于常规双边带调幅信号的包络与调制信号一致,因而对于 AM 可以直接采用包络检波器进行解调,如图 4-10 所示。

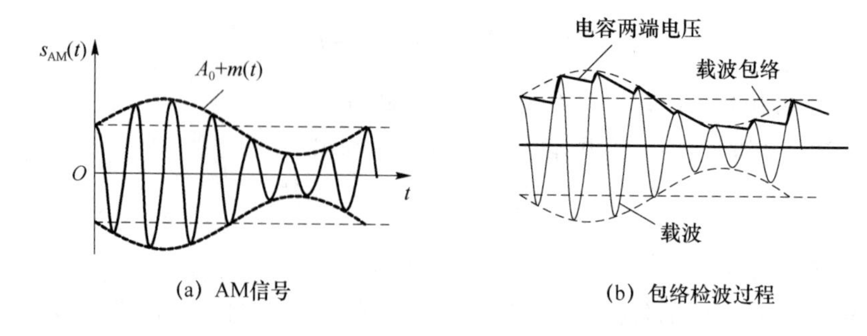

(a) AM信号　　(b) 包络检波过程

图 4-10　常规双边带调幅系统的包络检波

在图 4-10 中,$m(t)$ 为调制信号,A_0 为直流偏置,$s_{AM}(t)$ 为已调 AM 信号。包络检波器的输出信号 $m_o(t)$ 与输入信号的包络十分相似,即

$$m_o(t) \approx A_0 + m(t) \tag{4-13}$$

包络检波器的输出信号通常含有频率为载频 ω_c 的纹波,可由 LPF 滤除。输出信号还包含了数值为 A_0 的直流偏置,通过具有隔直流通交流性质的器件(如电容)即可滤除。

包络检波法属于非相干解调法,其特点是:解调效率高,解调器输出信号的幅度与调制信号的相等;解调电路简单,特别是接收端不需要与发送端同频同相位的载波信号,大大地降低了实现难度。因此几乎所有的调幅式接收机都采用包络检波法。

对于抑制载波双边带调幅和单边带调幅(包括 SSB、VSB),由于其已调信号的包络与调制信号之间不再呈线性关系,因此不能采用包络检波法进行解调。

4.2.2　相干解调

线性调制实质上是将调制信号的频谱从低频段线性搬移到高频段。如果将已调信号的频谱搬回到原点位置,即可得到原始调制信号的频谱,从而恢复出原始信号,采用相干解调可以实现这个解调过程。相干解调器由乘法器、低通滤波器(LPF)组成,如图 4-11 所示。乘法器的作用是将解调输入信号与相干载波相乘,实现频谱的搬移。所谓相干载波是指与调制端的本地载波同频同相。LPF 的作用是滤除设定的截止频率以外的成分,保留低频分量。

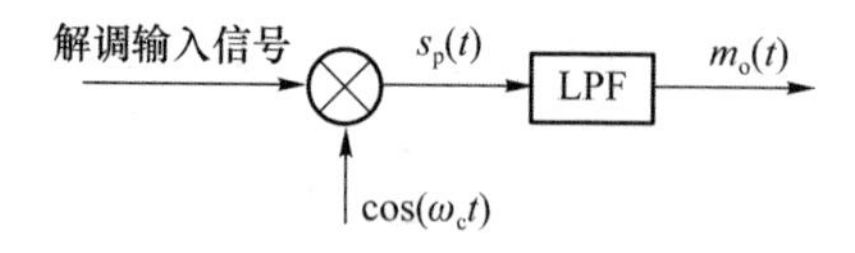

图 4-11　相干解调模型

1. AM 信号的相干解调过程

对于 AM 信号,据前述式(4-1),图 4-11 中解调输入信号为 $s_{AM}(t)=[A_0+m(t)]\cos(\omega_c t)$,则乘法器的输出为

$$
\begin{aligned}
s_{\mathrm{p}}(t) &= s_{\mathrm{AM}}(t)\cos(\omega_{\mathrm{c}}t) \\
&= [A_0 + m(t)]\cos^2(\omega_{\mathrm{c}}t) \\
&= \frac{1}{2}[A_0 + m(t)][1+\cos(2\omega_{\mathrm{c}}t)] \\
&= \frac{1}{2}[A_0 + m(t)] + \frac{1}{2}[A_0 + m(t)]\cos(2\omega_{\mathrm{c}}t)
\end{aligned}
$$

上述信号经过 LPF 后，滤掉了高频分量，最终输出 $m_{\mathrm{o}}(t)$ 为

$$
m_{\mathrm{o}}(t) = \frac{1}{2}[A_0 + m(t)] \tag{4-14}
$$

将 $m_{\mathrm{o}}(t)$ 信号滤掉直流偏置分量，则可无失真地从 AM 信号中恢复原始电信号 $m(t)$。注意，AM 相干解调输出信号的幅度为原调制信号幅度的一半。

下面采用作图法绘制相干解调过程各信号的频谱图。在作图过程中，对于绘制信号与载波 $\cos(\omega_{\mathrm{c}}t)$ 相乘所得信号的频谱图，其处理过程为，先把原信号频谱图的幅度改为原来的一半，然后把图形从原点分别往 ω_{c} 和 $-\omega_{\mathrm{c}}$ 处搬移，将两处搬移后所得图形进行叠加即可。据此方法不难作出各信号的频谱图。AM 信号相干解调过程中各信号的频谱图如图 4-12 所示。

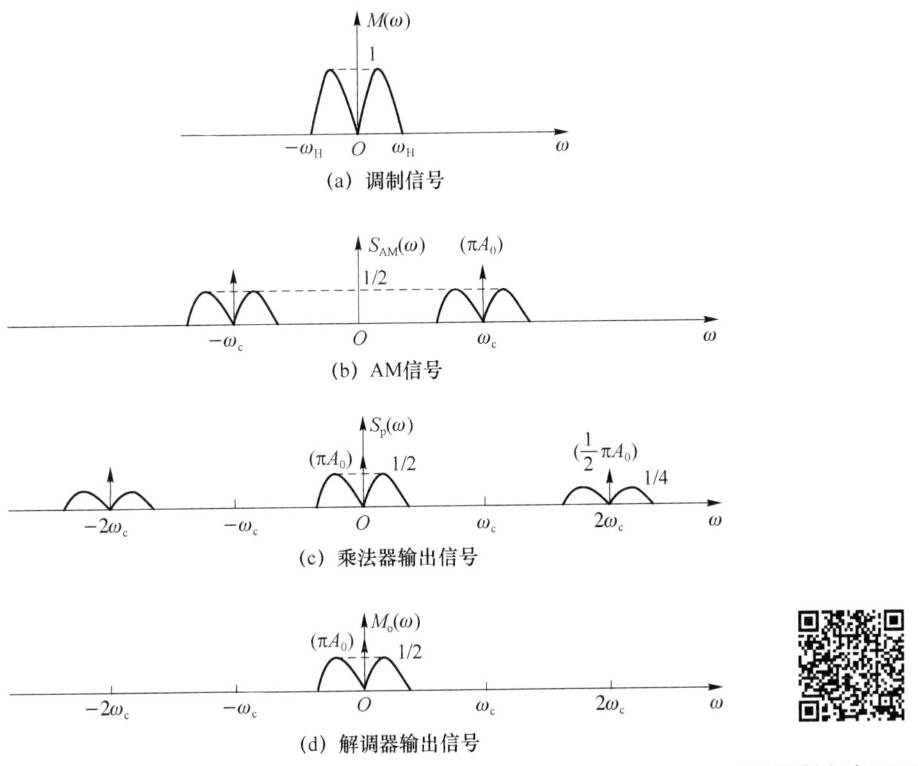

AM 调制方式 MATLAB Simulink 仿真

图 4-12　AM 信号相干解调过程中各信号的频谱图

2. DSB 信号的相干解调过程

对于 DSB 信号，据前述式(4-5)，图 4-11 中解调输入信号为 $s_{\mathrm{DSB}}(t) = m(t)\cos(\omega_{\mathrm{c}}t)$，则乘法器的输出为

$$\begin{aligned} s_{\mathrm{p}}(t) &= s_{\mathrm{DSB}}(t)\cos(\omega_c t) = m(t)\cos^2(\omega_c t) \\ &= \frac{1}{2}m(t)[1+\cos(2\omega_c t)] \\ &= \frac{1}{2}m(t)+\frac{1}{2}m(t)\cos(2\omega_c t) \end{aligned}$$

上述信号经过 LPF 后，滤掉了高频分量，最终输出 $m_o(t)$ 为

$$m_o(t)=\frac{1}{2}m(t) \tag{4-15}$$

可见，与 AM 信号相干解调相同，DSB 信号相干解调输出信号的幅度也为原调制信号幅度的一半。DSB 信号相干解调过程中各信号的频谱图如图 4-13 所示。

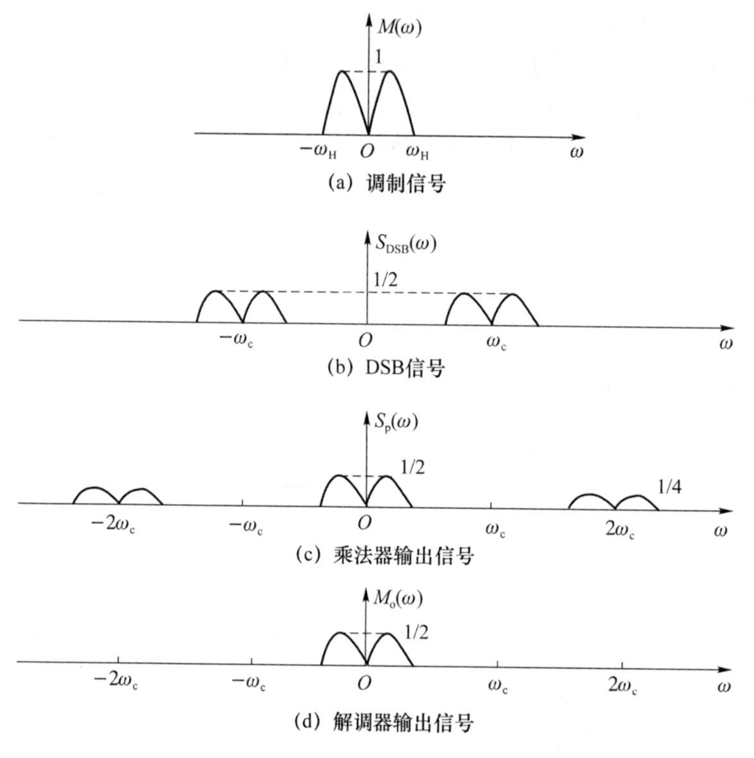

图 4-13　DSB 信号相干解调过程中各信号的频谱图

DSB 调制方式 MATLAB Simulink 仿真

3. SSB 信号的相干解调过程

对于 SSB 信号，据前述式(4-10)，图 4-11 中解调输入信号为

$$s_{\mathrm{SSB}}(t)=\frac{1}{2}m(t)\cos(\omega_c t)\mp\frac{1}{2}\hat{m}(t)\sin(\omega_c t)$$

则乘法器的输出为

$$\begin{aligned} s_{\mathrm{p}}(t) &= s_{\mathrm{SSB}}(t)\cos(\omega_c t) \\ &= \left[\frac{1}{2}m(t)\cos(\omega_c t)\mp\frac{1}{2}\hat{m}(t)\sin(\omega_c t)\right]\cos(\omega_c t) \\ &= \frac{1}{4}m(t)+\frac{1}{4}m(t)\cos(2\omega_c t)\mp\frac{1}{4}\hat{m}(t)\sin(2\omega_c t) \end{aligned}$$

上述信号经过 LPF 后，滤掉了高频分量，最终输出 $m_o(t)$ 为

$$m_o(t)=\frac{1}{4}m(t) \tag{4-16}$$

可见，SSB 信号相干解调输出信号的幅度为原调制信号幅度的 $\frac{1}{4}$，比 DSB、AM 的要小。以上边带信号为例，SSB 信号相干解调过程中各信号的频谱图如图 4-14 所示。

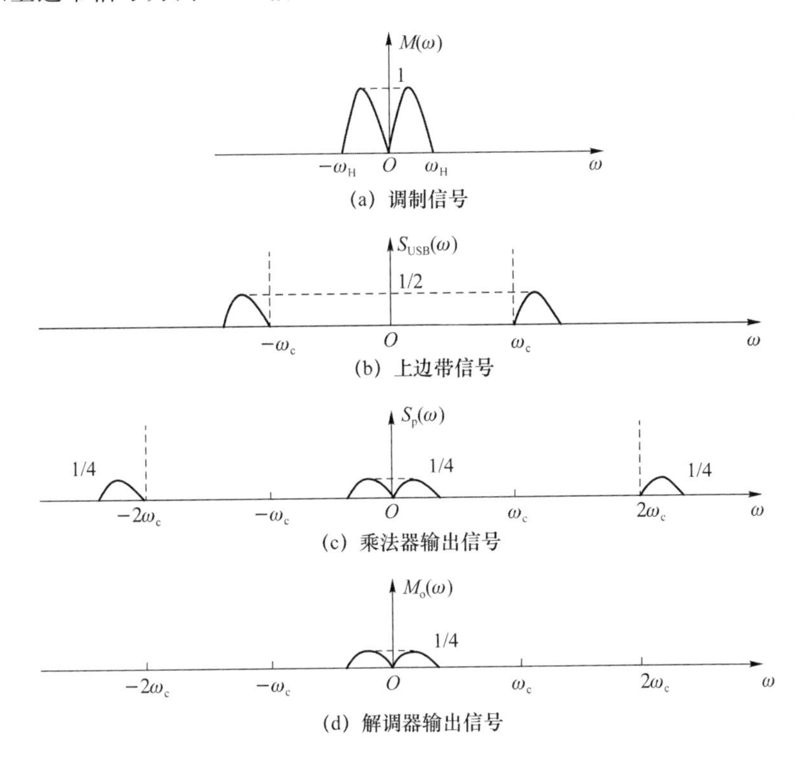

图 4-14 SSB 信号相干解调过程中各信号的频谱图(以上边带信号为例)

SSB 调制方式 MATLAB Simulink 仿真

4.3 角度调制的基本原理

在角度调制系统中，调制信号将控制载波角度的变化。由于正弦载波角度的参数主要包括相位和频率，当调制信号控制正弦载波相位的变化时，称为调相(PM)，而当调制信号控制载波频率的变化时，称为调频(FM)。在角度调制系统中，正弦载波的幅度将始终保持不变。同时，在角度调制过程中已调信号的频谱与调制信号的频谱之间不存在线性的对应关系，而是产生了新的频谱分量，这一点与幅度调制是不同的，故角度调制属于非线性调制。

4.3.1 角度调制的基本概念

在角度调制系统中，已调信号 $s(t)$ 可以表示为

$$s(t)=A\cos[\omega_c t+\varphi(t)] \tag{4-17}$$

其中，A 是载波的振幅，是一个常量；$\omega_c t+\varphi(t)$ 是已调信号的瞬时相位，$\varphi(t)$ 是瞬时相位偏移；$\frac{d[\omega_c t+\varphi(t)]}{dt}$ 是已调信号的瞬时频率，$\frac{d\varphi(t)}{dt}$ 是瞬时频率偏移。

当采用相位调制时，调制信号将控制载波相位的变化，即瞬时相位偏移将随调制信号 $m(t)$ 成比例地变化。此时

$$\varphi(t)=k_p m(t)$$

其中，k_p 为调相灵敏度系数(单位为 rad/V)，是一个常数。因此，调相信号可以表示为

$$s_{PM}(t)=A\cos[\omega_c t+k_p m(t)] \tag{4-18}$$

当采用频率调制时，调制信号将控制载波频率的变化，即瞬时频率偏移将随调制信号 $m(t)$ 成比例地变化。此时

$$\frac{d\varphi(t)}{dt}=k_F m(t)$$

其中，k_F 为调频灵敏度系数〔单位为 rad/(s·V)〕，是一个常数。因此，调频信号可以表示为

$$s_{FM}(t)=A\cos\left[\omega_c t+k_F\int_{-\infty}^{t} m(\tau)d\tau\right] \tag{4-19}$$

由式(4-18)和式(4-19)可见，FM 和 PM 非常相似，如果预先不知道调制信号的具体形式，则无法判断已调信号是调频信号还是调相信号。还可以看出，如果将调制信号先微分，而后进行调频，则得到的是调相信号，如图 4-15(a)所示；同样，如果将调制信号先积分，而后进行调相，则得到的是调频信号，如图 4-15(b)所示。

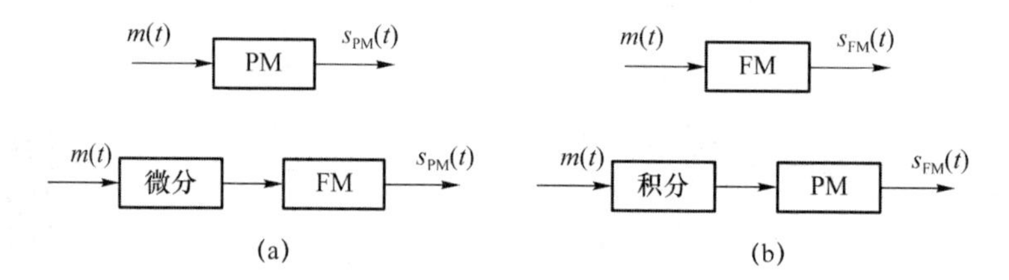

图 4-15 调频和调相的关系

从以上分析可见，调频与调相并无本质区别，两者可以互换。

【例 4-2】 已知某调角信号为 $s(t)=A\cos[2\pi\times10^6 t+100\cos(2\pi\times10^3 t)]$。

① 若该信号为调相信号，且调相指数为 $k_P=4$，试求该调制信号。

② 若该信号为调频信号，且调频指数为 $k_F=4$，试求该调制信号。

③ 求已调信号的最大频偏。

解：

① 调相时：

$$s_{PM}(t)=A\cos[\omega_c t+k_p m(t)]$$

因此，$k_P m(t)=100\cos(2\pi\times10^3 t)$，又因为 $k_P=4$，可得

$$m(t)=25\cos(2\pi\times10^3 t)$$

② 调频时：

$$s_{FM}(t)=A\cos\left[\omega_c t+k_F\int_{-\infty}^{t} m(\tau)d\tau\right]$$

因此

$$k_F\int_{-\infty}^{t} m(\tau)d\tau=100\cos(2\pi\times10^3 t)$$

代入 $k_F=4$，并把上式两边求导，可得

$$m(t)=-50\pi\times10^3\sin(2\pi\times10^3t)$$

③ 瞬时相位偏移：

$$\varphi(t)=100\cos(2\pi\times10^3t)$$

瞬时角频偏：

$$\frac{\mathrm{d}\varphi(t)}{\mathrm{d}t}=-2\pi\times10^5\sin(2\pi\times10^3t)$$

最大角频偏：

$$\Delta\omega=2\pi\times10^5\ \mathrm{rad/s}$$

最大频偏：

$$\Delta f=\frac{\Delta\omega}{2\pi}=10^5\ \mathrm{Hz}$$

4.3.2 窄带调频与宽带调频

调频与调相并无本质区别，鉴于在实际应用中多采用 FM 信号，下面主要讨论频率调制。

根据调制后载波瞬时相位偏移的大小，可将频率调制分为宽带调频（WBFM）与窄带调频（NBFM）。宽带调频与窄带调频的区分并无严格的界限，通常认为由调频所引起的最大瞬时相位偏移远小于 30°，即

$$\left|k_F\int_{-\infty}^{t}m(\tau)\mathrm{d}\tau\right|\ll\frac{\pi}{6}\tag{4-20}$$

时，称为窄带调频；否则，称为宽带调频。

1. 窄带调频

为了方便起见，不妨设正弦信号的振幅 $A=1$，则由式(4-19)调频信号的一般表达式，得

$$\begin{aligned}s_{FM}(t)&=\cos\left[\omega_ct+k_F\int_{-\infty}^{t}m(\tau)\mathrm{d}\tau\right]\\&=\cos(\omega_ct)\cos\left[k_F\int_{-\infty}^{t}m(\tau)\mathrm{d}\tau\right]-\sin(\omega_ct)\sin\left[k_F\int_{-\infty}^{t}m(\tau)\mathrm{d}\tau\right]\end{aligned}\tag{4-21}$$

对于窄带调频，满足式(4-20)，则有近似式

$$\cos\left[k_F\int_{-\infty}^{t}m(\tau)\mathrm{d}\tau\right]=1$$

$$\sin\left[k_F\int_{-\infty}^{t}m(\tau)\mathrm{d}\tau\right]\approx k_F\int_{-\infty}^{t}m(\tau)\mathrm{d}\tau$$

因此，式(4-21)窄带调频信号可简化为

$$s_{NBFM}(t)\approx\cos(\omega_ct)-\left[k_F\int_{-\infty}^{t}m(\tau)\mathrm{d}\tau\right]\sin(\omega_ct)\tag{4-22}$$

根据式(4-22)，可得到窄带调频的实现模块框图如图 4-16 所示。

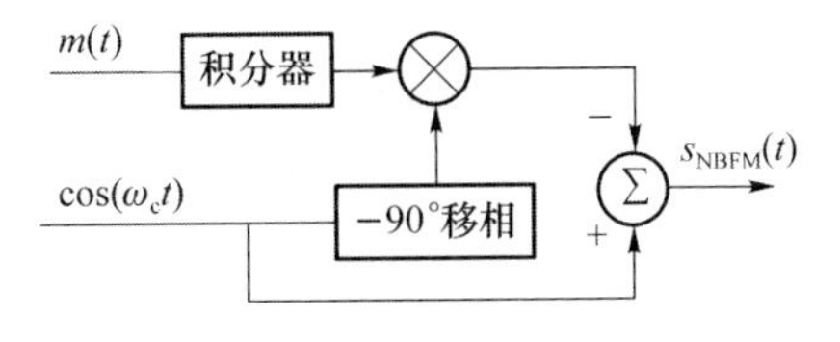

图 4-16 NBFM 信号的产生

根据式(4-22)，可以证明，NBFM 信号的频谱表达式为

$$S_{\mathrm{NBFM}}(\omega)=\pi[\delta(\omega+\omega_c)+\delta(\omega-\omega_c)]-\frac{k_F}{2}\left[\frac{M(\omega+\omega_c)}{\omega+\omega_c}-\frac{M(\omega-\omega_c)}{\omega-\omega_c}\right] \tag{4-23}$$

将式(4-23)与 AM 信号的频谱图进行比较，可以清楚地看出 NBFM 与 AM 这两种调制的相似之处，两者都含有一个载波和位于 ω_c 和 $-\omega_c$ 处的两个边带，所以它们的带宽相同，即

$$B_{\mathrm{NBFM}}=B_{\mathrm{AM}}=2B_m=2f_H \tag{4-24}$$

式中，$B_m=f_H$，为调制信号带宽；f_H 为调制信号的最高频率。

NBFM 信号最大相位偏移较小，占据的带宽较窄，使得调频制度的抗干扰性能强的优点不能充分发挥，因此目前仅用于抗干扰性能要求不高的短距离通信中。在长距离高质量的通信系统中，如微波或卫星通信、调频立体声广播、超短波电台等多采用宽带调频。

2. 宽带调频

当不满足式(4-20)时，调频信号为宽带调频，此时不能采用近似式，因而宽带调频的分析变得较为困难。为使问题简化，先研究单频调制的情况，然后把分析的结果推广到多频调制的情况。

(1) 单频调制时宽带调频信号的表达式

设单频调制信号为 $m(t)=A_m\cos(\omega_m t)$，代入式(4-19)，可得

$$\begin{aligned}s_{\mathrm{FM}}(t)&=A\cos\left[\omega_c t+k_F\int_{-\infty}^{t}m(\tau)\mathrm{d}\tau\right]\\&=A\cos\left[\omega_c t+k_F\int_{-\infty}^{t}A_m\cos(\omega_m\tau)\mathrm{d}\tau\right]\\&=A\cos\left[\omega_c t+\frac{k_F A_m}{\omega_m}\sin(\omega_m t)\right]\\&=A\cos[\omega_c t+\beta_{\mathrm{FM}}\sin(\omega_m t)]\end{aligned} \tag{4-25}$$

式中 $k_F A_m$ 为最大角频偏，记为 $\Delta\omega$；ω_m 为调制角频率；β_{FM} 为调频指数，即

$$\beta_{\mathrm{FM}}=\frac{k_F A_m}{\omega_m}=\frac{\Delta\omega}{\omega_m}=\frac{\Delta f}{f_m} \tag{4-26}$$

调频指数对于调频波的性质有重要的影响。将式(4-25)进行傅里叶变换，经推导，可得调频信号的频谱为

$$S_{\mathrm{FM}}(\omega)=\pi A\sum_{n=-\infty}^{\infty}\mathrm{J}_n(\beta_{\mathrm{FM}})[\delta(\omega-\omega_c-n\omega_m)+\delta(\omega+\omega_c+n\omega_m)] \tag{4-27}$$

式中，$\mathrm{J}_n(\beta_{\mathrm{FM}})$为第一类 n 阶贝塞尔函数，它是调频指数 β_{FM}的函数。图 4-17 给出了 $\mathrm{J}_n(\beta_{\mathrm{FM}})$随 β_{FM}变化的关系曲线，详细数据可查阅相关数学手册“第一类贝塞尔函数表”。

由式(4-27)可知，调频信号的频谱含有无穷多个频率分量。其载波分量幅度正比于 $J_0(\beta_{\mathrm{FM}})$，而围绕着 ω_c 的各次边频分量 $\omega_c\pm n\omega_m$ 的幅度则正比于 $\mathrm{J}_n(\beta_{\mathrm{FM}})$。

(2) 单频调制时的频带宽度

由于调频信号的频谱包含无穷多个频率分量，因此理论上调频信号的带宽为无限宽。然而实际上各次边频幅度随着 n 的增大而减小，因此只要取适当的 n 值，使边频分量小到可以忽略的程度，调频信号可以近似认为具有有限频谱。一个广泛用来计算调频波频带宽度的公式为

$$B_{\mathrm{FM}}=2(\beta_{\mathrm{FM}}+1)f_m=2(\Delta f+f_m) \tag{4-28}$$

式中，β_{FM}为调频指数，f_m 为调制频率，Δf 为最大频偏。

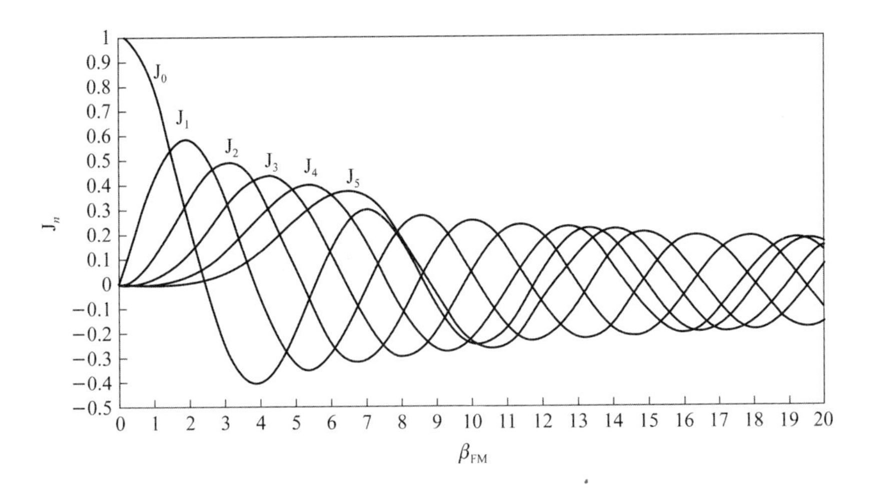

图 4-17　$J_n(\beta_{FM})$随 β_{FM}变化的关系曲线

式(4-28)通常称为卡森公式。在卡森公式中，边频分量取到 $\beta_{FM}+1$ 次，计算表明大于 $\beta_{FM}+1$ 次的边频分量，其幅度小于未调载波幅度的 10％。

当 $\beta_{FM}\ll 1$ 时，$B_{FM}\approx 2f_m$，这就是 NBFM 的带宽，与前面的分析一致。

当 $\beta_{FM}\gg 1$ 时，$B_{FM}\approx 2\Delta f$，这是大调频指数 WBFM 的情况，说明带宽由最大频偏决定。

(3) 单频调制时的功率

调频信号虽然频率在不停地变化，但振幅不变，是个等幅波，而正弦信号的功率仅由振幅决定，因此单频调制时调频信号的功率为

$$P_{FM}=\frac{A^2}{2} \tag{4-29}$$

式中，A 为载波信号的振幅。

(4) 任意带限信号调制时宽带调频信号的带宽

以上的讨论是单频调制情况。对于多频或其他任意带限信号调制的调频波的频谱分析极其复杂。经验表明，对卡森公式做适当修改，即可得到任意带限信号调制时宽带调频信号带宽的估算公式：

$$B_{FM}=2(D+1)f_m \tag{4-30}$$

式中，f_m 为调制信号最大频率；$D=\frac{\Delta f}{f_m}$，为频偏比；Δf 为最大频偏。大于 $D+1$ 次的边频分量，其幅度小于未调载波幅度的 10％。式(4-30)忽略了大于 $D+1$ 次的边频分量。由第一类贝塞尔函数表可以发现，一般地，大于 $D+2$ 次的边频分量，其幅度小于未调载波幅度的 5％，若计算忽略大于 $D+2$ 次的边频分量，则采用式子

$$B_{FM}=2(D+2)f_m \tag{4-31}$$

计算结果更为精确。

(5) WBFM 信号的产生

在调频系统中，调频信号波形的瞬时频率将跟随调制信号呈线性变化，故在设计频率调制器时，需要让调制器输出信号的瞬时频率跟随输入信号的振幅呈线性变化。通常，可以用两种方法来产生调频信号波形，一种是直接法，另外一种就是间接法。

直接法就是利用振荡器来产生调频信号。振荡器的振荡频率由振荡器的振荡电感和振荡电容决定，当让调制信号去控制电路中的振荡电感或者振荡电容值时，振荡器的振荡频率就将跟随调制信号变化。通常，可以采用变容二极管来实现，即调制信号控制变容二极管两端的电压，然后使得变容二极管的电容量发生改变，从而改变振荡电路的振荡频率。从原理上讲，这种通过改变振荡电路中电抗元件的参数值来进行直接调频的方法是可以应用的，同时其频率偏移也较大。但是，这种直接方法具有严重的局限性，即其载波很容易发生频率漂移，这对于一些商用的调频通信系统是不可容忍的，因而限制了它的应用。在实际中，可以通过使用振荡器中的反馈系统来克服频率漂移。

间接法就是先将调制信号利用类似于线性调制的方法产生窄带调频信号，然后通过倍频器增加频率偏移，从而达到系统要求的水平。由于使用了倍频器，故间接法又称为倍频法。在这种方法中，通常使用高稳定度的振荡器（比如晶体振荡器）来产生窄带调频信号，因而载波的稳定度大大提高，其原理框图如图 4-18 所示。

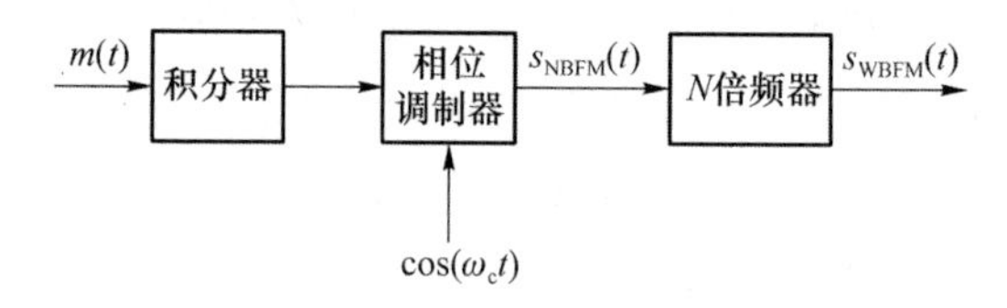

图 4-18　用间接法产生 WBFM 信号

4.3.3　调频信号的解调

调频信号的解调方法通常有两种，一种是非相干解调，另一种是相干解调。

1. 非相干解调

最简单的解调器是具有频率-电压转换作用的鉴频器。图 4-19 给出了理想鉴频器特性和调频信号的非相干解调原理。该解调模块主要由限幅带通滤波器、鉴频器和低通滤波器组成，其中鉴频器包括微分器和包络检波器两部分。

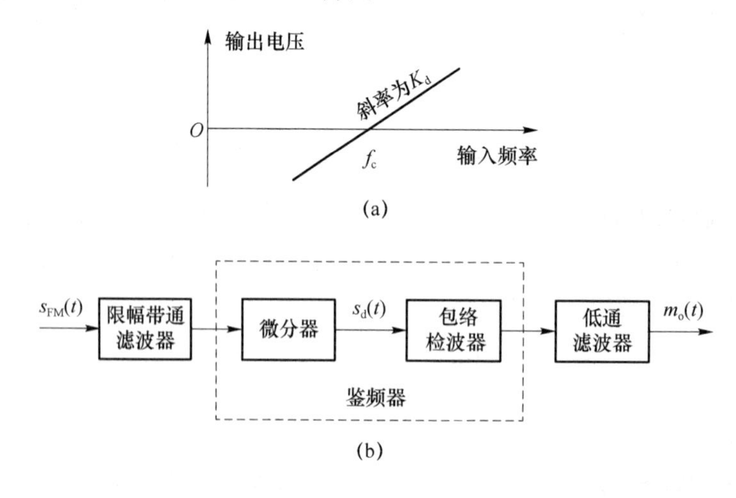

图 4-19　理想鉴频器特性和调频信号的非相干解调原理

假设调频信号的表达式为

$$s_{\mathrm{FM}}(t) = A\cos\left[\omega_c t + k_F \int_{-\infty}^{t} m(\tau)\mathrm{d}\tau\right]$$

该调频信号经过鉴频器中的微分器，输出信号的表达式为

$$\frac{\mathrm{d}s_{\mathrm{FM}}(t)}{\mathrm{d}t} = -A\left[\omega_c + k_F m(t)\right]\sin\left[\omega_c t + k_F \int_{-\infty}^{t} m(\tau)\mathrm{d}\tau\right]$$

这个表达式与常规双边带调幅信号的表达式类似，故调频信号经过微分以后，调制信号从调频信号的频率中转移到调频信号的包络中来，即 $A[\omega_c + k_F m(t)]$，这样就可以利用包络检波器对调频信号进行解调了。调频信号再经过包络检波器和低通滤波器，最后滤掉直流偏置分量，得到输出信号 $m_o(t)$ 为

$$m_o(t) = k_d k_F m(t) \tag{4-32}$$

式中，k_d 为鉴频器的灵敏度。

调频信号在进入鉴频器之前，经过一个限幅带通滤波器，这是非常必要的。因为调频信号在经过信道传输到接收端的解调器时，必定会受到信道中噪声和信道衰减的影响，从而使到达接收端的调频信号幅度不再恒定，如果不经过限幅的过程，这种幅度里面的噪声将通过包络检波器被解调出来。

2. 相干解调

窄带调频信号的相干解调原理框图如图 4-20 所示。这里以窄带调频信号为例，介绍一下相干解调的过程。

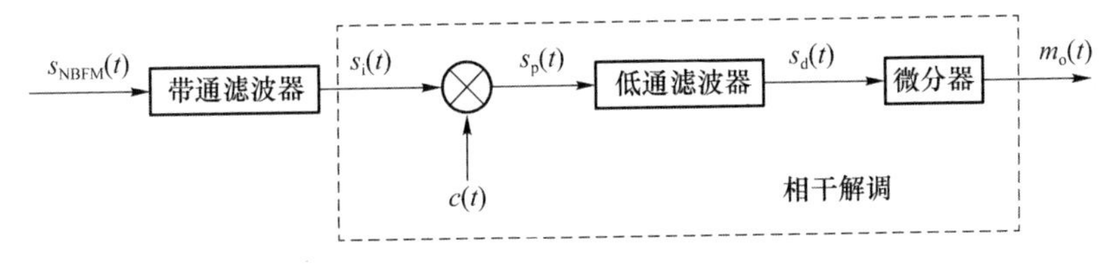

图 4-20 窄带调频信号的相干解调原理框图

根据式(4-22)，设窄带调频信号为

$$s_{\mathrm{NBFM}}(t) \approx \cos(\omega_c t) - \left[k_F \int_{-\infty}^{t} m(\tau)\mathrm{d}\tau\right]\sin(\omega_c t)$$

取相干载波为 $c(t) = -2\sin(\omega_c t)$，经过乘法器后，输出为

$$\begin{aligned} s_p(t) &= s_{\mathrm{NBFM}}(t) \times [-2\sin(\omega_c t)] \\ &= -\sin(2\omega_c t) - k_F\left[\int_{-\infty}^{t} m(\tau)\mathrm{d}\tau\right]\cos(2\omega_c t) + k_F\left[\int_{-\infty}^{t} m(\tau)\mathrm{d}\tau\right] \end{aligned}$$

经过低通滤波器和微分器后输出信号为

$$m_o(t) = k_F m(t) \tag{4-33}$$

【例 4-3】 已知某调频系统，其中 $k_F = 2$，调频信号的表达式为

$$s_{\mathrm{FM}}(t) = 100\cos[4\pi \times 10^6 t + 10\cos(2\pi \times 10^3 t)]$$

求：

① 该调制信号的载频；

② 该调制信号的表达式；

③ 该调频信号的调频指数；

④ 该已调信号的传输带宽。

解：① 对照调频信号的一般表达式

$$s_{\mathrm{FM}}(t)=A\cos\left[\omega_c t+k_{\mathrm{F}}\int_{-\infty}^{t}m(\tau)\mathrm{d}\tau\right]=A\cos[\omega_c t+\beta_{\mathrm{FM}}\sin(\omega_m t)]$$

可得载频 $\omega_c=4\pi\times10^6$ rad/s，$f_c=2\times10^6$ Hz。

② 根据调频信号的一般表达式，可得

$$k_{\mathrm{F}}\int_{-\infty}^{t}m(\tau)\mathrm{d}\tau=10\cos(2\pi\times10^3 t)$$

对上式进行微分并化简，得

$$m(t)=-\pi\times10^4\sin(2\pi\times10^3 t)$$

③ 对照调频信号的一般表达式，可得调频指数 $\beta_{\mathrm{FM}}=10$。

④ 对照调频信号的一般表达式，可得 $f_m=10^3$ Hz，根据卡森公式，可得

$$B_{\mathrm{FM}}=2(\beta_{\mathrm{FM}}+1)f_m=2\times(10+1)\times10^3=22\ \mathrm{kHz}$$

4.4 模拟调制系统的性能比较

前面介绍了几种常见的模拟调制方式，从传输带宽、设备复杂度、主要应用等方面对其性能逐一进行比较，如表 4-1 所示。

表 4-1 常见模拟调制方式的性能比较

模拟调制方式	传输带宽	设备复杂度	主要应用
AM	$2f_H$	较小：调制器简单，解调器采用包络检波，也很简单	中短波无线电广播
DSB	$2f_H$	中等：调制器简单，但要同时传送 DSB 小导频信号，解调器要采用相干解调，需要同步信号	点对点的专用通信；低带宽信号的多路复用
SSB	f_H	较大：调制器较复杂，涉及高性能的滤波或者移相，解调器采用相干解调，需要同步信号	短波无线电广播；话音通信、话音频分多路通信
VSB	略大于 f_H	较大：需要相关解调，调制器需要对称滤波	数据传输，商用电视广播
FM	$2(\beta_{\mathrm{FM}}+1)f_H$	中等：调制器较复杂，解调器简单	微波中继、超短波小功率电台（窄带）；卫星通信、调频立体声广播（宽带）

注：f_H 是指调制信号的带宽，β_{FM}是指调频指数。

① 传输带宽是系统有效性能的衡量指标，故从通信有效性的角度上讲，单边带调幅通信的有效性能最好，而调频通信的有效性能最差。

② 设备复杂度也是实际应用的一个非常重要的参考指标，因为设备越复杂，则需要付出更多的经济代价，这也是进行系统工程设计时必须考虑的指标。

③ 通信系统的另外一个重要指标是可靠性，即系统的抗噪性能。这里给出了几种常见模拟调制方式的抗噪性能比较，如图 4-21 所示。

由图 4-21 可知，在相同情况下，当接收端输入信噪比相同时，例如 $S_i/N_i=30$ dB，调频系统的输出信噪比最大，即抑制噪声的能力最强，常规双边带调幅系统的输出信噪比最小，即抑制噪声的能力最弱。对于 FM 系统而言，其调频指数越大，则系统的抗噪性能越好。但是，

FM 系统的传输带宽远大于 AM 系统的传输带宽，对 FM 系统而言，调频指数越大，传输带宽越大。由此可以看出，FM 系统抗噪性能的提高实际上是牺牲了系统有效性来达到目的。

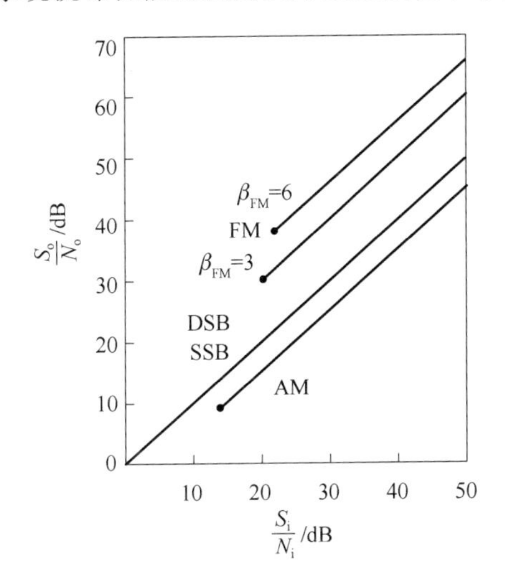

图 4-21 常见模拟调制方式的抗噪性能比较

需要指出的是，对于 AM、FM 的非相干解调，存在着门限效应的现象。所谓门限效应，是指信号解调时要求输入信噪比应高于一定的门限值，只有输入信噪比高于这个门限值，输出信噪比才会随着输入信噪比的下降而按比例地下降，如果输入信噪比低于该门限值则输出信噪比就会急剧恶化，从而导致解调出来的信号非常不理想。从图 4-21 可见，对于 DSB、SSB 的相干解调，输出信噪比与输入信噪比的关系曲线为过原点的直线，不存在所谓门限效应的问题；对于 FM、AM 系统，图 4-21 没有给出输入信噪比 S_i/N_i 为小数值时的数据，是考虑了为了避免门限效应而在实际通信系统中应使得输入信噪比高于门限值这种情况。

有关模拟调制系统抗噪声能力的具体分析比较复杂，涉及较多高等数学和概率论的理论，考虑职业教育的具体情况，在这里没有作分析，有兴趣的读者可参考相关资料。

4.5 频分复用

在数字通信系统中，传输媒介的带宽往往比传输一路信号所需的带宽大得多，为了有效地利用通信系统的线路资源，把多路彼此独立的信号放到一个信道中进行传输，这就是多路复用技术。常见的多路复用技术有频分复用(FDM)、时分复用(TDM)和码分复用(CDM)等。其中，频分复用是按照频率来区分多路信号的，时分复用是按照时间来区分多路信号的，码分复用通常使用扩频码序列来区分多路信号。采用多路复用技术能把多个信号组合起来在一条物理信道上进行传输，在远距离传输时可大大地节省电缆、光纤等资源。

频分复用就是把传输信道的总带宽划分成若干个子频带，每一个子频带传输一路信号。频分复用要求信道传输的总带宽大于各子频带带宽之和，同时为了保证各子频带中所传输的信号互不干扰，应在各子频带之间设立保护频带。频分复用带宽分配的一个典型例子如图 4-22 所示。

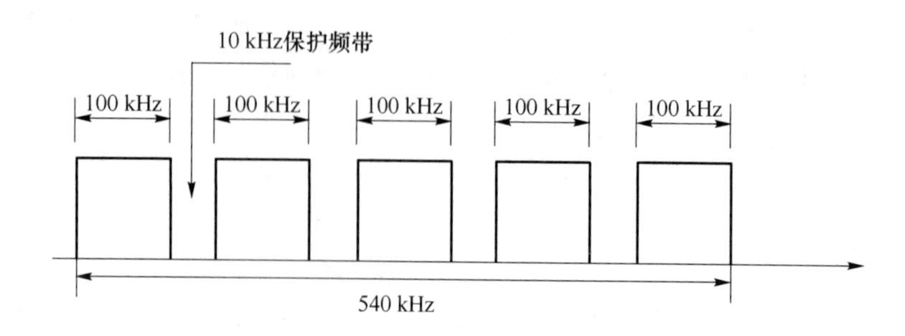

图 4-22　频分复用带宽分配的一个典型例子

从图 4-22 中可以看出，该频分复用应用一共有 5 个子频带，每路带宽为 100 kHz，加上各个子频带之间的 10 kHz 保护频带，总带宽之和应为 540 kHz。对于 n 路频分复用系统，总带宽 B_n 为

$$B_n = nf_m + (n-1)f_g \tag{4-34}$$

式中，f_m 为每个子频段的带宽，f_g 为每个子频段之间的频率间隔。

频分复用系统组成原理框图如图 4-23 所示。

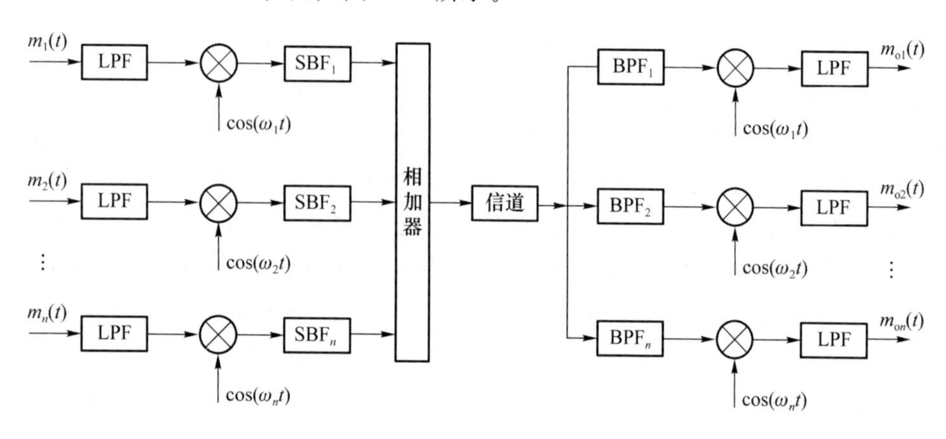

图 4-23　频分复用系统组成原理框图

在图 4-23 中，复用的信号共有 n 路，每路信号首先通过低通滤波器，然后每路信号再通过各自的调制器进行频谱搬移。调制器的电路一般是相同的，但各路所用的载波频率却不同。调制的方式原则上可任意选择，但最常用的是单边带调制，因为它最节省频带。因此图 4-23 中的调制器由相乘器和边带滤波器（SBF）构成。在选择载波频率时，既应考虑边带滤波器频谱的宽度，还应留有一定的保护频带，以防止邻路信号间相互干扰。经过调制后的各信号，在频率位置上就被分开了。因此，可以直接通过相加器将它们合并成适合信道内传输的复用信号，其频谱结构如图 4-24 所示。

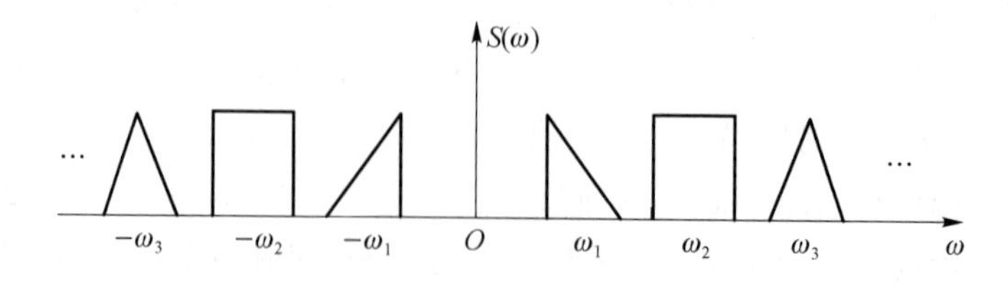

图 4-24　频分复用信号的频谱结构

合并后的复用信号经信道传输到接收端,可利用相应的带通滤波器(BPF)来进行分路,从而得到各路已调信号,然后,再通过各自的相干解调器便可恢复出各路调制信号。

频分复用技术的优点是所有子信道传输的信号以并行的方式进行传输,每一路信号传输时可不考虑传输时延。同时,这种复用技术的信道利用率高,容许复用的路数多,分路也很方便。目前,频分复用技术已广泛应用于有线通信和微波通信等系统中。频分复用技术的缺点是设备生产比较复杂,会因滤波器件特性不够理想和信道内所存在的非线性而产生路间干扰。

频分复用

本章小结

① 调制实际上就是频谱搬移的过程,即把调制信号的频谱搬移到载波频段上。如果这种搬移过程是线性的,则称为线性调制;如果在频谱搬移过程中出现了非线性变化,即有新的频谱分量出现,则称为非线性调制。AM、DSB、SSB、VSB等幅度调制属于线性调制,FM和PM等角度调制则属于非线性调制。

② 模拟调制系统的解调主要有相干解调和非相干解调两种方式。非相干解调即指采用包络检波器进行解调,此时应注意门限效应的问题。相干解调需要一个相干载波,即与调制载波同频同相,这个相干载波通常是从已调信号中提取出来的。

③ 从频带利用性能来看,SSB的频带利用率最高,FM的频带利用率最低。如果调制信号的带宽为f_H,则AM的传输带宽为$2f_H$,DSB的传输带宽为$2f_H$,SSB的传输带宽为f_H,FM的传输带宽为$2(\beta_{FM}+1)f_H$,β_{FM}为调频指数。

④ 从抗噪性能来看,调频系统的抗噪性能通常比调幅系统的抗噪性能强,这是因为调频系统牺牲了传输带宽来换取系统可靠性。

⑤ 频分多路复用技术把多路彼此独立的信号合并在同一个信道中同时进行传输,是一种提高信道频带利用率的技术。常见的复用技术有频分复用、时分复用和码分复用等。频分复用按照频率的不同来区分信号,具有信号复用率高、分路方便等特点,已广泛应用于有线通信和微波通信等系统中。

习　　题

4-1 请说明线性调制的概念以及常见的线性调制方式。

4-2 请说明相干解调和非相干解调的概念,并说明包络检波和相干解调的解调过程。

4-3 从AM、DSB、SSB、FM这些模拟调制技术中指出可使用包络检波的调制技术,并指出可用于相干解调的调制技术。

4-4 请说明SSB信号的产生方法。

4-5 请说明调制效率的概念,并指出各种幅度调制的调制效率情况。

4-6 请说明门限效应的概念,并列举若干存在门限效应的解调方法。

4-7 请说明复用技术的概念和常用的复用技术。

4-8 请说明频分复用技术的概念及其优缺点。

4-9 已知某已调信号的时域表达式为$s(t)=\cos(2\pi f_m t)\cdot c(t)$,其中载波为$c(t)=$

$\cos(12\pi f_m t)$。

① 试求已调信号的带宽。

② 试分别画出已调信号的时域波形图和频谱图。

4-10　已知某语音调制信号的带宽为 4 kHz，试分别求采用 AM、DSB、SSB 调制时信号的带宽。

4-11　已知某调幅信号的表达式为 $s(t)=[3+A\cos(2\pi f_m t)]\cos(2\pi f_c t)$，其中调制信号的频率为 $f_m=20$ kHz，载波频率为 $f_c=20$ MHz，$A=6$。

① 回答该调幅信号是否能采用包络检波器进行解调，并说明理由。

② 画出该信号的解调原理框图和解调过程频谱图。

4-12　已知调制信号 $m(t)=\cos(2\,000\pi t)$，载波 $c(t)=2\cos(10^4\pi t)$，分别写出 AM(已知外加直流分量 $A_0=1$)、DSB、SSB(上边带)、SSB(下边带)信号的表达式，并画出频谱图。

4-13　某 DSB 系统采用相干解调，假设接收信号功率为 2 mW，载波频率为 10 kHz，调制信号频带限制在 4 kHz 以内，信道噪声的双边功率谱密度为 $\frac{n_0}{2}=2\times10^{-3}$ μW/Hz。

① 求接收端理想带通滤波器的传输特性 $H(\omega)$。

② 求接收端解调器的输入信噪比。

③ 求该系统的信道容量。

4-14　某 100 MHz 的载波由频率为 100 kHz、幅度为 20 V 的正弦信号进行调频，设调频灵敏度 $k_F=50\pi\times10^3$ rad/(s·V)。

① 利用卡森公式确定已调信号带宽。

② 若调制信号幅度增倍，重复上述计算。

4-15　已知某调频波的振幅是 5 V，瞬时频率为 $f(t)=10^6+10^4\cos(2\pi\times10^3 t)$(Hz)，试确定：

① 此调频波的表达式；

② 此调频波的最大频偏、调频指数和频带宽度。

第 5 章

模拟信号数字化传输

模拟信号数字化传输指的是在数字通信系统中传输模拟消息。通常在系统的发送端应有一个模/数(A/D)转换装置,而在接收端应有一个数/模(D/A)转换装置。本章将讨论模-数转换装置和数-模转换装置,以便于在数字通信系统中传输模拟信息。

本章在介绍抽样定理和脉冲振幅调制的基础上,着重讨论用来传输模拟消息的常用的脉冲编码调制(PCM)和增量调制(ΔM)的原理及性能,并简要介绍时分复用和多路数字电话系统制式的概念。

本章学习目标

- 理解抽样定理、量化、编码的基本特点,掌握抽样定理的计算方法。
- 了解脉冲调制的分类和分析方法,理解脉冲编码调制的特性,了解自适应脉冲编码调制的概念。
- 理解差分脉冲编码调制和增量调制的原理及性能,了解时分复用和电话时分多路制式的概念。

5.1 引　　言

本章讨论模拟信号数字化传输。第 1 章提到过,通信系统的信源有两大类:模拟信号和数字信号。例如,话筒输出的话音信号属于模拟信号,而文字、计算机数据等属于数字信号。若输入的是模拟信号,则在数字通信系统的信源编码部分需对输入的模拟信号进行数字化,称为模-数转换,即将模拟信号变为数字信号。采用脉冲编码调制的模拟信号数字传输系统如图 5-1 所示。

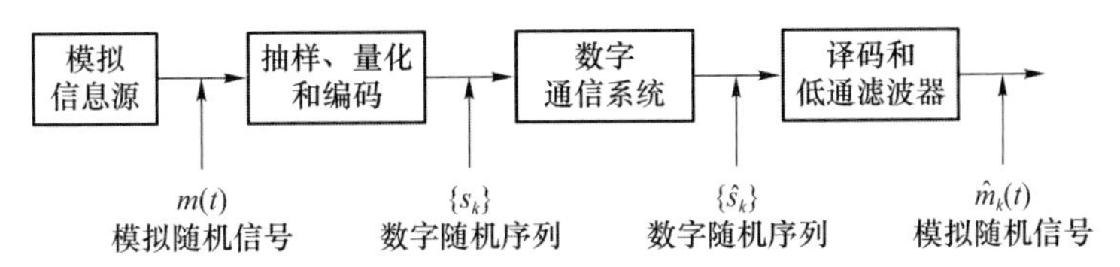

图 5-1　采用脉冲编码调制的模拟信号数字传输系统

模拟信息源发出的消息 $m(t)$ 首先被抽样，得到一系列的抽样值 $\{m(kT_s)\}$；该值被量化和编码，即可得到相应的数字序列 $\{s_k\}$；该数字序列经数字通信系统，在接收方输入端得到数字序列 $\{\hat{s}_k\}$；该数字序列 $\{\hat{s}_k\}$ 经过译码和低通滤波器，得到模拟信号 $\{\hat{m}_k(t)\}$，这个信号非常逼近发送端信号 $m(t)$，即模拟信号被恢复。图 5-1 所示框图的原理细节将在下面各节中讨论。

5.2 抽样定理

抽样定理告诉我们：如果对某一带宽有限的时间连续信号(模拟信号)进行抽样，且抽样速率达到一定数值，那么根据这些抽样值就能准确地确定原信号。就是说，若要传输模拟信号，不一定要传输模拟信号本身，可以只传输按抽样定理得到的抽样值。因此，该定理就为模拟信号数字化传输奠定了理论基础。

抽样定理是指：一个频带限制在 $(0, f_H)$ 内的时间连续信号 $m(t)$，如果以 $T \leqslant \frac{1}{2f_H}$ 的间隔对它进行等间隔抽样，则 $m(t)$ 将被所得到的抽样值完全确定。

此定理也称为均匀抽样定理，这意味着，若 $m(t)$ 的频谱在某一角频率 ω_H 以上为零，则 $m(t)$ 中的全部信息完全包含在其间隔不大于 $\frac{1}{2f_H}$ 的均匀抽样序列里。换句话说，在信号最高频率分量的每一个周期内起码应抽样两次。最小抽样频率称为奈奎斯特频率，对应的最大抽样间隔称为奈奎斯特间隔。下面就来证明这个定理。

考察一个频带限制在 $(0, f_H)$ 的信号 $m(t)$，假定将信号 $m(t)$ 和周期性冲激函数 $\delta_T(t)$ 相乘，如图 5-2(a)所示，乘积函数便是均匀间隔为 T 的冲激序列，这些冲激的强度等于相应瞬时 $m(t)$ 的值，它表示对函数 $m(t)$ 的抽样。我们用 $m_s(t)$ 表示此抽样函数，即有

$$m_s(t) = m(t)\delta_T(t) \tag{5-1}$$

$m_s(t)$ 信号通过低通滤波器还原成 $m(t)$ 信号，如图 5-2(b)所示。

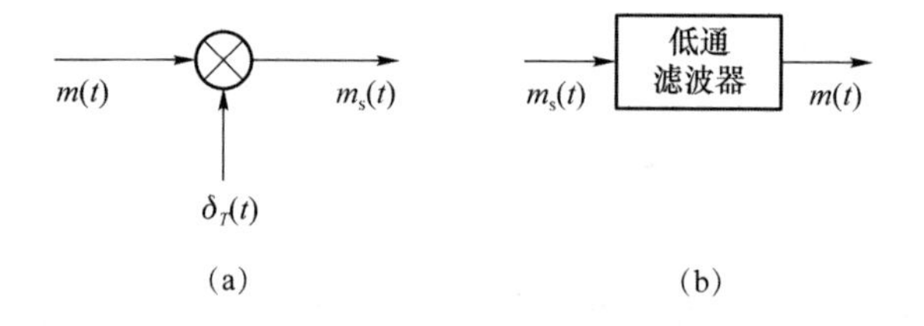

图 5-2 抽样与恢复

假设 $m(t)$、$\delta_T(t)$ 和 $m_s(t)$ 的频谱分别为 $M(\omega)$、$\delta_T(\omega)$ 和 $M_s(\omega)$。按照频域卷积定理，$m(t)\delta_T(t)$ 的傅里叶变换正比于 $M(\omega)$ 和 $\delta_T(\omega)$ 的卷积，即

$$M_s(\omega) = \frac{1}{2\pi}[M(\omega) * \delta_{\omega_s}\omega] \tag{5-2}$$

因为

$$\delta_{\omega_s}(\omega) = \frac{2\pi}{T}\sum_{\omega=-\infty}^{\infty}\delta(\omega - n\omega_s)$$

$$\omega_s = \frac{2\pi}{T} = 2\pi f_s$$

所以

$$M_s(\omega) = \frac{1}{T}\left[M(\omega) * \sum_{n=-\infty}^{\infty}\delta(\omega - n\omega_s)\right] = \frac{1}{T}\sum_{n=-\infty}^{\infty}M(\omega - n\omega_s) \tag{5-3}$$

该式表明,已抽样信号 $m_s(t)$的频谱 $M_s(\omega)$是由无穷多个间隔为 ω_s 的 $M(\omega)$相叠加而形成的,这就意味着 $M_s(\omega)$中包含 $M(\omega)$的全部信息。

同样,用图解法也可以证明抽样定理的正确性,整个抽样过程如图 5-3 所示。

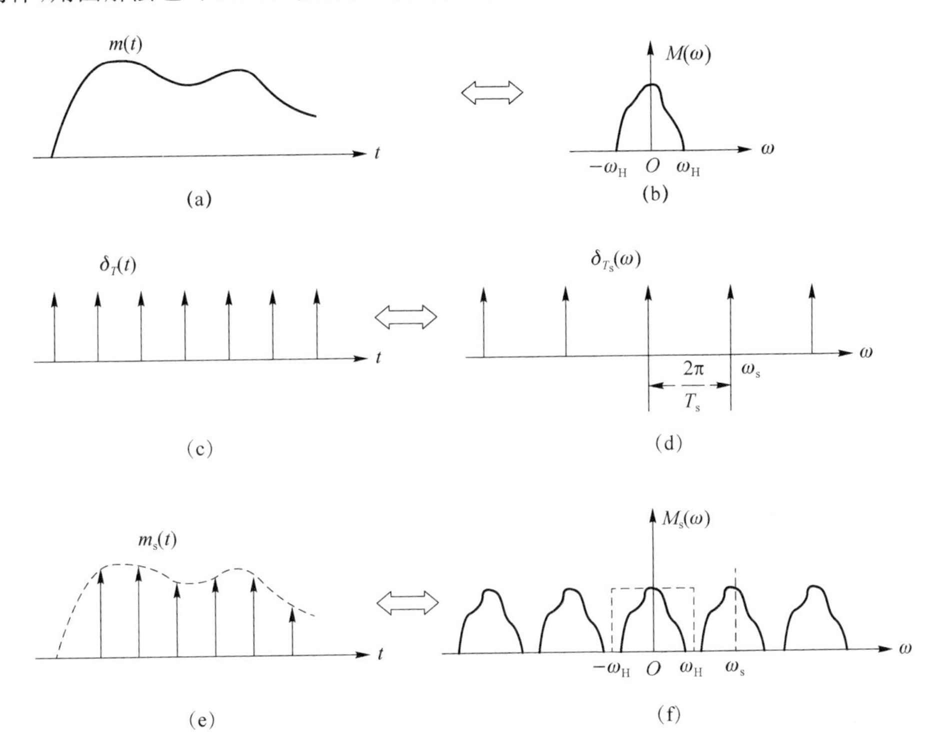

图 5-3 抽样定理的全过程

由式(5-3)可见,抽样信号 $m_s(t)$的频谱 $M_s(\omega)$是 $M(\omega)$和一冲激序列的卷积,而图 5-3(f)所示的 $M_s(\omega)$也正是由 $m(t)$的频谱 $M(\omega)$和 $\delta_T(t)$的频谱 $\delta_{T_s}(\omega)$卷积所得到的结果。由图 5-3(f)可见,只要

$$\omega_s \geqslant 2\omega_H$$

或

$$\frac{2\pi}{T_s} \geqslant 2\times(2\pi f_H)$$

即

$$T_s \leqslant \frac{1}{2f_H}$$

$M(\omega)$就可以周期性地重复而不重叠,因而 $m_s(t)$包含 $m(t)$的全部信息。结合式(5-3)和图 5-3 可以得到以下关于抽样的结论。

① $M_s(\omega)$具有无穷大的带宽。

② 只要抽样频率 $f_s \geqslant 2f_H$,$M_s(\omega)$中 n 值不同的频谱函数就不会出现重叠的现象。

③ $M_s(\omega)$中 $n=0$ 时的成分是 $M(\omega)/T_s$，它与 $M(\omega)$的频谱函数只差一个常数 $1/T_s$，因此，只用一个带宽 B 满足 $f_H \leqslant B \leqslant f_s - f_H$ 的理想低通滤波器，就可以取出 $M(\omega)$的成分，进而不失真地恢复 $m(t)$的波形。

需要指出，以上讨论均限于频带有限的信号。严格地说，频带有限的信号并不存在。但是实际上对于大多数信号，频谱函数在较高频率部分的能量都要减小，大部分能量由一定频率范围内的分量所携带。因而在实用的意义上，信号可以认为是频带有限的，高频分量所引入的误差可以忽略不计。

在工程设计中，考虑信号绝不会严格带限，以及实际滤波器特性的不理想，通常取抽样频率为$(2.5\sim5)f_H$，以避免失真。例如，电话中语音信号的传输带宽通常限制在 3 400 Hz 左右，因而抽样频率通常选择 8 000 Hz。

抽样定理

5.3 模拟信号的量化

模拟信号进行抽样以后，其抽样值还是随信号幅度连续变化的，即抽样值 $m(kT)$可以取无穷多个可能值，如果用 N 个二进制数字信号来代表抽样值的大小，则可利用数字传输系统来传输抽样值信息，那么 N 个二进制数字信号只能同$M=2^N$ 个电平样值相对应，而不能同无穷多个电平样值相对应。这样一来，抽样值必须被划分成 M 个离散电平，这些电平被称作量化电平。或者说，采用量化抽样值的方法才能够利用数字传输系统来实现抽样值信息的传输。

利用预先规定的有限个电平来表示模拟抽样值的过程称为量化。抽样是把一个时间连续信号变换成时间离散信号，而量化则是将取值连续的抽样变成取值离散的抽样。图 5-4 给出了一个量化过程的例子。图 5-4 中，$m(t)$表示输入模拟信号，$m_q(t)$表示量化信号样值，q_1，q_2，…，q_7 是量化器的 7 个可能的输出电平，即量化电平，m_1，m_2，…，m_6 为量化区间的端点。

通常，量化器的输入是随机模拟信号。可以用适当速率对此随机模拟信号 $m(t)$进行抽样，并按照预先规定，将抽样值 $m(kT_s)$变换成 M 个电平 q_1，q_2，…，q_M 之一，量化器的输出是一个数字序列信号 $m_q(kT_s)$：

$$m_q(kT_s)=q_i\text{，若 } m_{i-1}\leqslant m(kT_s)\leqslant m_i \tag{5-4}$$

下面讨论随机过程 $m(t)$的抽样值量化的几种方法。为了方便起见，假设 $m(t)$是均值为零、概率密度为 $f(x)$的平稳随机过程，同时用简化符号 m 表示 $m(kT_s)$，m_q 表示 $m_q(kT_s)$。因量化问题实际上是用离散随机变量 m_q 来近似连续随机变量 m，故采用均方误差 $E[(m-m_q)^2]$来度量量化误差。由于这种误差的影响相当于干扰或噪声，故又称其为量化噪声。

5.3.1 均匀量化

把输入信号的取值域按等距离分割的量化称为均匀量化。在均匀量化中，每个量化区间的量化电平均取在各区间的中点，如图 5-4 所示。其量化间隔(量化台阶)Δv 取决于输入信号的变化范围和量化电平数。当输入信号的变化范围和量化电平数确定后，量化间隔也被确定。假如输入信号的最小值和最大值分别用 a 和 b 表示，量化电平数为 M，那么均匀量化时的量化间隔为

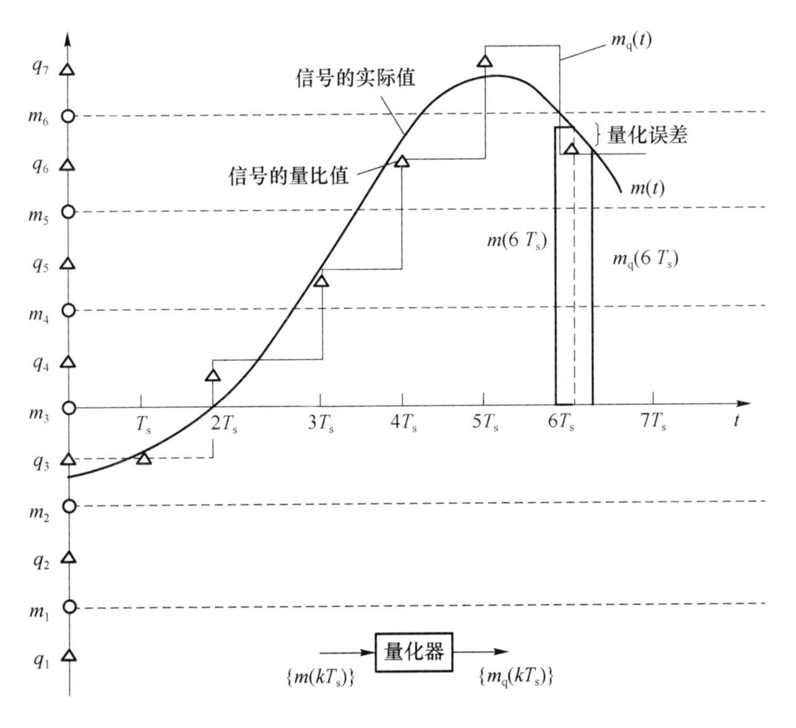

图 5-4 量化过程示意图

$$\Delta v=\frac{b-a}{M} \tag{5-5}$$

量化器输出 m_q 为

$$m_q=q_i,\text{当 } m_{i-1}<m\leqslant m_i \text{ 时} \tag{5-6a}$$

式中,m_i 为第 i 个量化区间的终点,可写成

$$m_i=a+i\Delta v \tag{5-6b}$$

q_i 为第 i 个量化区间的量化电平,可表示为

$$q_i=\frac{m_i+m_{i-1}}{2},\ i=1,2,\cdots,M \tag{5-6c}$$

显然,量化输出电平和量化前信号的抽样值一般不同,即量化输出电平有误差。这个误差常称为量化噪声,并用信号功率与量化噪声之比(简称“信号量化信噪比”)衡量此误差对于信号影响的大小。对于给定的信号最大幅度,量化电平数越多,量化噪声越小,信号量化信噪比越高。信号量化信噪比是量化器的主要指标之一。下面将对均匀量化时的平均信号量化信噪比作定量分析。

在均匀量化时,量化噪声功率 N_q 可由下式给出:

$$N_q=E[(m-m_q)^2]=\int_a^b(x-m_q)^2 f(x)\mathrm{d}x=\sum_{i=1}^{M}\int_{m_{i-1}}^{m_i}(x-q_i)^2 f(x)\mathrm{d}x \tag{5-7}$$

式中,E 表示求统计平均,$m_i=a+i\Delta v$,$q_i=a+i\Delta v-\dfrac{\Delta v}{2}$。

信号功率为

$$S_0=E[(m)^2]=\int_a^b x^2 f(x)\mathrm{d}x \tag{5-8}$$

若已知随机变量 m 的概率密度函数,便可计算出信号量化信噪比。

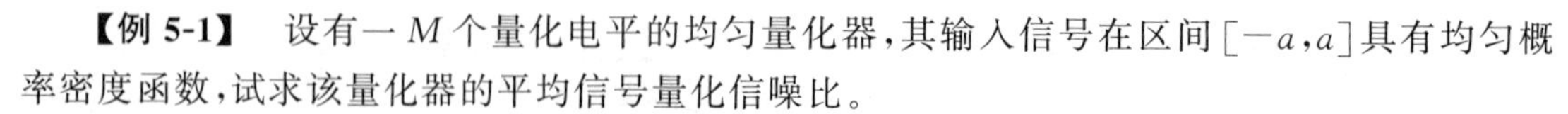

【例 5-1】 设有一 M 个量化电平的均匀量化器,其输入信号在区间 $[-a,a]$ 具有均匀概率密度函数,试求该量化器的平均信号量化信噪比。

解:由方程(5-7)得

$$\begin{aligned}N_q &= \sum_{i=1}^{M}\int_{m_{i-1}}^{m_i}(x-q_i)^2\left(\frac{1}{2a}\right)\mathrm{d}x\\ &= \sum_{i=1}^{M}\int_{-a+(i-1)\Delta\upsilon}^{-a+i\Delta\upsilon}\left(x+a-i\Delta\upsilon+\frac{\Delta\upsilon}{2}\right)^2\frac{1}{2a}\mathrm{d}x\\ &= \sum_{i=1}^{M}\left(\frac{1}{2a}\right)\left(\frac{\Delta\upsilon^2}{12}\right)\\ &= \frac{M\Delta\upsilon^3}{24a}\end{aligned}$$

因为

$$M\cdot\Delta\upsilon=2a$$

所以

$$N_q=\frac{\Delta\upsilon^2}{12}$$

又由式(5-8)得信号功率

$$S_0=\int_{-a}^{a}x^2\cdot\frac{1}{2a}\mathrm{d}x=\frac{M^2}{12}\Delta\upsilon^2$$

因而,平均信号量化信噪比为

$$\frac{S_0}{N_q}=M^2 \tag{5-9}$$

或写成

$$\left(\frac{S_0}{N_q}\right)_{\mathrm{dB}}=20\lg M \tag{5-10}$$

由上式可见,量化器的平均输出信号量化信噪比随量化电平数 M 的增加而提高。

在实际应用中,对于给定的量化器,量化电平数 M 和量化间隔 $\Delta\upsilon$ 都是确定的。所以量化噪声 N_q 也是确定的。但是,信号的强度可能随时间变化,像话音信号就是这样。当信号小时,信号量化信噪比也小。所以,这种均匀量化器对于小输入信号很不利。为了克服这个缺点,改善小信号时的量化信噪比,在实际应用中常采用下节将要讨论的非均匀量化。

均匀量化

5.3.2 非均匀量化

非均匀量化是根据信号的不同区间来确定量化间隔的。对于信号取值小的区间,其量化间隔 $\Delta\upsilon$ 也小;反之,量化间隔就大。它与均匀量化相比,有两个突出的优点。首先,当输入量化器的信号具有非均匀分布的概率密度(实际中常常是这样)时,非均匀量化器的输出端可以得到较高的平均信号量化信噪比;其次,在非均匀量化时,量化噪声功率的均方根值基本上与信号抽样值成比例。因此量化噪声对大、小信号的影响大致相同,即改善了小信号时的量化信噪比。

在实际中,非均匀量化的实现方法通常是将抽样值通过压缩再进行均匀量化。所谓压缩是用一个非线性变换电路将输入变量 x 变换成另一变量 y,即

$$y=f(x) \tag{5-11}$$

非均匀量化就是对压缩后的变量进行均匀量化。接收端采用一个传输特性为

$$x=f^{-1}(y) \tag{5-12}$$

的扩张器来恢复 x。通常使用的压缩器大多采用对数式压缩，即 $y=\ln x$。广泛采用的两种对数压缩律是 μ 压缩律和 A 压缩律。美国采用 μ 压缩律，我国和欧洲各国均采用 A 压缩律。下面分别讨论两种压缩律的原理及数字压扩技术。

1. A 压缩律

所谓 A 压缩律也就是压缩器具有如下特性的压缩律：

$$y=\begin{cases}\dfrac{Ax}{1+\ln A}, & 0<x\leqslant\dfrac{1}{A}\\[2ex]\dfrac{1+\ln Ax}{1+\ln A}, & \dfrac{1}{A}\leqslant x\leqslant 1\end{cases} \tag{5-13}$$

式中，y 为归一化的压缩器输出电压，即

$$y=\frac{\text{压缩器的输出电压}}{\text{压缩器可能的最大输出电压}}$$

x 为归一化的压缩器输入电压，即

$$x=\frac{\text{压缩器的输入电压}}{\text{压缩器可能的最大输入电压}}$$

A 为压扩参数，表示压缩程度。

常数压扩参数 A 一般为一个较大的数，例如 $A=87.6$。在这种情况下，可以得到 x 的放大量：

$$\frac{\mathrm{d}y}{\mathrm{d}x}=\begin{cases}\dfrac{A}{1+\ln A}=16, & 0<x\leqslant\dfrac{1}{A}\\[2ex]\dfrac{A}{(1+\ln A)Ax}=\dfrac{0.128\,7}{x}, & \dfrac{1}{A}<x\leqslant 1\end{cases} \tag{5-14}$$

当信号 x 很小时(即 x 为小信号时)，从式(5-14)中可以看出信号被放大了 16 倍，这相当于与无压缩特性比较，对于小信号的情况，量化间隔比均匀量化时减小为原来的 1/16，因此，量化误差大大降低；而对于大信号的情况(例如 $x=1$)，量化间隔比均匀量化时反而增大了，量化误差也增大了，这样实际上就实现了“压大补小”的效果。

上面只讨论了 $x>0$ 的情况，实际上 x 和 y 均在[$-1,+1$)之间变化，因此，x 和 y 的对应关系曲线在第一象限与第三象限奇对称。为了简便，这里对 $x<0$ 的关系表达式未进行描述，对式(5-14)进行简单的修改就能得到。

2. 数字压扩技术

按式(5-13)得到的 A 压缩律压扩特性是连续曲线，A 的取值不同其压扩特性亦不同，而在电路上实现这样的函数规律是相当复杂的。为此，人们提出了数字压扩技术，其基本思想是形成若干根折线，并用这些折线来近似对数的压扩特性，从而达到压扩的目的。

用折线实现压扩特性，既不同于均匀量化的直线，又不同于对数压扩特性的光滑曲线。虽然总的来说用折线实现压扩特性是非均匀量化，但它既有非均匀(不同折线有不同斜率)量化，又有均匀量化(在同一折线的小范围内)。有两种常用的数字压扩技术：一种是 13 折线 A 压缩律压扩，其特性近似 $A=87.6$ 的 A 压缩律压扩特性；另一种是 15 折线 μ 压缩律压扩，其特性近似 $\mu=255$ 的 μ 律压缩压扩特性。下面将主要介绍 13 折线 A 压缩律压扩技术，简称 13 折线法。

图 5-5 展示了 13 折线 A 压缩律压扩特性。图 5-5 中先把 x 轴的 0～1 分为 8 个不均匀段，其分法是：将 0～1 一分为二，其中点为 1/2，取 1/2～1 作为第八段；剩余的 0～1/2 再一分为二，中点为 1/4，取 1/4～1/2 作为第七段；再把剩余的 0～1/4 一分为二，中点为 1/8，取 1/8～1/4 作为第六段；依此分下去，直至剩余的最小一段为 0～1/128，将其作为第一段。而 y 轴的 0～1 则均匀地分为八段，与 x 轴的八段一一对应。从第一段到第八段分别为 0～1/8，1/8～2/8，2/8～3/8，…，7/8～1。这样，便可以做出由八段直线构成的一条折线。该折线与式(5-13)表示的压缩特性近似。由图 5-5 中的折线可以看出，除一、二段外，其他各段折线的斜率都不相同，各段落的斜率如表 5-1 所示。

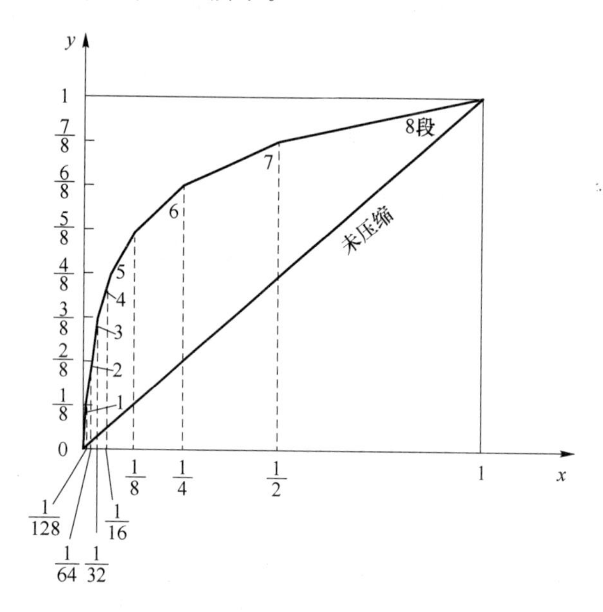

图 5-5　13 折线 A 压缩律压扩特性

表 5-1　各段落的斜率

折线段落	1	2	3	4	5	6	7	8
斜率	16	16	8	4	2	1	1/2	1/4

至于当 x 在 −1～0 及 y 在 −1～0 时的第三象限中的压缩特性曲线的形状与以上讨论的第一象限压缩特性曲线的形状相同，且它们以原点为奇对称，所以负方向也有八段直线，合起来共有 16 个线段。由于正向一、二两段和负向一、二两段的斜率相同，这四段实际上为一条直线，因此，正、负双向的折线总共由 13 条直线段构成，故称其为 13 折线。

13 折线包含 16 个折线段，在输入端，如果将每个折线段再均匀地划分 16 个量化等级，也就是在每段折线内进行均匀量化，这样第 1 段和第 2 段的最小量化间隔相同，为

$$\Delta_{1,2}=\frac{1}{128}\times\frac{1}{16}=\frac{1}{2\,048} \tag{5-15}$$

输出端由于是均匀划分的，各段间隔均为 1/8，每段再 16 等分，因此每个量化间隔为 1/(8×16)=1/128。

用 13 折线法进行压扩和量化后，可以作出量化信噪比与输入信号间的关系曲线，如图 5-6 所示。从图 5-6 中可以看出，在小信号区域，量化信噪比与 12 位线性编码相同，但在大信号区域，13 折线法 8 位码的量化信噪比不如 12 位线性编码。

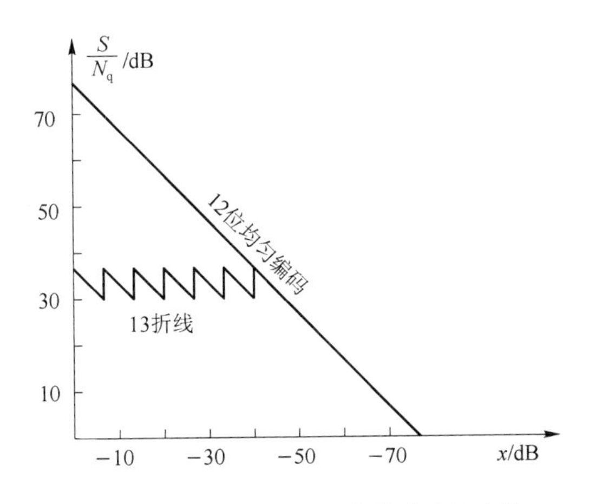

图 5-6　两种编码方法量化信噪比的比较

以上较详细地讨论了 A 压缩律的压缩原理。至于扩张，实际上是压缩的相反过程，只要掌握了压缩原理就不难理解扩张原理。限于篇幅，这里不再赘述。

3. μ 压缩律

所谓 μ 压缩律就是压缩器的压缩特性具有如下关系的压缩律：

$$y=\frac{\ln(1+\mu x)}{\ln(1+\mu)},\ 0\leqslant x\leqslant 1 \tag{5-16}$$

式中：

y——归一化的压缩器输出电压；

x——归一化的压缩器输入电压；

μ——压扩参数，表示压缩的程度。

由于式(5-16)表示的是一个近似对数关系，因此 μ 压缩律也称近似对数压扩律，其压缩特性曲线如图 5-7 所示。由图 5-7 可见，当 $\mu=0$ 时，压缩特性是通过原点的一条直线，故没有压缩效果；当 μ 值增大时，压缩作用明显，对改善小信号的性能有利。一般当 $\mu=100$ 时，压缩器的效果就比较理想了。另外，需要指出，μ 压缩律压缩特性曲线是以原点奇对称的，图 5-7 中只画出了正向部分。

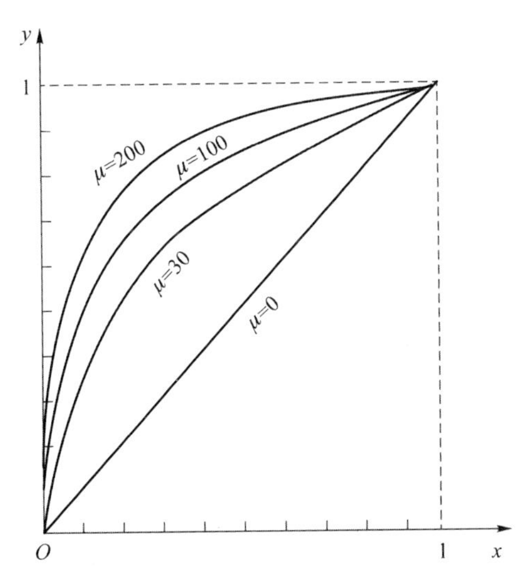

图 5-7　μ 压缩律压缩特性曲线

为了说明μ压缩律压缩特性对小信号的量化信噪比的改善程度，图5-8画出了参数μ为某一取值的压缩特性。虽然纵坐标是均匀分级的，但由于压缩的结果，反映到输入信号x就成为非均匀量化了，即信号越小量化间隔Δx越小，信号越大量化间隔就越大。而在均匀量化中，量化间隔是固定不变的。现在，我们来求量化误差，因为μ压缩律图像为对数曲线，当量化区间划分较多时，在每一量化区间中压缩特性曲线均可视为直线，所以

$$\frac{\Delta y}{\Delta x}=\frac{\mathrm{d}y}{\mathrm{d}x}=y' \tag{5-17}$$

对式(5-16)进行求导可得

$$\frac{\mathrm{d}y}{\mathrm{d}x}=\frac{\mu}{(1+\mu x)\ln(1+\mu)}$$

又由式(5-17)有

$$\Delta x=\frac{1}{y'}\Delta y$$

因此，量化误差为

$$\frac{\Delta x}{2}=\frac{1}{y'}\cdot\frac{\Delta y}{2}=\frac{\Delta y}{2}\cdot\frac{(1+\mu x)\ln(1+\mu)}{\mu}$$

当$\mu>1$时，$\Delta y/2$与$\Delta x/2$的比值就是压缩后量化间隔精度提高的倍数，也就是非均匀量化对均匀量化的信噪比改善程度。当用分贝表示，并用符号Q表示信噪比改善程度时，那么

$$[Q]_{\mathrm{dB}}=20\lg\left(\frac{\Delta y}{\Delta x}\right)=20\lg\left(\frac{\mathrm{d}y}{\mathrm{d}x}\right) \tag{5-18}$$

例如，当$\mu=100$时，对于小信号($x\to 0$)的情况：

$$\left(\frac{\mathrm{d}y}{\mathrm{d}x}\right)_{x=0}=\frac{\mu}{(1+\mu x)\ln(1+\mu)}\bigg|_{x\to 0}=\frac{\mu}{\ln(1+\mu)}=\frac{100}{4.62}$$

这时，信号量化信噪比的改善程度为

$$[Q]_{\mathrm{dB}}=20\lg\left(\frac{\mathrm{d}y}{\mathrm{d}x}\right)=26.7\ \mathrm{dB}$$

对于大信号的情况，若$x=1$，那么

$$\left(\frac{\mathrm{d}y}{\mathrm{d}x}\right)_{x=1}=\frac{\mu}{(1+\mu x)\ln(1+\mu)}=\frac{100}{(1+100)\ln(1+100)}=\frac{1}{4.67}$$

信号量化信噪比的改善程度为

$$[Q]_{\mathrm{dB}}=20\lg\left(\frac{\mathrm{d}y}{\mathrm{d}x}\right)=20\lg\left(\frac{1}{4.67}\right)=-13.3\ \mathrm{dB}$$

即对于大信号的情况信噪比损失约13 dB。根据以上关系计算得到的信号量化信噪比改善程度与输入信号电平的关系如表5-2所示。这里，最大允许输入电平为0 dB(即$x=1$)；$[Q]_{\mathrm{dB}}>0$表示提高的信噪比，而$[Q]_{\mathrm{dB}}<0$表示损失的信噪比。

表5-2　信号量化信噪比改善程度与输入信号电平的关系

x	1	0.36	0.1	0.031 2	0.01	0.003
输入信号电平/dB	0	−10	−20	−30	−40	−50
$[Q]_{\mathrm{dB}}$	−13.3	−3.5	5.8	14.4	20.6	24.4

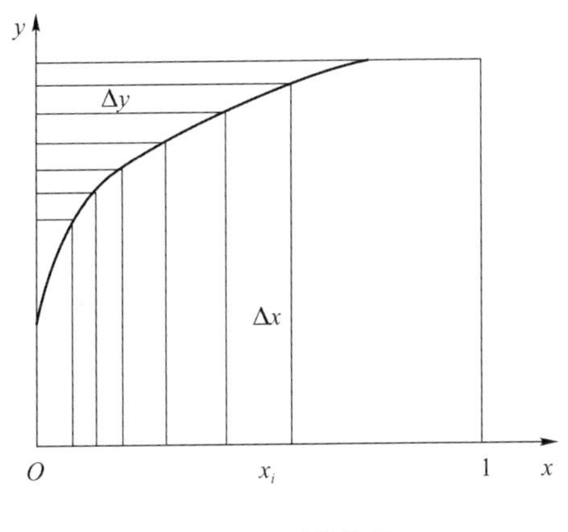

图 5-8 压缩特性

5.4 脉冲编码调制

5.4.1 脉冲编码调制的原理

量化后的信号已经是取值离散的数字信号。下一步的问题是如何将这个数字信号进行编码。常用的编码是用二进制的符号,例如“0”和“1”,表示此离散数值。通常把模拟信号通过抽样、量化变换成二进制符号的基本过程,称为脉冲编码调制(Pulse Code Modulation,PCM),简称脉码调制。通常把只含抽样过程且只改变脉冲振幅的调制称为脉冲振幅调制(Palse Amplitude Modulation)。

脉码调制是将模拟信号变换成二进制信号的常用方法。在 20 世纪 40 年代,在通信技术中就已经实现了这种编码技术。由于当时是从信号调制的观点研究这种技术的,所以将其称为脉码调制。目前,它不仅被应用于通信领域,还被广泛应用于计算机、遥控遥测、数字仪表、广播电视等许多领域。在这些领域中,有时将其称为模拟/数字(A/D)变换。实质上,脉码调制和 A/D 变换的原理是一样的。

PCM 原理方框图如图 5-9 所示。在编码器〔图 5-9(a)〕中由冲激脉冲对模拟信号进行抽样,得到在抽样时刻上的信号抽样值。这个抽样值仍是模拟量。在它量化之前,通常用保持电路将其作短暂保存,以便电路有时间对其进行量化。在实际电路中,常把抽样和保持电路合并在一起,称为抽样保持电路。图 5-9(a)中的量化器把模拟抽样信号变成离散的数字量,然后在编码器中进行二进制编码。这样,每个二进制码组就代表一个量化后的信号抽样值。图 5-9(b)中译码器的原理和编码过程相反,这里不再赘述。

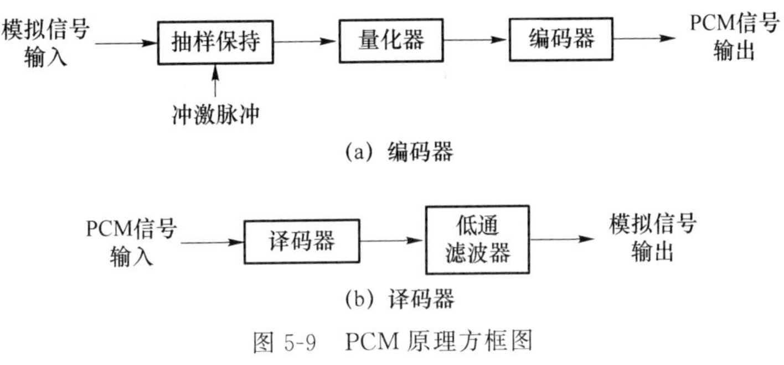

图 5-9 PCM 原理方框图

5.4.2 常用二进制码

二进制码具有很好的抗噪声性能，并易于再生，因此 PCM 一般采用二进制码。对于 Q 个量化电平，可以用 k 位二进制码来表示，称其每一种组合为一个码字。通常可以把量化后的所有量化级，按其量化电平的某种次序排列起来，并列出各量化级对应的码字，而这种对应关系的整体就称为码型。在 PCM 中常用的码型有自然二进制码、折叠二进制码。以 4 位二进制码为例，将这两种编码列于表 5-3 中。因为电话信号是交流信号，故在表 5-3 中将 4 位二进制码代表的 16 个双极性量化值分成两部分。第 0 至第 7 个量化值对应于负极性电压，第 8 至第 15 个量化值对应于正极性电压。显然，对于自然二进制码，这两部分之间没有什么对应联系。但是，对于折叠二进制码则不然，除了其最高位符号相反外，其上下两部分还呈现映像关系，或称折叠关系。这种码用最高位表示电压的极性正负，而用其他位来表示电压的绝对值。这就是说，在用最高位表示极性后，双极性电压可以采用单极性编码方法处理，从而使编码电路和编码过程大为简化。

表 5-3 自然二进制码和折叠二进制码比较

量化值序号	量化电压极性	自然二进制码	折叠二进制码
15	正极性	1111	1111
14		1110	1110
13		1101	1101
12		1100	1100
11		1011	1011
10		1010	1010
9		1001	1001
8		1000	1000
7	负极性	0111	0000
6		0110	0001
5		0101	0010
4		0100	0011
3		0011	0100
2		0010	0101
1		0001	0110
0		0000	0111

折叠二进制码的另一个优点是误码对于小电压的影响较小。例如，若有一个码组为“1000”，在传输或处理时发生一个符号错误，变成“0000”。从表 5-3 中可见，若它为自然二进制码，则它所代表的电压值将从 8 变成 0，误差为 8；若它为折叠二进制码，则它将从 8 变成 7，误差为 1。但是，若一个码组从“1111”错成“0111”，则自然二进制码将从 15 变成 7，误差仍为 8；而折叠二进制码则将从 15 错成 0，误差增大为 15。这表明，折叠二进制码对于小信号有利。由于话音信号小电压出现的概率较大，所以折叠二进制码有利于减小话音信号的平均量化噪声。

了解了 PCM 的编码原理后，不难推论出译码的原理，这里不另作讨论。

无论是自然二进制码还是折叠二进制码，码组中符号的位数都直接和量化值数目有关。量化间隔越多，量化值也越多，则码组中符号的位数也随之增多，同时，信噪比也越大。当然，位数增多后，会使信号的传输量和存储量增大，编码器也将较复杂。在话音通信中，通常采用 8 位的 PCM 编码就能够保证令人满意的通信质量。

在逐次比较型编码方式中，无论采用几位码，一般均按极性码、段落码和段内码的顺序对码位进行排列。下面将结合我国采用的 13 折线法的编码，介绍一种码位排列方法。

13 折线法采用的折叠二进制码有 8 位。其中第一位为 c_1，表示量化值的极性正负。后面的 7 位分为段落码和段内码两部分，用于表示量化值的绝对值。其中：第 2 至 4 位（$c_2 \sim c_4$）是段落码，共计 3 位，可以表示 8 种斜率的段落；其他 4 位（$c_5 \sim c_8$）为段内码，可以表示每一段落内的 16 种量化电平。段内码代表的 16 个量化电平是均匀划分的。所以，这 7 位码总共能表示 $2^7=128$ 种量化值。上述编码方法是把压缩、量化和编码合为一体的方法。根据上述分析，用于 13 折线 A 压缩律压扩特性的 8 位非线性编码的码组结构如下：

线性码	段落码	段内码
c_1	$c_2c_3c_4$	$c_5c_6c_7c_8$

第 1 位码 c_1 的数值“1”或“0”分别代表信号的正、负极性，称为极性码。从折叠二进制码的规律可知，对于两个极性不同，但绝对值相同的样值脉冲，用折叠二进制码表示时，除极性码 c_1 不同外，其余几位码是完全一样的。因此在编码过程中，只要将样值脉冲的极性判别出，编码器是以样值脉冲的绝对值进行量化和输出码组的。这样只要考虑 13 折线中对应于正输入信号的 8 段折线就行了。

第 2 位至第 4 位码即 $c_2c_3c_4$，称为段落码，因为 8 段折线用 3 位码就能表示，具体划分如表 5-4 所示。

表 5-4 段落码

段落序号	段落码 $c_2c_3c_4$	段落范围（量化单位）
8	111	1 024～2 048
7	110	512～1 024
6	101	256～512
5	100	128～256
4	011	64～128
3	010	32～64
2	001	16～32
1	000	0～16

$c_5c_6c_7c_8$ 被称为段内码，每一段中的 16 个量化级可以用这 4 位码表示，段内码具体的分法见表 5-5。

表 5-5 段内码

量化间隔	段内码 $c_5c_6c_7c_8$	量化间隔	段内码 $c_5c_6c_7c_8$
15	1111	7	0111
14	1110	6	0110

续 表

量化间隔	段内码 $c_5c_6c_7c_8$	量化间隔	段内码 $c_5c_6c_7c_8$
13	1101	5	0101
12	1100	4	0100
11	1011	3	0011
10	1010	2	0010
9	1001	1	0001
8	1000	0	0000

5.4.3 逐次比较型编码原理

逐次比较型编码器编码的方法与用天平称重的过程极为相似，因此，在这里先分析一下天平称重的过程。当将重物放入托盘以后，就开始称重，第 1 次称重所加砝码（在编码术语中称为"权"，它的大小称为权值）是估计的，这个权值当然不能正好使天平平衡。若砝码的权值大了，换一个小一些的砝码再称。请注意，第 2 次所加砝码的权值是根据第 1 次做出判断的结果确定的。若第 2 次称重的结果说明砝码小了，就要在第 2 次权值的基础上加上一个更小一些的砝码。如此进行下去，直到接近平衡为止。这个过程就称为逐次比较型称重过程。"逐次"的含义可理解为称重是一次次由粗到细进行的。而"比较"则是把上一次称重的结果作为参考，比较得到下一次输出权值的大小，如此反复进行下去，使所加权值逐步逼近物体真实质量。基于上述分析，就可以分析并说明逐次比较型编码方法编出 8 位码的过程了。图 5-10 就是逐次比较型编码器原理图，从图中可以看出，它由全波整流电路、极性判决电路、抽样保持电路、比较器及本地译码电路等组成。

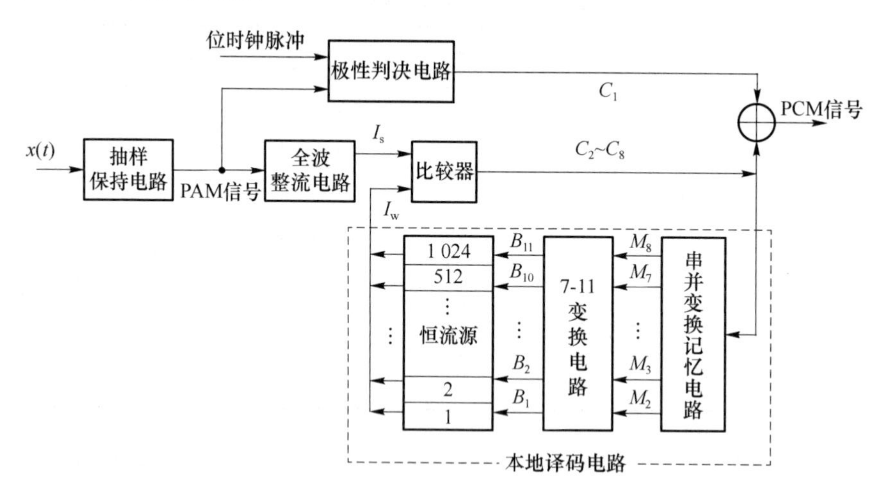

图 5-10 逐次比较型编码器原理图

由采样信号对模拟信号 $x(t)$ 进行抽样，得到在抽样时刻上的脉冲幅度调制（PAM）信号。极性判决电路用来确定信号的极性。由于输入 PAM 信号是双极性信号，当其样值为正时，在位脉冲到来时输出"1"码；当其样值为负时，在位脉冲到来时输出"0"码，同时将该双极性信号经过全波整流变为单极性信号。

比较器是编码器的核心，它的作用是通过比较样值电流 I_s 和标准电流 I_w，从而对输入信号抽样值实现非线性量化和编码。每比较一次，输出 1 位二进制代码，并且当 $I_s > I_w$ 时，输出“1”码，反之输出“0”码。由于在 13 折线法中用 7 位二进制代码来代表段落码和段内码，所以对一个输入信号的抽样值需要进行 7 次比较。每次所需的标准电流 I_w 均由本地译码电路提供。

本地译码电路包括串并变换记忆电路、7-11 变换电路和恒流源。

串并变换记忆电路用来寄存二进制代码，因为除第一次比较外，其余各次比较都要依据前几次比较的结果来确定标准电流 I_w 的值。因此，段落码和段内码中的前 6 位状态均应由串并变换记忆电路寄存下来。

7-11 变换电路就是前面非均匀量化中谈到的数字压缩器。因为采用非均匀量化的 7 位非线性编码等效于 11 位线性码，而比较器只能编 7 位码，反馈到本地译码电路的全部码也只有 7 位。因为恒流源有 11 个基本权值电流支路，需要 11 个控制脉冲来控制，所以必须经过变换，把 7 位码变成 11 位码，其实质就是完成非线性和线性之间的变换，其转换关系如表 5-6 所示。

表 5-6　13 折线 A 压缩律非线性码与线性码的转换关系

段落号	非线性码						线性码											
	起始电平	段落码	段内权值码(Δ)				B_1	B_2	B_3	B_4	B_5	B_6	B_7	B_8	B_9	B_{10}	B_{11}	B_{12}
		$c_2c_3c_4$	c_5	c_6	c_7	c_8	1 024	512	256	128	64	32	16	8	4	2	1	1/2
8	1 024	111	512	256	128	64	1	c_5	c_6	c_7	c_8	1^*	0	0	0	0	0	0
7	512	110	256	128	64	32	0	1	c_5	c_6	c_7	c_8	1^*	0	0	0	0	0
6	256	101	128	64	32	16	0	0	1	c_5	c_6	c_7	c_8	1^*	0	0	0	0
5	128	100	64	32	16	8	0	0	0	1	c_5	c_6	c_7	c_8	1^*	0	0	0
4	64	011	32	16	8	4	0	0	0	0	1	c_5	c_6	c_7	c_8	1^*	0	0
3	32	010	16	8	4	2	0	0	0	0	0	1	c_5	c_6	c_7	c_8	1^*	0
2	16	001	8	4	2	1	0	0	0	0	0	0	1	c_5	c_6	c_7	c_8	1^*
1	0	000	8	4	2	1	0	0	0	0	0	0	0	c_5	c_6	c_7	c_8	1^*

注：表中 1^* 项为接收端解码时的补差项，在发送端编码时，该项均为零。

恒流源用来产生各种标准电流值。为了获得各种标准电流 I_w，在恒流源中有数个基本权值电流支路。基本权值电流个数与量化级数有关，在 13 折线编码过程中，它要求 11 个基本权值电流支路的每个支路均有一个控制开关。每次该哪几个开关接通组成比较用的标准电流 I_w，由前面的比较结果经变换后得到的控制信号来控制。

抽样保持电路的作用是保持输入信号的抽样值在整个比较过程中具有确定不变的幅度。由于逐次比较型编码器编 7 位码（极性码除外）需要进行 7 次比较，因此，在整个比较过程中都应保持输入信号的幅度不变，故需要采用抽样保持电路。

【例 5-2】　设输入信号抽样值为 $I_s = 1\ 270\Delta$，采用逐次比较型编码将它按照 13 折线 A 压缩律压扩特性编成 8 位码。

解： 设码组的 8 位码分别用 $C_1C_2C_3C_4C_5C_6C_7C_8$ 表示。编码过程如下。

(1) 确定极性码 C_1

因输入信号抽样值为正，故 $C_1 = 1$。

（2）确定段落码 $C_2C_3C_4$

① 第 1 次比较，本地译码器输出

由于 $|I_s|>I_w$，故 $C_2=1$（后 4 段），标准电流取 $I_w=128\Delta$，因为前 4 段与后 4 段的区分电流值为 128Δ。

② 第 2 次比较，本地译码器输出

由于 $|I_s|>I_w$，故 $C_3=1$（7～8 段），标准电流取 $I_w=512\Delta$，因为第 7、8 段与第 5、6 段的区分电流值为 512Δ。

③ 第 3 次比较，本地译码器输出

由于 $|I_s|>I_w$，故 $C_4=1$（8 段），标准电流取 $I_w=1\,024\Delta$，因为第 7 段与第 8 段的区分电流值为 $1\,024\Delta$。

经过 3 次比较后得出段落码 $C_2C_3C_4$ 为 111，信号在第 8 段，起点电平为 $1\,024\Delta$，量化间隔为 $\Delta u_8=64\Delta$。

（3）确定段内码 $C_5C_6C_7C_8$

① 第 4 次比较：选本地译码器输出

$$I_w=1\,024\Delta+8\Delta u_8=1\,024\Delta+8\times64\Delta=1\,536\Delta$$

由于 $|I_s|<I_w$，故 $C_5=0$（前 8 级：0～7），前 8 级与后 8 级的区分电流值为段落起始电流值 $+8\Delta u_8$。

② 第 5 次比较：选本地译码器输出

$$I_w=1\,024\Delta+4\Delta u_8=1\,024\Delta+4\times64\Delta=1\,280\Delta$$

由于 $|I_s|<I_w$，故 $C_6=0$（前 4 级：0～3），第 0～3 级与第 4～7 级的区分电流值为段落起始电流值 $+4\Delta u_8$。

③ 第 6 次比较：选本地译码器输出

$$I_w=1\,024\Delta+2\Delta u_8=1\,024\Delta+2\times64\Delta=1\,152\Delta$$

由于 $|I_s|>I_w$，故 $C_7=1$（2～3 级），第 0～1 级与第 2～3 级的区分电流值为段落起始电流值 $+2\Delta u_8$。

④ 第 7 次比较：选本地译码器输出

$$I_w=1\,024\Delta+3\Delta u_8=1\,024\Delta+2\times64\Delta+1\times64\Delta=1\,216\Delta$$

由于 $|I_s|>I_w$，故 $C_8=1$（3 级），第 2 级与第 3 级的区分电流值为段落起始电流值 $+3\Delta u_8$。

经过上述 7 次比较，可得输入信号处于第 8 段中第 3 量化级，编出的 8 位 PCM 码为 11110011。

编码器量化误差：$1\,270\Delta-1\,216\Delta=54\Delta$。该量化误差小于第 8 段的量化台阶 Δu_8。

若要求对应的 11 位线性码，则为

$$1\,216=1\,024+3\times64=1\,024+128+64=2^{10}+2^7+2^6=10011000000\text{B}$$

注意：编码器量化误差小于该段落的量化台阶（64Δ），但不是小于该量化台阶的一半。如何克服该问题呢？解决方法为在接收端译码时，对于每个译码数值，都人为地增加该段落量化台阶的一半。例如，对于本例子，最终经过译码恢复后的量化值为

$$I'_w=1\,216\Delta+\frac{1}{2}\Delta u_8=1\,216\Delta+\frac{1}{2}\times64\Delta=1\,248\Delta$$

则最终经过译码恢复后的误差值为

$$e=1\,270\Delta-1\,248\Delta=22\Delta<\frac{1}{2}\Delta u_8$$

可见，经过处理后，最终的误差值小于该段落量化台阶的一半。

5.4.4 译码原理

译码的作用是把接收端收到的PCM信号还原成相应的PAM信号，即实现数/模转换(D/A转换)。*A*律13折线译码器原理框图如图5-11所示，与图5-10中本地译码电路基本相同，所不同的是增加了极性控制电路和带有寄存读出的7-12变换电路，下面简单介绍这两部分电路。

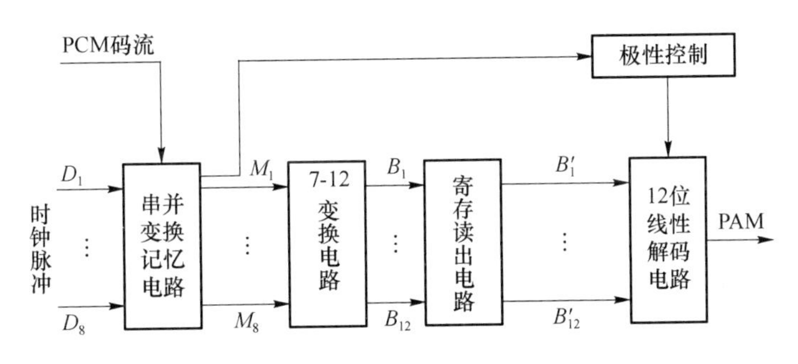

图5-11 逐次比较型译码器原理图

极性控制电路的作用是根据收到的极性码M_1是“1”还是“0”来辨别PCM信号的极性，使译码后PAM信号的极性恢复成与发送端相同的极性。

串并变换记忆电路的作用是将输入的串行PCM码变为并行码，并记忆下来，与编码器中译码电路的记忆作用基本相同。

7-12变换电路是将7位非线性码转变为12位线性码的电路。编码器的本地译码电路采用7-11变换电路，使得量化误差有可能大于本段落量化间隔的一半。7-12变换电路使得输出端的线性码增加了1位，人为地补上段落内半个量化间隔，从而改善量化信噪比。

12位线性解码电路主要是由恒流源和电阻网络组成的，与编码器中的解码网络类似。它在寄存读出电路的控制下，输出相应的PAM信号。

5.5 增量调制

增量调制简称ΔM，它是继PCM之后出现的又一种模拟信号数字化方法，其目的在于简化模拟信号的数字化方法，近年来在高速超大规模集成电路中已被用作A/D转换器。

增量调制获得广泛应用的原因主要有以下几点。

① 在比特率较低时，增量调制的量化信噪比高于PCM的量化信噪比。

② 增量调制的抗误码性能好，能工作于误码率为$10^{-3}\sim10^{-2}$的信道中，而PCM通常要求误码率为$10^{-6}\sim10^{-4}$。

③ 增量调制的编译码器比PCM的简单。

增量调制最主要的特点就是它所产生的二进制代码表示模拟信号前后两个抽样值的差别(增加还是减少)，而不代表抽样值本身的大小。在增量调制系统的发送端调制的二进制代码

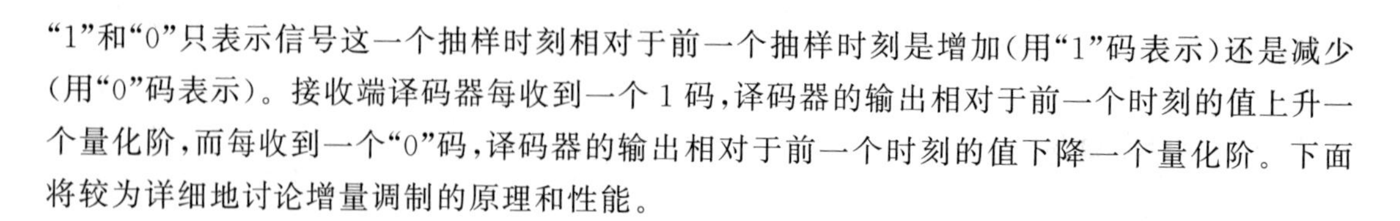

“1”和“0”只表示信号这一个抽样时刻相对于前一个抽样时刻是增加(用“1”码表示)还是减少(用“0”码表示)。接收端译码器每收到一个1码,译码器的输出相对于前一个时刻的值上升一个量化阶,而每收到一个“0”码,译码器的输出相对于前一个时刻的值下降一个量化阶。下面将较为详细地讨论增量调制的原理和性能。

5.5.1 增量调制的原理

由于1位二进制码只能代表两种状态,所以不可能表示模拟信号的抽样值。可是,用1位二进制码却可以表示相邻抽样值的相对大小,而相邻抽样值的相对变化同样能反映模拟信号的变化规律。因此,采用1位二进制码描述模拟信号是完全可能的。

1. 编码的过程

假设一个模拟信号 $x(t)$(为作图方便,令 $x(t)\geqslant 0$)可以用时间间隔为 Δt,幅度差为 $\pm\sigma$ 的阶梯波形 $x'(t)$ 去逼近,如图5-12所示。只要 Δt 足够小,即抽样频率 $f_s=1/\Delta t$ 足够高,且 σ 足够小,则 $x'(t)$ 可以近似于 $x(t)$。在这里把 σ 称为量化阶,$\Delta t=T_s$ 称为抽样间隔。

$x'(t)$ 逼近 $x(t)$ 的物理过程是这样的:在 t_i 时刻将 $x(t_i)$ 与 $x'(t_{i-})$(t_{i-} 表示 t_i 时刻前瞬间)进行比较,倘若 $x(t_i)>x'(t_{i-})$,就让 $x'(t_i)$ 上升一个量化阶,同时 ΔM 调制器输出二进制码“1”;反之就让 $x'(t_i)$ 下降一个量化阶,同时 ΔM 调制器输出二进制码“0”。根据这样的编码思路,结合图5-12所示的波形,就可以得到一个二进制代码序列 010101111110…。除了用阶梯波 $x'(t)$ 去近似 $x(t)$ 以外,也可以用锯齿波 $x_0(t)$ 去近似 $x(t)$。而锯齿波 $x_0(t)$ 只有斜率为正($\sigma/\Delta t$)和斜率为负($-\sigma/\Delta t$)两种情况,因此可以用“1”表示正斜率和用“0”表示负斜率,以获得一个二进制代码序列。

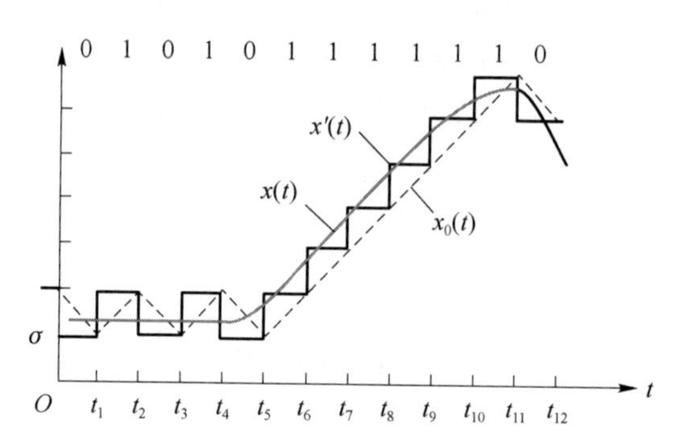

图5-12 增量调制的编码过程

2. 译码的过程

与编码相对应,译码也有两种情况。一种是收到“1”码上升一个量化阶(跳变),收到“0”码下降一个量化阶(跳变),这样就可以把二进制码经过译码变成 $x'(t)$ 这样的阶梯波。另一种是收到“1”码后产生一个正斜变电压,在 Δt 时间内上升一个量化阶;收到“0”码后产生一个负斜变电压,在 Δt 时间内均匀下降一个量化阶。这样,二进制码经过译码后变为如 $x_0(t)$ 这样的锯齿波。考虑电路上实现的简易程度,一般都采用后一种方法。这种方法可用一个简单 RC 积分电路把二进制码变为如 $x_0(t)$ 这样的波形,如图5-13所示。

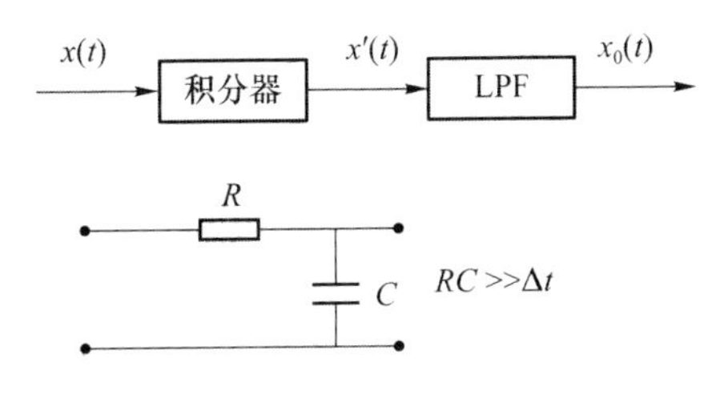

图 5-13 简单增量调制的译码原理图

3. 简单增量调制系统框图

根据简单增量调制编、译码的基本原理,可画出简单 ΔM 系统框图,如图 5-14 所示。发送端编码器是由减法器、判决器、积分器及脉冲发生器(极性变换电路)组成的一个闭环反馈电路。判决器用来比较 $x(t)$与 $x_0(t)$的大小,在定时抽样时刻如果 $x(t)-x_0(t)>0$ 输出“1”,如果 $x(t)-x_0(t)<0$ 输出“0”,$x_0(t)$由本地译码器产生。系统中接收端译码器的核心电路是积分器,当然还包含一些辅助性的电路,如脉冲发生器和低通滤波器等。

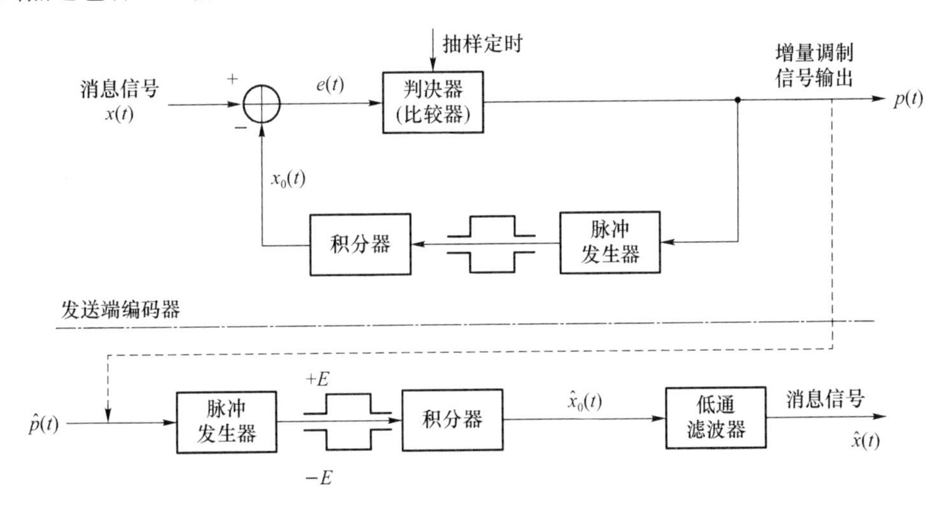

图 5-14 简单增量调制系统框图

无论是编码器中的积分器,还是译码器中的积分器,都可以利用 RC 电路实现。当这两种积分器都选用 RC 电路时,可以得到近似锯齿波的斜变电压,这时 RC 时间常数的选择应注意下面的情况:RC 越大,充放电的线性特性就越好,但当 RC 太大时,在 Δt 时间内上升(或下降)的量化阶就越小,因此,RC 的选择应适当,通常 RC 选择在$(15\sim30)\Delta t$ 范围内比较合适。

接收到增量调制信号 $\hat{p}(t)$以后,经过脉冲发生器将二进制码序列变换成全占空的双极性码,然后经过译码器(积分器)得到 $\hat{x}_0(t)$这个锯齿形波,再经过低通滤波器即可得到输出电压 $\hat{x}(t)$。

$\hat{p}(t)$与 $p(t)$的区别在于经过信道传输后有误码存在,进而造成 $\hat{x}_0(t)$与 $x_0(t)$存在差异。当然,如果不存在误码,$\hat{x}_0(t)$与 $x_0(t)$的波形就是完全相同的,即便如此,$\hat{x}_0(t)$经过低通滤波器以后也不能完全恢复出 $x(t)$,而只能恢复出 $\hat{x}(t)$,这是因为由量化引起了失真。$\hat{x}_0(t)$经过低通滤波器以后得到的 $\hat{x}(t)$不但包括量化失真,而且还包括误码失真。由此可见,简单增量调制系统的传输过程不仅包含量化噪声,而且还包含误码噪声,这一点是进行抗噪声性能分析的根据。

5.5.2 量化误差和过载特性

1. 量化误差

在分析 ΔM 系统量化噪声时，通常假设信道加性噪声很小，不造成误码。在这种情况下，ΔM 系统中的量化噪声有两种形式，一种是一般量化噪声，另一种则是过载量化噪声。

对于图 5-14 所示的量化过程，将本地译码器输出与输入的模拟信号作差运算，就可以得到量化误差 $e(t)$，具体计算方法为：$e(t)=x(t)-x_0(t)$，$e(t)$是一个随机过程。如果 $e(t)$的绝对值小于量化阶 σ，即 $|e(t)|=|x(t)-x_0(t)|<\sigma$，$e(t)$在$[-\sigma,\sigma]$范围内随机变化，这种噪声被称为一般量化噪声。

过载量化噪声（有时简称过载噪声）发生在模拟信号斜率陡变时，由于量化阶 σ 是固定的，而且每秒内台阶数也是确定的，因此，阶梯电压波形就有可能跟不上信号的变化，形成含很大失真的阶梯电压波形，这样的失真称为过载现象，具体情况如图 5-15(b)所示；如果无过载噪声产生，则模拟信号与阶梯波形之间的误差就是一般量化噪声，如图 5-15(a)所示。图 5-15 中的 $e(t)=x(t)-x_0(t)$，可以统称为量化噪声。

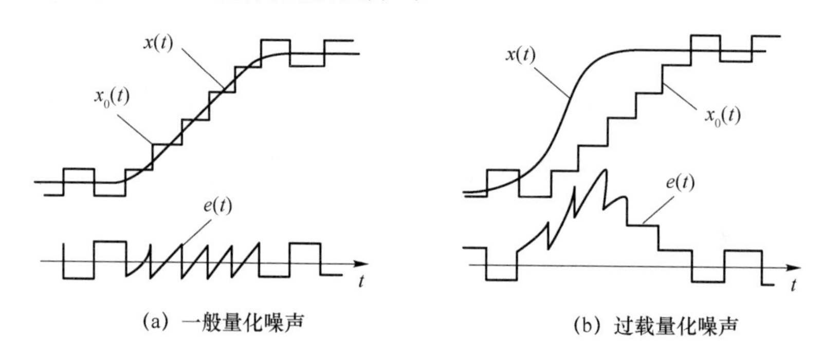

图 5-15　增量调制的量化噪声

2. 过载特性

当出现过载现象时，量化噪声将急剧增加。因此，在实际应用中要尽量防止出现过载现象。为此，需要对 ΔM 系统中的量化过程和系统的有关参数进行分析。设抽样时间间隔为 Δt（抽样频率 $f_s=1/\Delta t$），则上升或下降一个量化阶 σ，可以达到的最大斜率 K（这里仅考虑上升的情况）可以表示为

$$K=\frac{\sigma}{\Delta t}=\sigma f_s \tag{5-19}$$

这也是译码器的最大跟踪斜率。显然，当译码器的最大跟踪斜率大于或等于模拟信号 $x(t)$的最大变化斜率时，即

$$K=\frac{\sigma}{\Delta t}=\sigma f_s\geqslant\left|\frac{\mathrm{d}x(t)}{\mathrm{d}t}\right|_{\max} \tag{5-20}$$

译码器输出 $x'(t)$能够跟上输入信号 $x(t)$的变化，不会发生过载现象，因而不会形成很大的失真。但是，当信号实际斜率超过这个最大跟踪斜率时，则将产生过载噪声。为了不发生过载现象，则必须使 σ 和 f_s 的乘积达到一定的数值，以使信号实际斜率不会超过这个数值。因此，可以适当地增大 σ 和 f_s 来达到这个目的。

对于一般量化噪声，由图 5-15(a)不难看出，如果 σ 增大则量化噪声就会变大，σ 变小则量化噪声变小。采用大的 σ 虽然能减少过载噪声，但却增大了一般量化噪声。因此，σ 的值应适当选取，不能太大。

不过，对于 ΔM 系统而言，可以选择较高的抽样频率，这样既能减小过载噪声，又能进一步降低一般量化噪声，从而使 ΔM 系统的量化噪声减小到给定的允许数值。通常，ΔM 系统的抽样频率要比 PCM 系统的抽样频率高得多。

5.5.3 增量调制系统的抗噪性能

与 PCM 系统相同，增量调制系统的抗噪性能也从两个方面来讨论。

1. 量化信噪比

从前面的分析可知，量化噪声有两种，即一般量化噪声和过载量化噪声，由于实际应用都采用了防过载措施，因此，这里仅考虑一般量化噪声。

由图 5-15(a)可知，$e(t)$随时间在区间$[-\sigma,+\sigma]$内变化。假设它在此区间内均匀分布，则$e(t)$的概率分布密度为

$$f(e)=\frac{1}{2\sigma},\quad -\sigma\leqslant e\leqslant+\sigma \tag{5-21}$$

故 $e(t)$的平均功率可以表示为

$$E[e^2(t)]=\int_{-\sigma}^{+\sigma}e^2f(e)\mathrm{d}e=\frac{1}{2\sigma}\int_{-\sigma}^{+\sigma}e^2\mathrm{d}e=\frac{\sigma^2}{3} \tag{5-22}$$

假设这个功率的频谱均匀地分布在 0 到抽样频率 f_s 之间，即其功率谱密度 $P(f)$可以近似地表示为

$$P(f)=\frac{\sigma^2}{3f_s},\quad 0<f<f_s \tag{5-23}$$

因此，此量化噪声通过截止频率为 f_m 的低通滤波器之后，其功率为

$$N_q=P(f)f_m=\frac{\sigma^2}{3}\left(\frac{f_m}{f_s}\right) \tag{5-24}$$

由上式可以看出，此基本量化噪声功率只和量化阶 σ 与 f_m/f_s 有关，和输入信号的大小无关。

下面我们将讨论信号量化信噪比。首先来考虑信号功率，设输入信号为

$$m(t)=A\sin(\omega_k t) \tag{5-25}$$

式中，A 为振幅，ω_k 为角频率。则其斜率由下式决定：

$$\frac{\mathrm{d}m(t)}{\mathrm{d}t}=A\omega_k\cos(\omega_k t) \tag{5-26}$$

此斜率的最大值等于 $A\omega_k$。为了保证不发生过载现象，要求信号的最大斜率不超过译码器的最大跟踪斜率〔见式(5-20)〕。现在信号的最大斜率为 $A\omega_k$，所以要求

$$A\omega_k\leqslant\frac{\sigma}{T}=\sigma\cdot f_s \tag{5-27}$$

式(5-27)表明，保证不过载的临界振幅为

$$A_{max}=\frac{\sigma\cdot f_s}{\omega_k} \tag{5-28}$$

即临界振幅 A_{max}与量化阶 σ 和抽样频率 f_s 成正比，与信号角频率 ω_k 成反比。这个条件限制

了信号的最大功率。可导出这时的最大信号功率为

$$S_{max}=\frac{A_{max}^2}{2}=\frac{\sigma^2 f_s^2}{2\omega_k^2}=\frac{\sigma^2 f_s^2}{8\pi^2 f_k^2} \tag{5-29}$$

式中：$f_k=\frac{\omega_k}{2\pi}$。因此，最大信号量化信噪比可以由式(5-24)和式(5-29)求出：

$$\frac{S_{max}}{N_q}=\frac{\sigma^2 f_s^2}{8\pi^2 f_k^2}\left[\frac{3}{\sigma^2}\left(\frac{f_s}{f_m}\right)\right]=\frac{3}{8\pi^2}\left(\frac{f_s^3}{f_k^2 f_m}\right)\approx 0.04\frac{f_s^3}{f_k^2 f_m} \tag{5-30}$$

式(5-30)表明，最大信号量化信噪比和抽样频率 f_s 的三次方成正比，而和信号频率 f_k 的平方成反比。所以在增量调制系统中，提高抽样频率能显著增加信号量化信噪比。

2. 误码信噪比

误码产生的噪声功率计算起来比较复杂，因此，这里仅给出计算的思路和结论，详细的推导和分析请读者参阅有关资料。其计算的思路仍然结合图 5-14 中接收部分进行分析，首先求出积分器前面由误码引起的误码电压及由它产生的噪声功率和噪声功率谱密度，然后求出经过积分器以后的误码噪声功率谱密度，最后求出经过低通滤波器以后的误码噪声功率 N_e：

$$N_e=\frac{2\sigma^2 f_s P_e}{\pi^2 f_1} \tag{5-31}$$

式中，f_1 为低通滤波器低端截止频率，P_e 为系统误码率，结合式(5-29)可以求出误码信噪比为

$$\frac{S_0}{N_e}=\frac{f_1\cdot f_s}{16P_e\cdot f_k^2} \tag{5-32}$$

结合式(5-30)和式(5-32)可以得到总的误码信噪比为

$$\frac{S_0}{N_0}=\frac{S_0}{N_q+N_e}=\frac{3f_1 f_s^3}{8\pi^2 f_1 f_m f_k^2+48P_e f_s^2 f_k^2} \tag{5-33}$$

当误码率很小时，ΔM 系统的输出信噪比主要由量化信噪比决定。

5.5.4 PCM 系统和 ΔM 系统的比较

PCM 和 ΔM 都是模拟信号数字化的基本方法，有时把 PCM 和 ΔM 统称为脉冲编码。但应注意，PCM 是对样值本身进行编码，ΔM 是对相邻样值的差值极性(符号)进行编码，这是 ΔM 与 PCM 的本质区别。

1. 抽样速率

PCM 系统中的抽样速率 f_s 是根据抽样定理来确定的。若信号的最高频率为 f_m，则 $f_s\geqslant 2f_m$，对于语音信号，取 $f_s=8$ kHz。

在 ΔM 系统中传输的不是信号本身的样值，而是信号的增量(即斜率)，因此其抽样速率 f_s 不能根据抽样定理来确定，而是与最大跟踪斜率和信噪比有关。在保证不发生过载现象，达到与 PCM 相同的信噪比时，ΔM 的抽样速率远远高于奈奎斯特频率。

2. 带宽

ΔM 系统在每一次抽样时，只传送一位代码，因此 ΔM 系统的传码率为 $R_B=f_s$，要求的最小带宽为

$$B_{\Delta M}=\frac{1}{2}f_s \tag{5-34}$$

在实际应用时

$$B_{\Delta M}=f_s \tag{5-35}$$

而 PCM 系统的传码率为 $R_B=Nf_s$。在同样的语音质量要求下，假设信号最高频率为 $f_m=4$ kHz，抽样频率为 $f_s=8$ kHz，每个抽样值都采用 $N=8$ bit 量化，则 PCM 系统的传码率为 64 kbit，因而要求最小信道带宽为 32 kHz。而采用 ΔM 系统时，抽样速率至少为 100 kHz，则最小带宽为 50 kHz。通常，ΔM 系统的抽样速率为 32 kHz 或 16 kHz 时，语音质量不如 PCM 系统。

3. 量化信噪比

在相同的信道带宽（即相同的传码率 R_B）条件下，在低传码率时，ΔM 系统的性能优越；在编码位数多、高传码率时，PCM 系统的性能优越。这是因为 PCM 系统的量化信噪比(dB)为

$$\left(\frac{S_0}{N_q}\right)_{PCM}\approx 10\lg 2^{2N}\approx 6N \tag{5-36}$$

它与编码位数 N 成线性关系，如图 5-16 所示。

ΔM 系统的传码率为 $R_B=f_s$，PCM 系统的传码率为 $R_B=2Nf_m$。当 ΔM 系统和 PCM 系统的传码率相同时，有 $f_s=2Nf_m$，则 ΔM 系统的量化信噪比(dB)为

$$\left(\frac{S_0}{N_q}\right)_{\Delta M}\approx 10\lg\left[0.32N^3\left(\frac{f_m}{f_c}\right)^2\right] \tag{5-37}$$

它与编码位数 N 成对数关系，并与 f_m/f_c 有关。当取 $f_m/f_c=3\,000/1\,000$ 时，它与 N 的关系如图 5-16 所示。比较两曲线可以看出，若 PCM 系统的编码位数 $N<4$（传码率较低），ΔM 系统的量化信噪比高于 PCM 系统。

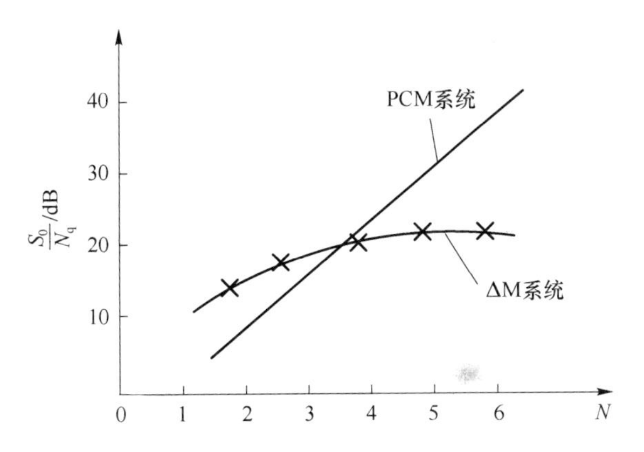

图 5-16　不同 n 值 PCM 系统与 ΔM 系统性能的比较曲线

4. 信道误码的影响

在 ΔM 系统中，每一个误码代表造成一个量化阶的误差，所以 ΔM 系统对误码不太敏感，故对误码率的要求较低，一般在$10^{-4}\sim10^{-3}$。而 PCM 系统的每一个误码都会造成较大的误差，尤其是高位码元，错一位可造成许多量化阶的误差（例如，最高位的错码会造成 2^{N-1} 个量化阶的误差）。所以误码对 PCM 系统的影响要比对 ΔM 系统严重些，故 PCM 系统对误码率的要求较高，一般为$10^{-6}\sim10^{-5}$。由此可见，ΔM 系统允许用于误码率较高的信道条件，这是 ΔM 系统与 PCM 系统的一个重要差异。

5. 设备复杂度

PCM 系统的特点是多路信号统一编码，一般采用 8 位编码(对语音信号)，编码设备复杂，但编码质量较好。PCM 系统一般用于大容量的干线(多路)通信。

ΔM 系统的特点是单路信号独用一个编码器，设备简单。在单路应用时，不需要收发同步设备。但在多路应用时，每路独用一套编译码器，所以路数增多时设备成本增加。ΔM 系统一般适用于小容量支线通信，话路增减方便灵活。

目前，随着集成电路的发展，ΔM 系统的优点已不再那么显著。在传输语音信号时，ΔM 系统在话音清晰度和自然度方面都不如 PCM 系统。因此，目前在通用的多路系统中很少用或不用 ΔM 系统，ΔM 系统一般用在通信容量小和质量要求不十分高的场合以及军事通信和一些特殊通信中。为了提高增量调制的质量和降低编码速率，一些改进方案出现了，例如“增量总和(Δ-Σ)”调制、压扩式自适应增量调制等，这里不再作介绍。

5.6 时分复用和多路数字电话系统

为了提高通信系统信道的利用率，语音信号的传输往往采用多路复用通信方式。这里所谓的多路复用通信方式通常是指：在一个信道上同时传输多路语音信号的技术，有时将这种技术简称为复用技术。复用技术有多种工作方式，例如频分复用、时分复用以及码分复用等。

时分复用建立在抽样定理的基础上。抽样定理使连续(模拟)的基带信号有可能被在时间上离散出现的抽样脉冲值所代替。这样，当抽样脉冲占据较短时间时，在抽样脉冲之间就留出了时间空隙，利用这种时间空隙便可以传输其他信号的抽样值。因此，这就有可能沿一条信道同时传送若干个基带信号。本节将在分析时分复用(TDM)技术的基础上，研究并说明 PCM 时分多路数字电话系统的原理和相关参数。

5.6.1 PAM 时分复用原理

为了便于分析时分复用技术的基本原理，这里假设有 3 路 PAM 信号进行时分复用，其具体实现方法如图 5-17 所示。

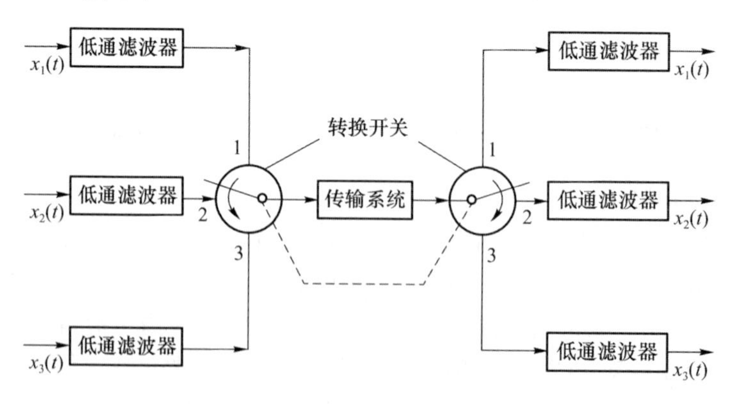

图 5-17　3 路 PAM 信号时分复用原理方框图

从图 5-17 中可以看出，各路输入信号首先通过相应的低通滤波器，变为带限信号，然后再进入抽样开关(或转换开关)，转换开关(电子开关)每间隔 T_s 将各路信号依次抽样一次，这样 3 个抽样值按先后顺序错开纳入抽样间隔 T_s 之内。合成的复用信号是 3 个抽样消息之和，如图 5-18 所示。由各个消息构成单一抽样的一组脉冲称为一帧，一帧中相邻两个抽样脉冲之间的时间间隔称为时隙，未能被抽样脉冲占用的时隙部分称为防护时间。

多路复用信号可以直接送入信道传输，或者送入调制器变换成适于信道传输的形式后再送入信道传输。

在接收端，合成的时分复用信号由转换开关依次送入各路相应的重建低通滤波器，恢复出原来的连续信号。在 TDM 中，发送端的转换开关和接收端的转换开关必须同步。所以在发送端和接收端都设有时钟脉冲序列来稳定开关时间，以保证两个时钟序列合拍。

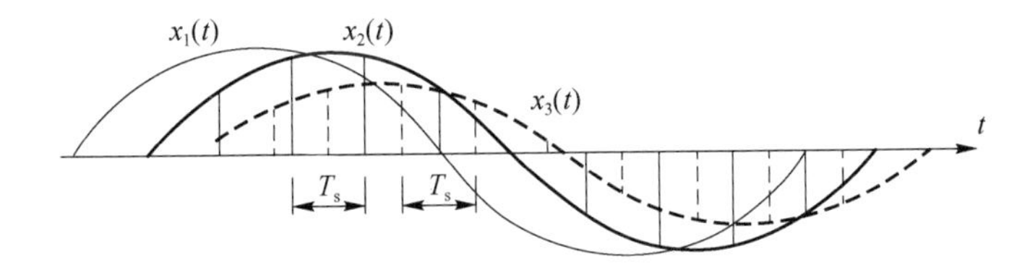

图 5-18　3 路时分复用合成波形

根据抽样定理可知，一个频带限制在 0～f_H 范围内的信号，最小抽样频率值为 $2f_H$，这时就可利用带宽为 f_H 的理想低通滤波器恢复出原始信号。对于频带都是 f_H 的 N 路复用信号，它们的独立抽样频率为 $2Nf_H$，如果将信道表示为一个理想的低通滤波器形式，则为了防止组合波形丢失信息，传输带宽必须满足 $B \geqslant Nf_H$。

5.6.2　时分复用的 PCM

PCM 和 PAM 的区别在于 PCM 要在 PAM 的基础上经过量化和编码，把 PAM 中的一个抽样值量化后编为 k 位二进制代码。图 5-19 所示为 3 路时分复用 PCM 原理方框图。图 5-19(a)所示为发送端原理方框图。语音信号经过放大和低通滤波后变为 $x_1(t)$、$x_2(t)$ 和 $x_3(t)$，再经过抽样变为 3 路 PAM 信号 $x_{s1}(t)$、$x_{s2}(t)$ 和 $x_{s3}(t)$，它们在时间上是分开的，由各路发送的定时抽样脉冲进行控制，然后将 3 路 PAM 信号一起进行量化和编码，每个 PAM 信号的抽样脉冲经量化后变为 k 位二进制代码。编码后的 PCM 代码经码型变换，变为适于信道传输的码型，最后经过信道传到接收端。

图 5-19(b)所示为接收端原理方框图。当接收端收到信码后，首先使其经过码型反变换，然后将其送入译码器进行译码。译码后得到的是 3 路合在一起的 PAM 信号，再通过分离电路把各路 PAM 信号区分开来，最后经过放大和低通滤波将其还原为语音信号。

时分复用的 PCM 的信号代码在每一个抽样周期内都有 Nk 个，这里 N 表示复用路数，k 表示每个抽样值编码的二进制码元位数。因此，二进制码元速率可以表示为 Nkf_s，也就是 $R_B = Nkf_s$。但实际码元速率要比 Nkf_s 大些。因为在 PCM 数据帧当中，除了语音信号的代码以外，还要加入同步码元、振铃码元和监测码元等。例如，在 32 路 PCM 系统中，如果只计语音信息码，它只有 30 路，因此，当 $f_s = 8$ kHz，$k = 8$ 时，语音信息的码元速率为 $R_B = 30 \times 8 \times 8\ 000 = 1\ 920$ kbit/s。但是，当考虑振铃码元和同步码元后 $R_B = 2\ 048$ kbit/s，也就是相当于 32 路。从不产生码间串扰的条件出发，这时所要求的最小信道带宽为 $B=R_B/2=(Nkf_s)/2$，在实际应用中带宽通常取 $B=Nkf_s$。

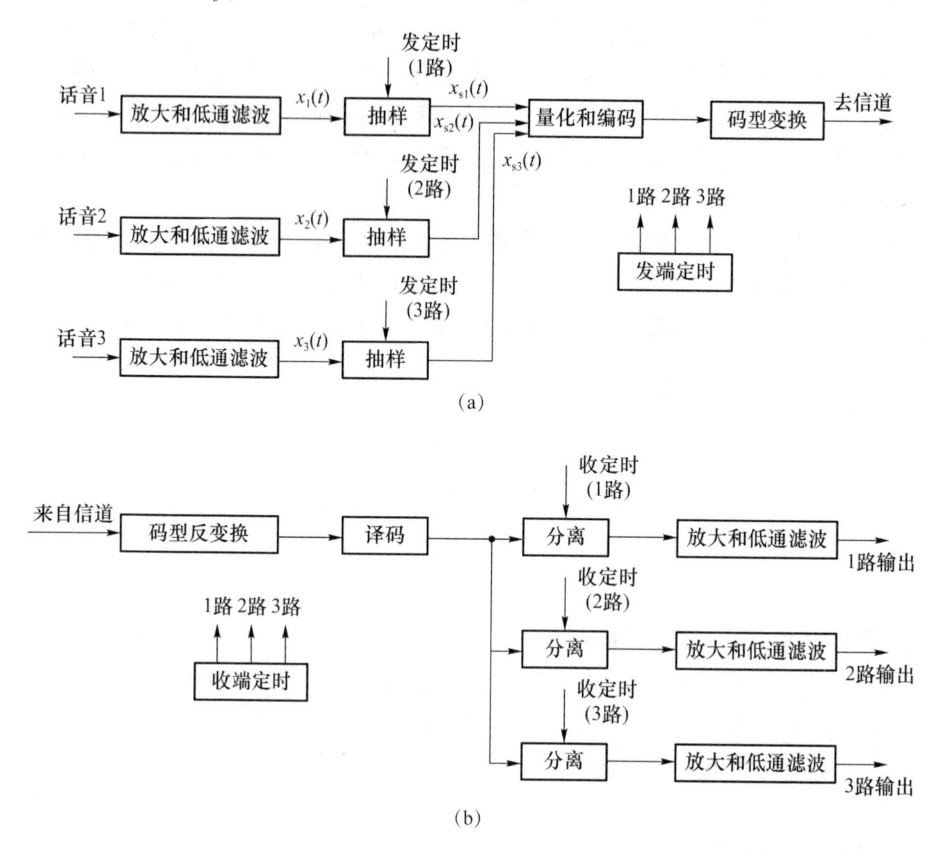

图 5-19　3 路时分复用 PCM 原理方框图

5.6.3　A 律 PCM30/32 基群帧结构

对于多路数字电话系统，国际上已建议的有两种标准化制式，即 PCM30/32 路（A 压缩律压扩特性）制式和 PCM24 路（μ 压缩律压扩特性）制式，并规定国际通信以 A 压缩律压扩特性为准（即以 PCM30/32 路制式为准），凡是两种制式的转换，其设备接口均由采用 μ 压缩律压扩特性的国家负责解决。我国规定采用 PCM30/32 路制式，其帧和复帧结构如图 5-20 所示。

从图 5-20 中可以看出，在 PCM30/32 路制式中，一个复帧由 16 帧组成；一帧由 32 个时隙组成；一个时隙包括 8 位码组。时隙 1～15 与 17～31（共 30 个时隙）用来作话路，传送语音信号，时隙 0（TS_0）是“帧定位码组”，时隙 16（TS_{16}）用于传送各话路的标志信号码。

从时间上讲，由于抽样频率为 8 000 Hz，因此，抽样周期为 1/8 000 Hz＝125 μs，这也就是 PCM30/32 的帧周期；一复帧由 16 个帧组成，这样复帧的周期为 2 ms；一帧内要时分复用 32 路，则每路占用的时隙为 125 μs/32≈3. 9 μs；每时隙包含 8 位码组，因此，每位码元约占 488 ns。

从传码率上讲，也就是每秒能传送 8 000 帧，而每帧包含 32×8 bit＝256 bit，因此，总码率为 256 bit/帧×8 000 帧/s＝2 048 kbit。对于每个话路来说，每秒要传输 8 000 个时隙，每个时隙为 8 bit,所以可得每个话路数字化后信息传输速率为 8×8 000 bit/s=64 kbit/s。

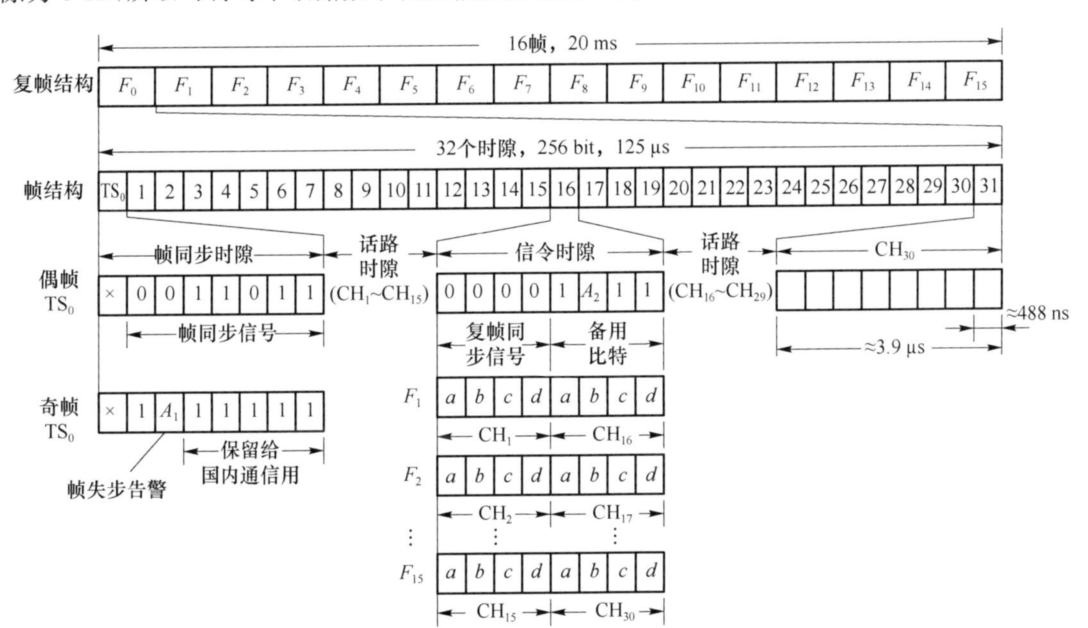

图 5-20 PCM30/32 路制式帧和复帧结构

从时隙比特分配上讲,在话路比特中,第 1 比特为极性码,第 2～4 比特为段落码,第 5～8 比特为段内码。对于 TS_0 和 TS_{16}时隙比特分配,下面将分别予以介绍。

- TS_0 时隙比特分配:为了使接收、发送两端严格同步,每帧都要传送一组特定标志的帧同步码组或监视码组。
- TS_{16}时隙比特分配:TS_{16}时隙用于传送各话路的标志信号码,标志信号码按复帧传输,即每隔 2 ms 传输一次,一个复帧有 16 个帧,即有 16 个“TS_{16}时隙”(8 位码组)。除了 F_0 之外,其余 F_1～F_{15}用来传送 30 个话路的标志信号。如图 5-20 所示,每帧 8 位码组可以传送 2 个话路的标志信号码,每路标志信号码占 4 bit,以 a、b、c、d 表示。TS_{16}时隙的 F_0 为复帧定位码组,其中第一至第四位是复帧定位码组本身,编码为“0000”,第六位用于复帧失步告警指示,失步为“1”,同步为“0”,其余 3 bit 为备用比特,如不用则为“1”。需要说明的是,标志信号码 a、b、c、d 不能全为“0”,否则就会和复帧定位码组混淆了。

目前我国和欧洲等国采用 PCM 系统,以 2 048 kbit/s 传输 30/32 路语音、同步和状态信息作为一次群。为了能使如电视等宽带信号通过 PCM 系统进行传输,就要求有较高的码率。而上述的 PCM 基群(或称一次群)显然不能满足要求,因此,PCM 高次群系统出现了。

在时分多路复用系统中,高次群是由若干个低次群通过数字复用设备汇总而成的。对于 PCM30/32 路系统来说,其基群的速率为 2 048 kbit/s,其二次群则由 4 个基群汇总而成,速率为 8 448 kbit/s,话路数为 4×30=120。对于速率更高、路数更多的三次群以上的系统,目前在国际上尚无统一的建议标准。作为一个例子,图 5-21 介绍了欧洲地区采用的各个高次群的速率和话路数。我国原邮电部也对 PCM 高次群做了规定,基本上和图 5-21 相似,区别只是我国只规定了一次群至四次群,没有规定五次群。

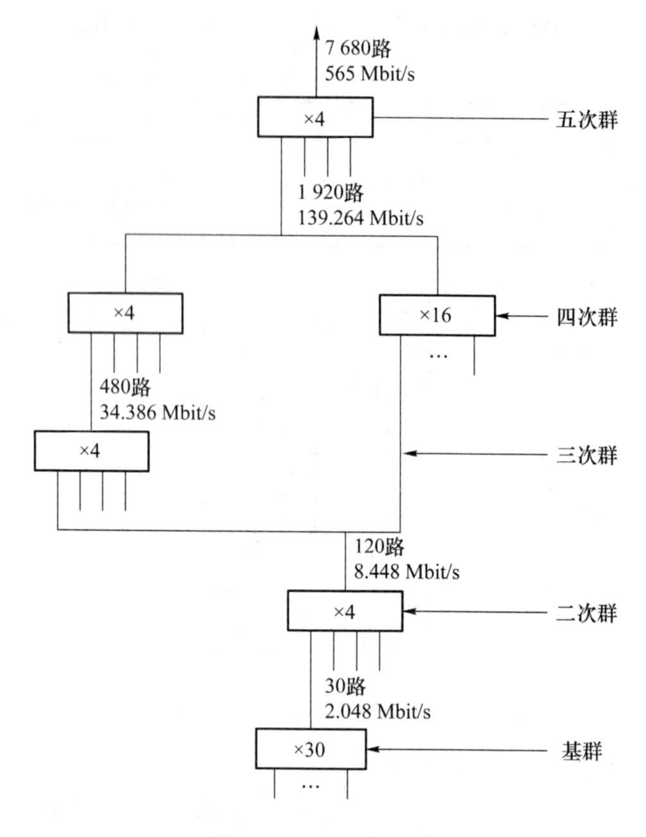

图 5-21　PCM 高次群

PCM 系统所使用的传输介质和传输速率有关。基群 PCM 的传输介质一般采用市话对称电缆，也可以采用市郊长途电缆。基群 PCM 可以传输电话、数据或 1 MHz 可视电话信号等。

二次群速率较高，需采用对称平衡电缆、低电容电缆或微型同轴电缆。二次群 PCM 可传送可视电话、会议电话或电视信号等。

三次群以上的传输需要采用同轴电缆或毫米波波导等，它可传送彩色电视信号。

目前传输介质向毫米波发展，其频率可高达 30～300 GHz。例如波导线路传输，速率可达几十吉比特/秒(Gbit/s)，可开通 30 万路 PCM 话路。采用光缆、卫星通信则可以得到更大的话路数量。

本章小结

① 本章讨论了模拟信号数字化的原理和基本方法。模拟信号数字化的目的是使模拟信号能够在数字通信系统中传输，特别是能够和其他数字信号在宽带综合业务数字通信网中同时传输。模拟信号数字化需要经过三个步骤，即抽样、量化和编码。

② 抽样的理论基础是抽样定理。抽样定理指出，对一个频带限制在 $0 \leqslant f < f_H$ 范围内的低通模拟信号进行抽样时，若抽样速率不小于奈奎斯特抽样速率 $2f_H$，则能够无失真地恢复原模拟信号。

③ 抽样信号的量化有两种方法，一种是均匀量化，另一种是非均匀量化。抽样信号量化后的量化误差又称为量化噪声。电话信号的非均匀量化可以有效地改善其信号量化信噪比。国际电信联盟(ITU)对电话信号制定了具有对数特性的非均匀量化标准建议，即 A 压缩律和 μ 压缩律。欧洲和我国采用 A 压缩律，北美、日本和其他一些国家和地区采用 μ 压缩律。13 折线法和 15 折线法的特性近似 A 压缩律和 μ 压缩律的特性。为了便于采用数字电路实现量化，通常采用 13 折线法和 15 折线法代替 A 压缩律和 μ 压缩律。

④ 量化后的模拟信号变成了数字信号。但是，为了适宜传输和存储，通常用编码的方法将其变成二进制信号的形式。电话信号常用的编码方式是 PCM 和 ΔM。

⑤ 模拟信号数字化后，变成了在时间上离散的脉冲信号。这就为时分复用提供了基本条件。时分复用的诸多优点使其成为目前主流的复用技术之一。

习　题

5-1　试述模拟信号抽样的定义。

5-2　试说明抽样时产生频谱混叠的原因。

5-3　试说明奈奎斯特抽样速率和奈奎斯特抽样间隔。

5-4　试说明量化信号的优点和缺点。

5-5　试说明信号量化信噪比的消除办法。

5-6　试说明增量调制系统中存在的量化噪声。

5-7　已知一低通信号 $m(t)$ 的频谱 $M(f)$ 为

$$M(f)=\begin{cases}1-\dfrac{|f|}{200}, & |f|<200\ \text{Hz}\\ 0, & \text{其他}\end{cases}$$

① 假设以 $f_s=300$ Hz 的速率对 $m(t)$ 进行理想抽样，试画出已抽样信号 $m_s(t)$ 的频谱草图。

② 若用 $f_s=400$ Hz 的速率进行抽样，重作上题。

5-8　已知一基带信号 $m(t)=\cos(2\pi t)+2\cos(4\pi t)$，对其进行理想抽样。

① 为了在接收端能不失真地从已抽样信号 $m_s(t)$ 中恢复 $m(t)$，试说明抽样间隔的选择要求。

② 若抽样间隔为 0.2 s，试画出已抽样信号的频谱图。

5-9　已知某信号 $m(t)$ 的频谱 $M(\omega)$ 如图 5-22(a)所示，使它通过传输函数为 $H_1(\omega)$ 的滤波器〔图 5-22(b)〕后再进行理想抽样。

① 试说明抽样速率的取值范围。

② 若抽样速率 $f_s=3f_1$，试画出已抽样信号 $m_s(t)$ 的频谱。

③ 接收端由 $m_s(t)$ 不失真地恢复 $m(t)$，求接收网络应具有的传输函数 $H_2(\omega)$。

5-10　已知信号 $m(t)=10\cos(20\pi t)\cos(200\pi t)$，以 250 次/s 的速率进行抽样。

① 试画出抽样信号的频谱图。

② 由理想低通滤波器从抽样信号中恢复 $m(t)$，试确定理想低通滤波器的截止频率。

③ 试求对 $m(t)$ 进行抽样的奈奎斯特速率。

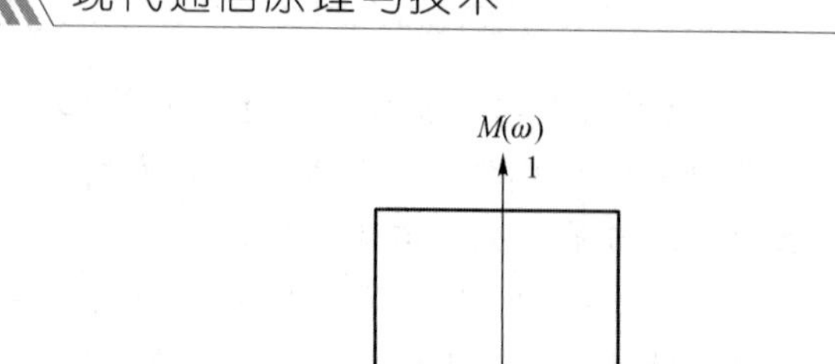

(a) 频谱

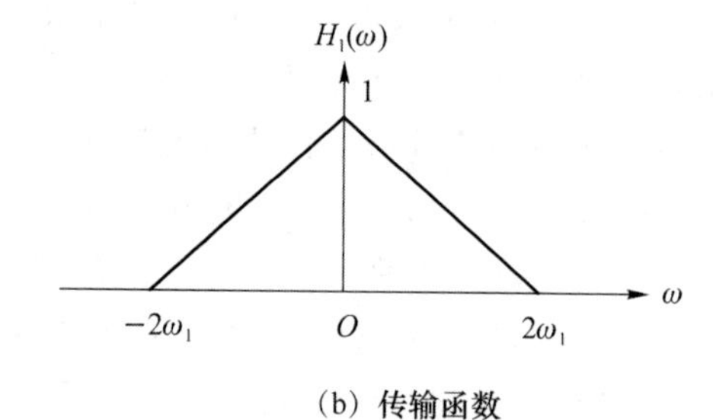

(b) 传输函数

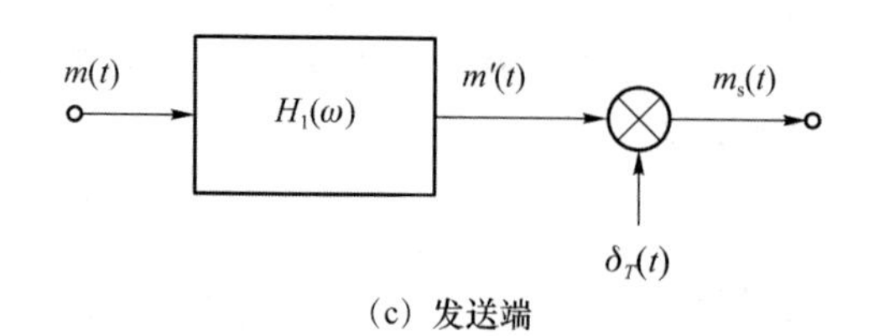

(c) 发送端

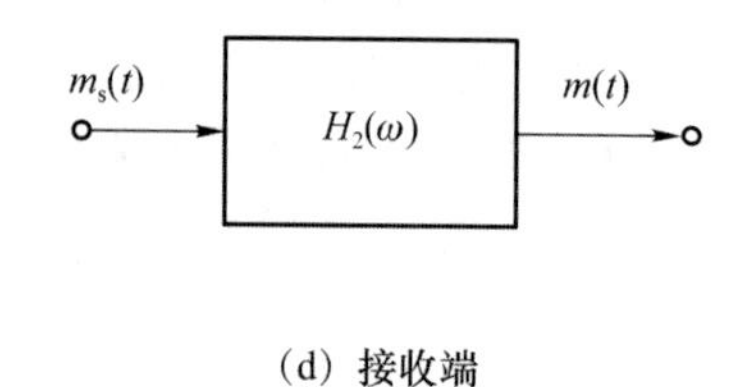

(d) 接收端

图 5-22 题 5-9 图

5-11 已知信号 $m(t)$ 的最高频率为 f_{m}，若用图 5-23 所示的 $q(t)$ 对 $m(t)$ 进行抽样，试确定已抽样信号频谱的表达式，并画出其示意图。（注：$m(t)$ 的频谱 $M(\omega)$ 的形状可自行假设）

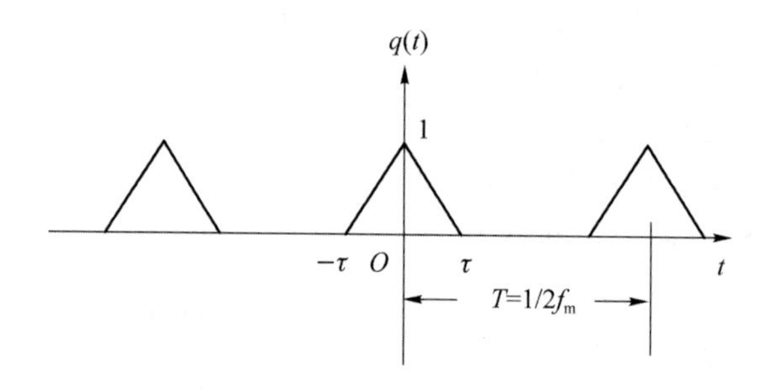

图 5-23 题 5-11 图

5-12 已知信号 $m(t)$ 的最高频率为 f_{m}，由矩形脉冲对 $m(t)$ 进行瞬时抽样，矩形脉冲的宽度为 2τ、幅度为 1，试确定已抽样信号及其频谱的表达式。

5-13 设输入抽样器的信号为门函数 $G_{\tau}(t)$，宽度 $\tau=20$ ms，若忽略其频谱第 10 个零点以外的频率分量，试求最小抽样频率。

5-14 设信号 $m(t)=9+A\cos(\omega t)$，其中 $A\leqslant 10$ V。$m(t)$ 被均匀量化，量化电平数为 40，试确定所需的二进制码组的位数 k 和量化间隔 Δv。

5-15 已知模拟信号抽样值的概率密度 $f(x)$ 如图 5-24 所示。若按 4 电平进行均匀量化，试计算信号量化信噪比。

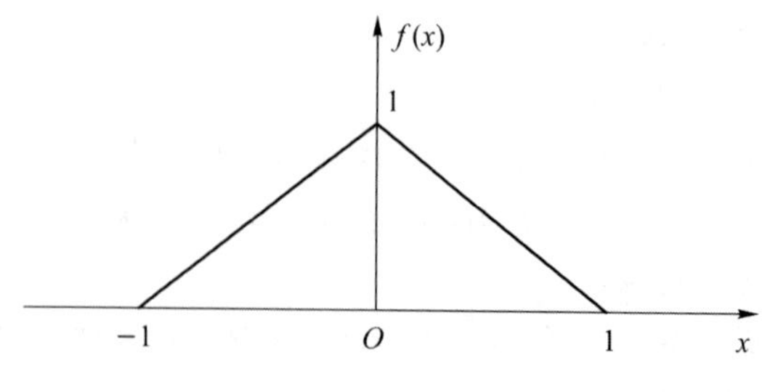

图 5-24 题 5-15 图

5-16 采用13折线A压缩律进行编码，设最小的量化间隔为1个量化单位，已知抽样脉冲值为-95量化单位。

① 试求此时编码器的输出码组，并计算量化误差。

② 试写出对应于该7位码(不包括极性码)的均匀量化11位码。

5-17 对信号$m(t)=M\sin(2\pi f_0 t)$进行简单增量调制，若台阶σ和抽样频率选择得既保证不过载，又保证不会因信号振幅太小而使增量调制器不能正常编码，试证明此时要求$f_s>\pi f_0$。

5-18 对10路带宽均为300～3 400 Hz的模拟信号进行PCM时分复用传输。设抽样速率为8 000 Hz，抽样后进行8级量化，并编为自然二进制码，码元波形是宽度为τ的矩形脉冲，且占空比为1。试求传输此时分复用PCM信号所需的奈奎斯特基带带宽。

5-19 一单路话音信号的最高频率为4 kHz，抽样频率为8 kHz，以PCM方式进行传输。设传输信号的波形为矩形脉冲，其宽度为τ，且占空比为1。

① 若抽样后信号按8级量化，试求PCM基带信号频谱的第一零点频率。

② 若抽样后信号按128级量化，试求PCM二进制基带信号的第一零点频率。

5-20 已知话音信号的最高频率为$f_m=3\ 400$ Hz，今用PCM系统进行传输，要求信号量化信噪比S_0/N_q不低于30 dB，试求此PCM系统所需的奈奎斯特基带频宽。

第6章 数字基带传输技术

第1章曾指出，与模拟通信相比，数字通信具有许多优良的特性，它的主要缺点就是设备复杂并且需要较大的传输带宽。近年来，随着大规模集成电路的出现，数字通信的设备复杂程度和技术难度大大降低，同时高效的数据压缩技术以及光纤等大容量传输介质的使用正逐步使带宽问题得到解决。因此，数字传输方式日益受到人们的欢迎。

数字通信系统可分为数字基带传输系统和数字频带传输系统。两者的主要区别在于是否存在载波调制和解调装置。在实际使用的数字通信系统中基带传输没有频带传输那样应用广泛，但：

- 利用对称电缆构成的近程数据通信系统广泛采用了这种传输方式；
- 频带传输系统同样存在着基带信号传输问题；
- 如果把调制与解调过程看作广义信道的一部分，则任何数字通信系统均可等效为数字基带传输系统。

本章在信号波形、传输码型及其频谱特性分析的基础上，重点研究如何设计基带传输总特性，以消除码间干扰；如何有效地减小信道加性噪声的影响，以提高系统抗噪声性能，最后介绍一种利用实验手段直观估计系统性能的方法——眼图。

本章学习目标

- 掌握数字基带信号的常用码型和基带信号的功率谱特性。
- 理解数字基带传输系统码间干扰的原因、无码间干扰的条件和码间干扰的解决方法，以及数字基带传输系统的抗噪声性能。
- 了解眼图原理及其应用。

6.1 数字基带信号

所谓数字基带信号，就是消息代码的电脉冲表示——电波形。在实际数字基带传输系统中，并非所有的原始数字基带信号都能在信道中传输。例如，含有丰富直流和低频成分的数字基带信号就不适宜在信道中传输，因为它有可能造成信号严重畸变；再如，一般数字基带传输系统都是从接收到的基带信号中提取位同步信号，而位同步信号却又依赖于代码的码型，如果代码出现长时间的连"0"符号，则数字基带信号可能会长时间出现零电位，从而使位同步恢复系统难以保证位同步信号的准确性。实际的数字基带传输系统还可能提出其他要求，从而导致对数字基带信号也存在各种可能的要求。归纳起来，对传输用的数字基带信号的要求主要有两点：一是对各种代码的要求，期望将原始信息符号编制成适于传输用的码型；二是对所选码型电波形的要求，期望电波形适于在信道中传输。前一问题称为传输码型的选择，后一问题称为基带脉冲的选择。这是两个既彼此独立又相互联系的问题，也是基带传输原理中十分重要的两个问题。本节讨论前一问题，后一问题将在后面章节中讨论。

6.1.1 数字基带信号概述

为了分析消息在数字基带传输系统中的传输过程，先分析数字基带信号及其频谱特性是必要的。

数字基带信号（以下简称"基带信号"）的类型是举不胜举的。现以由矩形脉冲组成的基带信号为例，介绍几种基本的基带信号波形。

1. 单极性波形

设消息代码由二进制符号"0""1"组成，则单极性波形的基带信号可用图 6-1(a)表征。这里，基带信号的 0 电位及正电位分别与二进制符号"0"及"1"一一对应。容易看出，这种信号在一个码元时间内，不是有电压（或电流），就是无电压（或电流），电脉冲之间无间隔，极性单一。该波形经常在近距离传输时（比如在印制板内或相近印制板之间传输）被采用。

2. 双极性波形

如图 6-1(b)所示，它用正、负电平的脉冲分别表示二进制代码"1"和"0"。因其正、负电平的幅度相等、极性相反，故当"1"和"0"等概率出现时无直流分量。这种波形有利于在信道中传输，并且在接收端恢复信号的判决电平为零值，因而这种波形不受信道特性变化的影响，抗干扰能力较强。ITU-T（国际电信联盟电信标准分局）制定的 V. 24 接口标准和美国电子工作协会（EIA）制定的 RS-232C 接口标准均采用双极性波形。

3. 单极性归零波形

所谓单极性归零（Return-to-Zero，RZ）波形是指它的有电脉冲宽度 τ 小于码元宽度 T_s，即信号电压在一个码元终止时刻前总要回到零电平，如图 6-1(c)所示。通常，单极性归零波形使用半占空码，即占空比 τ/T_s 为 50%，从单极性 RZ 波形中可以直接提取定时信息，它是其他码型提取位同步信息时常采用的一种过渡波形。

与归零波形相对应，上面的单极性波形和双极性波形属于非归零（Non-Return-to-Zero，NRZ）波形，其占空比 $\tau/T_s=100\%$。

4. 双极性归零波形

它是双极性波形的归零形式，如图 6-1(d)所示。它兼有双极性波形和单极性归零波形的特点。它的相邻脉冲之间存在零电位的间隔，使得接收端很容易识别出每个码元的起止时刻，从而使收发双方能保持正确的位同步。这一优点使双极性归零波形得到了一定的应用。

5. 差分波形

这种波形是用相邻码元的电平跳变和不变来表示消息代码的，而与码元本身的电位或极性无关，如图 6-1(e)所示。图 6-1(e)中，以电平跳变表示“1”，以电平不变表示“0”，当然上述规定也可以反过来。由于差分波形是以相邻脉冲电平的相对变化来表示代码的，因此也称为相对码波形，而相应地称前面的单极性波形和双极性波形为绝对码波形。用差分波形传送代码可以消除设备初始状态的影响，特别是在相位调制系统(参见第 7 章)中可用于解决载波相位模糊问题。

6. 多电平波形

上述波形的电平取值只有两种，即一个二进制码对应一个脉冲。为了提高频带利用率，可以采用多电平波形(或称多值波形)。例如，图 6-1(f)给出了一个四电平波形(两个比特用四级电平中的一级表示)，其中“11”对应“$-3E$”，“10”对应“$-E$”，“00”对应“$+3E$”，“01”对应“$+E$”。由于多电平波形的一个脉冲对应多个二进制码，在波特率相同(传输带宽相同)的条件下，比特率提高了，因此多电平波形在频带受限的高速数据传输系统中得到了广泛应用。

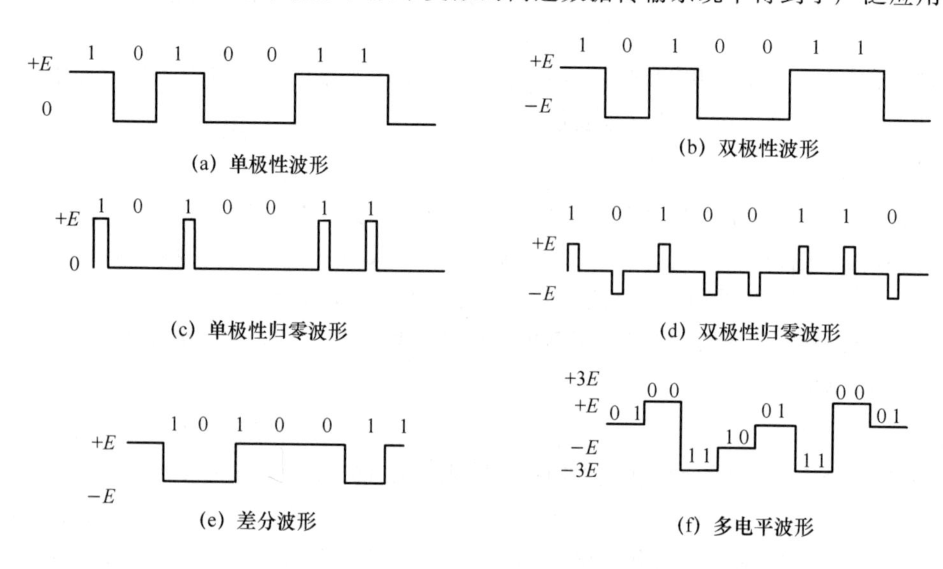

(a) 单极性波形　(b) 双极性波形　(c) 单极性归零波形　(d) 双极性归零波形　(e) 差分波形　(f) 多电平波形

图 6-1　几种基本的基带信号波形

需要指出的是，表示信息码元的单个脉冲的波形并非一定是矩形的。根据实际需要和信道情况，表示信息码元的单个脉冲还可以是高斯脉冲、升余弦脉冲等其他形式。但无论采用什么形式的波形，数字基带信号都可用数学式表示出来。若表示各码元的波形相同而电平取值不同，则数字基带信号可表示为

$$s(t) = \sum_{n=-\infty}^{\infty} a_n g(t - nT_s) \tag{6-1}$$

式中：a_n 为第 n 个码元所对应的电平值(0、+1 或 −1、+1 等)；T_s 为码元持续时间；$g(t)$为某种脉冲波形。

由于 a_n 是一个随机量，因而在实际中遇到的基带信号 $s(t)$都是一个随机的脉冲序列。一般情况下，数字基带信号可表示为

$$s(t) = \sum_{n=-\infty}^{\infty} s_n(t) \tag{6-2}$$

其中，$s_n(t)$可以有 n 种不同的脉冲波形。

6.1.2 数字基带信号的功率谱

从传输的角度研究基带信号的频谱结构是十分必要的。通过频谱分析，可以确定信号需要占据的频带宽度，还可以获得信号谱中的直流分量、位定时分量、主瓣宽度和频谱滚降衰减速度等信息。这样，可以针对信号谱的特点来选择相匹配的信道，或者说根据信道的传输特性来选择适合的信号形式或码型。

由于数字基带信号是一个随机脉冲序列，没有确定的频谱函数，所以只能用功率谱来描述它的频谱特性。由随机过程的相关函数去求功率谱密度的方法就是一种典型的分析广义平稳随机过程的方法。这里，我们准备介绍另一种比较简明的方法，这种方法以随机过程功率谱的原始定义为出发点，求出数字随机序列的功率谱公式。

设一个二进制的随机脉冲序列如图 6-2 所示。其中，$g_1(t)$和 $g_2(t)$分别表示消息码“0”和“1”，T_s 为码元宽度。应当指出，图 6-2 虽然把 $g_1(t)$和 $g_2(t)$都画成了三角波（高度不同），但在实际中 $g_1(t)$和 $g_2(t)$可以是任意形状的脉冲。

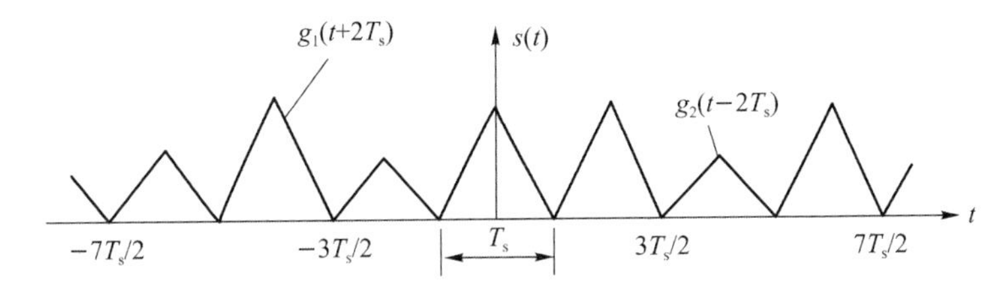

图 6-2 随机脉冲序列示意波形

设序列中任一码元时间 T_s 内 $g_1(t)$和 $g_2(t)$出现的概率分别为 P 和 $1-P$，且认为它们的出现是统计独立的，则该序列可表示为

$$s(t)=\sum_{n=-\infty}^{\infty}s_n(t) \tag{6-3}$$

其中

$$s_n(t)=\begin{cases}g_1(t-nT_s), & \text{以概率 } P \text{ 出现}\\ g_2(t-nT_s), & \text{以概率 } 1-P \text{ 出现}\end{cases} \tag{6-4}$$

研究由式(6-3)、式(6-4)所确定的随机脉冲序列的功率谱密度，要用到概率论与随机过程的有关知识。可以证明，随机脉冲序列 $s(t)$的双边功率谱 $P_s(f)$为

$$P_s(f)=f_sP(1-P)\left|G_1(f)-G_2(f)\right|^2+\sum_{m=-\infty}^{\infty}\left|f_s[PG_1(mf_s)+(1-P)G_2(mf_s)]\right|^2\delta(f-mf_s) \tag{6-5}$$

上式为双边功率谱密度表达式。如果写成单边的，则有

$$P_s(f)=2f_sP(1-P)\left|G_1(f)-G_2(f)\right|^2+2\sum_{m=0}^{\infty}\left|f_s[PG_1(mf_s)+(1-P)G_2(mf_s)]\right|^2\delta(f-mf_s) \tag{6-6}$$

式中：$f_s=1/T_s$ 为码元速率；T_s 为码元宽度（持续时间），$G_1(f)$、$G_2(f)$分别为 $g_1(t)$、$g_2(t)$的傅里叶变换，m 为整数。

由式(6-5)可以得到以下结论。

① 二进制随机脉冲序列的功率谱 $P_s(f)$ 可能包含连续谱(第一项)和离散谱(第二项)。

② 连续谱总是存在的,这是因为代表数据信息的 $g_1(t)$ 和 $g_2(t)$ 波形不能完全相同,故有 $G_1(f) \neq G_2(f)$。连续谱的形状取决于 $g_1(t)$、$g_2(t)$ 的频谱以及其出现的概率 P。

③ 离散谱是否存在,取决于 $g_1(t)$ 和 $g_2(t)$ 的波形及其出现的概率 P。一般情况下,它总是存在的,但对于双极性信号 $g_1(t)=-g_2(t)=g(t)$,当概率 $P=1/2$(等概)等情况时,则没有离散分量 $\delta(f-mf_s)$。根据离散谱可以确定随机序列是否有直流分量和定时分量。

【例 6-1】 求单极性 NRZ 和 RZ 矩形脉冲序列的功率谱。

解: 对于单极性波形,若设 $g_1(t)=0$,$g_2(t)=g(t)$,则由式(6-5)可得到由其构成的随机脉冲序列的双边功率谱密度,即

$$P_s(f) = f_s P(1-P)|G(f)|^2 + \sum_{m=-\infty}^{\infty} |f_s[(1-P)G(mf_s)]|^2 \delta(f-mf_s) \quad (6\text{-}7)$$

当 $P=1/2$ 时,式(6-7)可简化为

$$P_s(f) = \frac{1}{4} f_s |G(f)|^2 + \frac{1}{4} f_s^2 \sum_{m=-\infty}^{\infty} |G(mf_s)|^2 \delta(f-mf_s) \quad (6\text{-}8)$$

① 若表示"1"码的波形 $g_2(t)=g(t)$ 为不归零(NRZ)矩形脉冲,即

$$g(t)=\begin{cases}1, & |t| \leqslant \dfrac{T_s}{2} \\ 0, & \text{其他}\end{cases}$$

其频谱函数为

$$G(f)=T_s\left(\frac{\sin(\pi f T_s)}{\pi f T_s}\right)=T_s \mathrm{Sa}(\pi f T_s)$$

当 $f=mf_s$ 时,$G(mf_s)$ 的取值情况为:当 $m=0$ 时,$G(0)=T_s\mathrm{Sa}(0)\neq 0$,因此式(6-8)中有直流分量 $\delta(f)$;当 m 为不等于零的整数时,$G(mf_s)=T_s\mathrm{Sa}(n\pi)=0$,故式(6-8)中的离散谱为零,因而无定时分量 $\delta(f-f_s)$。这时,式(6-8)变成

$$P_s(f)=\frac{1}{4} f_s T_s^2 \left[\frac{\sin(\pi f T_s)}{\pi f T_s}\right]^2+\frac{1}{4}\delta(f)=\frac{T_s}{4}\mathrm{Sa}^2(\pi f T_s)+\frac{1}{4}\delta(f) \quad (6\text{-}9)$$

② 若表示"1"码的波形 $g_2(t)=g(t)$ 为半占空归零矩形脉冲,即脉冲宽度 $\tau=T_s/2$,其频谱函数为

$$G(f)=\frac{T_s}{2}\mathrm{Sa}\left(\frac{\pi f T_s}{2}\right)$$

当 $f=mf_s$ 时,$G(mf_s)$ 的取值情况为:当 $m=0$ 时,$G(0)=T_s\mathrm{Sa}(0)/2\neq 0$,因此式(6-8)中有直流分量;当 m 为奇数时,$G(mf_s)=\dfrac{T_s}{2}\mathrm{Sa}\left(\dfrac{m\pi}{2}\right)\neq 0$,此时有离散谱,因而有定时分量(当 $m=1$ 时),$G(mf_s)=\dfrac{T_s}{2}\mathrm{Sa}\left(\dfrac{m\pi}{2}\right)=0$,此时无离散谱。这时,式(6-8)变成

$$P_s(f) = \frac{T_s}{16}\mathrm{Sa}^2\left(\frac{\pi f T_s}{2}\right)+\frac{1}{16}\sum_{m=-\infty}^{\infty}\mathrm{Sa}^2\left(\frac{m\pi}{2}\right)\delta(f-mf_s)$$

单极性 NRZ 和 RZ 信号的功率谱密度分别如图 6-3(a)中的实线和虚线所示。

【例 6-2】 求双极性 NRZ 和 RZ 矩形脉冲序列的功率谱。

解: 对于双极性波形,若设 $g_1(t)=-g_2(t)=g(t)$,则由式(6-5)可得

$$P_s(f) = 4f_s P(1-P)|G(f)|^2 + \sum_{m=-\infty}^{\infty} |f_s[(2P-1)G(mf_s)]|^2 \delta(f-mf_s) \quad (6\text{-}10)$$

当等概($P=1/2$)时,式(6-10)变为

$$P_s(f)=f_s\left|G(f)\right|^2 \tag{6-11}$$

① 若 $g(t)$是高度为 1 的双极性 NRZ 矩形脉冲,那么式(6-11)可写成

$$P_s(f)=T_s\mathrm{Sa}^2(\pi f T_s) \tag{6-12}$$

② 若 $g(t)$是高度为 1 的半占空双极性 RZ 矩形脉冲,则有

$$P_s(f)=\frac{T_s}{4}\mathrm{Sa}^2\left(\frac{\pi}{2}fT_s\right) \tag{6-13}$$

双极性 NRZ 和 RZ 信号的功率谱密度曲线如图 6-3(b)中的实线和虚线所示。

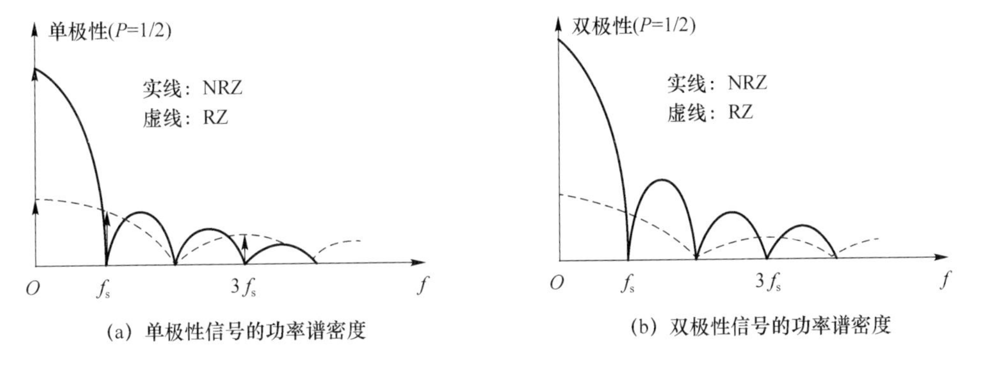

(a) 单极性信号的功率谱密度　　(b) 双极性信号的功率谱密度

图 6-3　二进制基带信号的功率谱密度

从以上两例可以看出:

① 二进制基带信号的带宽主要依赖单个码元波形的频谱函数 $G_1(f)$和 $G_2(f)$。波形的占空比越小,占用的频带越宽。若以谱的第 1 个零点计算,NRZ($\tau=T_s$)信号的带宽为 $B_s=1/\tau=f_s$,RZ($\tau=T_s/2$)信号的带宽为 $B_s=1/\tau=2f_s$。其中 $f_s=1/T_s$ 是位定时信号的频率,它在数值上与码元速率 R_B 相等。

② 单极性信号是否存在离散谱取决于矩形脉冲的占空比。单极性 NRZ 信号没有定时分量,若想获取定时分量,要进行波形变换;单极性 RZ 信号含有定时分量,可以直接提取它。"0""1"等概的双极性信号没有离散谱,也就是说没有直流分量和定时分量。

综上分析,研究随机脉冲序列的功率谱是十分有意义的。一方面可以根据它的连续谱来确定序列的带宽;另一方面根据它的离散谱是否存在这一特点,明确能否从脉冲序列中直接提取定时分量,以及采用怎样的方法可以从基带脉冲序列中获得所需的离散分量。这一点在研究位同步、载波同步等问题时是十分重要的。

6.2　基带传输的常用码型

在实际的数字基带传输系统中,并不是所有的基带波形都适合在信道中传输。例如,含有丰富直流和低频分量的单极性基带波形就不适宜在低频传输特性差的信道中传输,因为这有可能造成信号严重畸变。又如,当消息代码包含长串的连续"1"或"0"符号时,非归零波形呈现出连续的固定电平,因而无法获取定时信息。单极性归零码在传送连续的"0"符号时,也存在同样的问题。因此,对传输用的基带信号主要有以下两个方面的要求。

① 对代码的要求:原始消息代码必须编成适于传输用的码型。

② 对所选码型电波形的要求：电波形应适于基带系统的传输。

前者属于传输码型的选择，后者属于基带脉冲的选择。这是两个既独立又有联系的问题。本节先讨论传输码型的选择问题，后一问题将在以后讨论。

6.2.1 传输码型选择原则

传输码(或称线路码)的结构取决于实际信道特性和系统工作的条件。在选择传输码型时，一般应考虑以下原则：

① 不含直流分量，且低频分量尽量少；

② 应含有丰富的定时信息，以便于从接收码流中提取定时信号；

③ 功率谱主瓣宽度窄，以节省传输频带；

④ 不受信息源统计特性的影响，即能适应信息源的变化；

⑤ 具有内在的检错能力，即码型应具有一定的规律性，以便利用这一规律性进行宏观监测；

⑥ 编译码简单，以降低通信延时和成本。

满足或部分满足以上特性的传输码种类很多，下面将介绍目前常用的几种。

6.2.2 几种常用的传输码型

1. AMI 码

AMI(Alternative Mark Inversion)码的全称是传号交替反转码，其编码规则是将消息码的“1”(传号)交替地变换为“+1”和“−1”，而“0”(空号)保持不变。例如：

消息码： 1 0 0 1 1 0 0 0 0 0 0 0 1 1 0 0 1 1 …

AMI 码：+1 0 0 −1 +1 0 0 0 0 0 0 0 −1 +1 0 0 −1 +1 …

AMI 码对应的波形是具有正、负、零三种电平的脉冲序列。它可以看成单极性波形的变形，即“0”仍对应零电平，而“1”交替对应正、负电平。

AMI 码的优点是：没有直流成分，且高、低频分量少，能量集中在频率为 1/2 码速处(见图 6-4)；编解码电路简单，且可利用传号极性交替这一规律观察误码情况；如果它的波形是 AMI-RZ 波形，接收后只要经过全波整流，就可变为单极性 RZ 波形，从中可以提取位定时分量。鉴于上述优点，AMI 码成为较常用的传输码型之一。

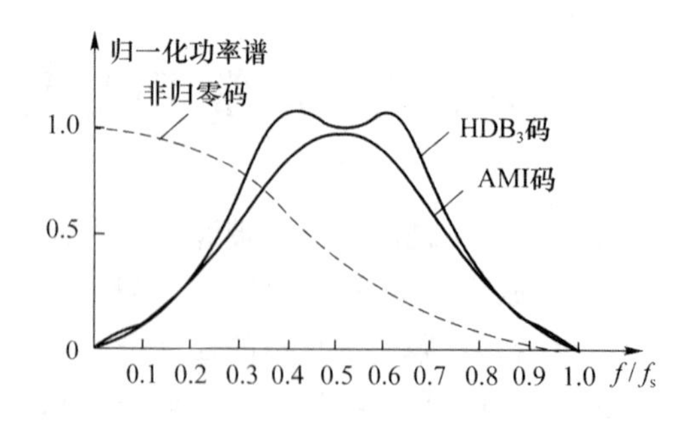

图 6-4 AMI 码和 HDB_3 码的功率谱

AMI码的缺点是，当原信码出现长连“0”码时，信号的电平长时间不跳变，会造成提取定时信号的困难。解决连“0”码问题的有效方法之一是采用 HDB_3 码。

2. HDB_3 码

HDB_3（3nd Order High Density Bipolar）码的全称是三阶高密度双极性码。它是AMI码的一种改进型，改进目的是保持AMI码的优点而克服其缺点，使连“0”码的数目不超过3个。其编码规则是：

① 检查消息码中“0”的个数。当连“0”的数目小于等于3时，HDB_3 码与AMI码一样，+1与−1交替。

② 当出现4个或4个以上连“0”码时，则将每4个连“0”小段的第4个“0”变换成“非0”码。这个由“0”码改变来的“非0”码称为破坏符号 V，而原来的二进制码元序列中所有的“1”码称为信码，用 B 表示。当信码序列中加入破坏符号以后，信码 B 与破坏符号 V 的正负必须满足如下两个条件：

a. B 码和 V 码各自都应始终保持极性交替变化的规律，以便确保编好的码中没有直流成分；

b. V 码必须与前一个码（信码 B）同极性，以便和正常的AMI码区分开来。如果这个条件得不到满足，那么应该在4个连“0”码的第一个“0”码位置上加一个与 V 码同极性的补信码 B'，并做调整，使 B 码和 B' 码合起来保持条件a中信码（含 B 及 B'）极性交替变换的规律。例如：

消息码：	1	0	0	0	0	1	0	0	0	0	1	1	0	0	0	0	1	1
AMI码：	−1	0	0	0	0	+1	0	0	0	0	−1	+1	0	0	0	0	−1	+1
加 V：	−1	0	0	0	$-V$	+1	0	0	0	$+V$	−1	+1	0	0	0	$-V$	−1	+1
加 B' 并调整 B 及 B' 的极性：																		
	−1	0	0	0	$-V$	+1	0	0	0	$+V$	−1	+1	$-B'$	0	0	$-V$	+1	−1
HDB_3 码：	−1	0	0	0	−1	+1	0	0	0	+1	−1	+1	−1	0	0	−1	+1	−1

其中的 $\pm V$ 脉冲和 $\pm B$ 脉冲与 ± 1 脉冲波形相同，用 V 或 B 符号表示的目的是示意该非“0”码是由原信码的“0”变换而来的。

HDB_3 码的编码虽然比较复杂，但解码却比较简单。从上述编码规则可以看出，每一个破坏脉冲 V 总是与前一非“0”脉冲同极性（包括 B 在内）。这就是说，从收到的符号序列中可以容易地找到破坏点 V，于是可断定 V 符号及其前面的3个符号必是连“0”符号，从而恢复4个连“0”码，再将所有的−1变成+1后便可得到原消息代码。

HDB_3 码除了具有AMI码的优点外，同时还将连“0”码限制在3个以内，使得接收时能保证定时信息的提取。因此，HDB_3 码是目前应用最为广泛的码型之一，A 压缩律PCM四次群以下的接口码型均为 HDB_3 码。

在上述AMI码、HDB_3 码中，每位二进制码都被变换成一位三电平取值（+1，0，−1）的码，因此也称这类码为1B1T码，即1位二进制码（binary）变换为1位三进制码（ternary）。

3. 双相码

双相码又称曼彻斯特（Manchester）码。它用一个周期的正负对称方波表示“0”，而用其反相波形表示“1”。编码规则之一是：“0”码用“01”两位码表示，“1”码用“10”两位码表示。例如：

消息码：　1　1　0　0　1　0　1

双相码：　10　10　01　01　10　01　10

双相码波形是一种双极性 NRZ 波形，只有极性相反的两个电平。它在每个码元间隔的中心点都存在电平跳变，所以含有丰富的位定时信息，且没有直流分量，编码过程也简单。其缺点是占用带宽加倍，使频带利用率降低。

双相码适用于在数据终端设备上近距离传输，局域网常采用该码作为传输码型。

4. 差分双相码

为了解决双相码因极性反转而引起的译码错误，可以采用差分双相码。双相码利用每个码元持续时间中间的电平跳变进行同步和信码表示（由负到正的跳变表示二进制“0”，由正到负的跳变表示二进制“1”）。而在差分双相码编码中，每个码元中间的电平跳变用于同步，而通过每个码元的开始处是否存在额外的跳变来确定信码，有跳变则表示二进制“1”，无跳变则表示二进制“0”。该码在局域网中常被采用。

5. 密勒码

密勒（Miller）码又称延迟调制码，它是双相码的一种变形。它的编码规则如下。“1”码用码元中心点出现跃变来表示，即用“10”或“01”表示。“0”码有两种情况：单个“0”码时，在码元持续时间内不出现电平跃变，且在相邻码元的边界处也不跃变；连“0”码时，在两个“0”码的边界处出现电平跃变，即“00”与“11”交替。

为了便于理解，图 6-5(a)和图 6-5(b)给出了代码序列为 11010010 时，双相码和密勒码的波形。由图 6-5(b)可见，若两个“1”码中间有一个“0”码，密勒码波形中出现最大宽度为 $2T$ 的波形，即两个码元周期，这一性质可用来进行宏观检错。

比较图 6-5 中的(a)和(b)两个波形还可以看出，双相码的下降沿正好对应于密勒码的跃变沿。因此，用双相码的下降沿去触发双稳电路，即可输出密勒码。密勒码最初用于气象卫星和磁记录，现在也用于低速基带数传机中。

6. CMI 码

CMI（Coded Mark Inversion）码是传号反转码的简称，与双相码类似，它也是一种双极性二电平码。其编码规则是：“1”码交替用“11”和“00”两位码表示；“0”码固定用“01”表示。其波形如图 6-5(c)所示。

CMI 码易于实现，含有丰富的定时信息。此外，由于“10”为禁用码组，不会出现 3 个以上的连码，这个规律可用来宏观检错。该码已被 ITU-T 推荐为 PCM 四次群的接口码型，有时也用在速率低于 8.448 Mbit/s 的光缆传输系统中。

7. *n*B*m*B 码

nBmB 码是一类块编码，它把原信息码流的 n 位二进制码分为一组，并将其置换成 m 位二进制码的新码组，其中 $m>n$。由于 $m>n$，新码组可能有 2^m 种组合，故多出 2^m-2^n 种组合。从中选择一部分有利码组作为许用码组，其余作为禁用码组，以获得好的编码性能。

在光纤通信系统中，常选择 $m=n+1$，取 1B2B 码、2B3B 码、3B4B 码及 5B6B 码等。其中，5B6B 码已实用化，被用作三次群和四次群以上的线路传输码。

nBmB 码提供了良好的同步和检错功能，但是也会为此付出一定的代价，即所需的带宽随之增加。

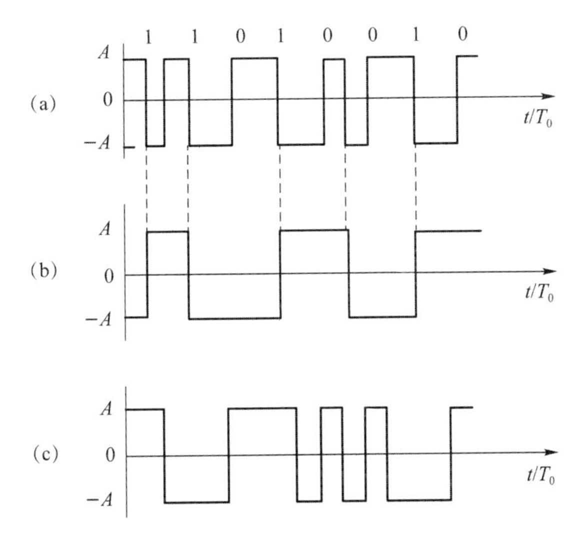

图 6-5 双相码、密勒码、CMI 码的波形

数字基带传输的常用码型

6.3 基带传输与码间串扰

6.3.1 数字基带传输系统的组成

前两节从不同的角度了解了基带信号的特点。本节开始讨论基带信号的传输问题。本小节先定性描述数字基带信号传输的物理过程。下一小节将对有关问题进行定量分析。

图 6-6 所示是一个典型的数字基带传输系统方框图。它主要由发送滤波器(信道信号形成器)、信道、接收滤波器和抽样判决器组成。为了保证系统可靠有序地工作,还应有同步系统。

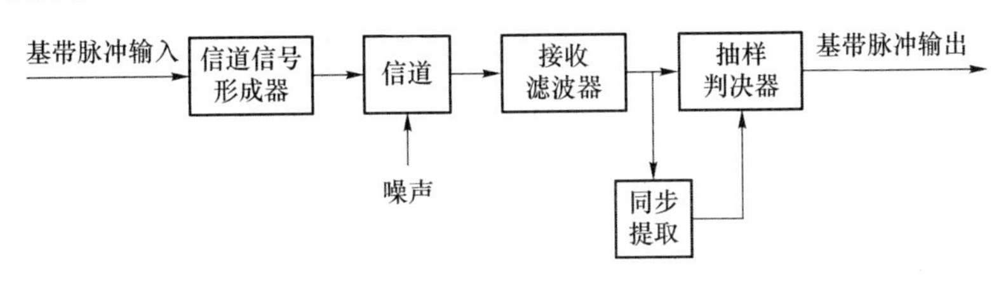

图 6-6 数字基带传输系统方框图

图 6-6 中各方框的功能和信号传输的物理过程简述如下。

① 信道信号形成器(发送滤波器)。其功能是产生适于信道传输的基带信号波形。因为其输入一般是经过码型编码器产生的传输码,相应的基本波形通常是矩形脉冲,其频谱很宽,不利于传输。发送滤波器用于压缩输入信号频带,把传输码变换成适于信道传输的基带信号波形。

② 信道。其功能是允许基带信号通过的媒质,通常为有线信道,如双绞线、同轴电缆等。信道的传输特性一般不满足无失真传输条件,因此会引起传输波形的失真。另外信道还会引入噪声 $n(t)$,并假设它是均值为零的高斯白噪声。

③ 接收滤波器。它用来接收信号，尽可能滤除信道噪声和其他干扰，对信道特性进行均衡，使输出的基带波形有利于抽样判决。

④ 抽样判决器。其功能是在传输特性不理想及噪声背景下，在规定时刻（由位定时脉冲控制）对接收滤波器的输出波形进行抽样判决，以恢复或再生基带信号。

⑤ 定时脉冲和同步提取。抽样的位定时脉冲依靠同步提取电路从接收信号中提取，位定时的准确与否将直接影响判决效果。

图 6-7 所示为数字基带传输系统的各点波形示意图。图 6-7(a)所示为输入的基带信号，这是最常见的单极性 NRZ 信号之一；图 6-7(b)所示为进行码型变换后的波形；图 6-7(c)对图 6-7(a)而言进行了码型及波形的变换，是一种适合在信道中传输的波形；图 6-7(d)所示为信道输出信号，显然由于信道传输特性的不理想，使波形产生了失真并叠加了噪声；图 6-7(e)所示为接收滤波器输出波形，它与图 6-7(d)相比，失真和噪声减弱；图 6-7(f)所示为位定时同步脉冲；图 6-7(g)所示为恢复的信息，其中第 7 个码元发生误码。

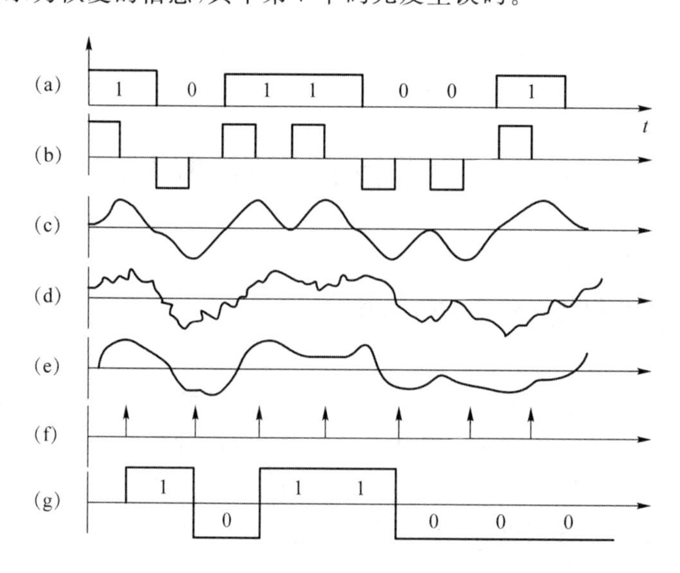

图 6-7 数字基带传输系统的各点波形示意图

误码是由接收端抽样判决器的错误判决造成的，而造成错误判决的原因主要有两个：一个是码间串扰，另一个是信道加性噪声的影响。所谓码间串扰（InterSymbol Interference，ISI）是指由于系统传输总特性（包括收、发滤波器和信道的特性）不理想，导致前后码元的波形畸变、展宽，并使前面波形出现很长的拖尾，蔓延到当前码元的抽样时刻上，从而对当前码元的判决造成干扰。码间串扰严重时，会造成错误判决，如图 6-8 所示。

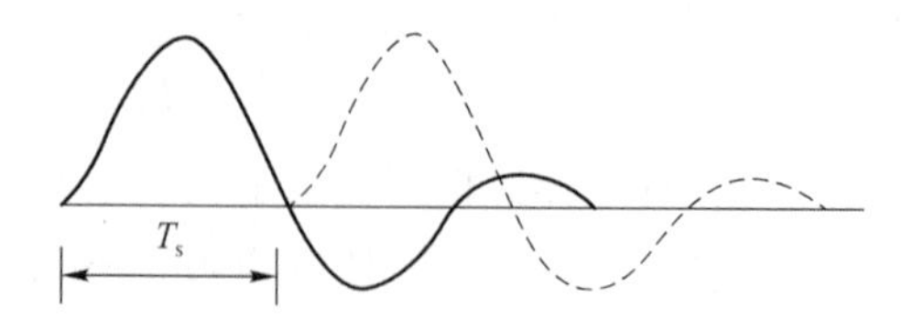

图 6-8 码间串扰示意图

数字基带传输系统的组成

此时，实际抽样判决值不仅有本码元的值，还有其他码元在该码元抽样时刻的串扰值及噪声。显然，接收端能否正确恢复信息，在于能否有效地抑制噪声和减小码间串扰。

6.3.2 数字基带信号传输的定量分析

6.3.1 节定性分析了数字基带传输系统的工作原理，使读者对码间串扰和噪声的影响有了直观的认识。本小节将用定量的关系式来表述数字基带信号传输的过程。数字基带传输系统模型如图 6-9 所示。

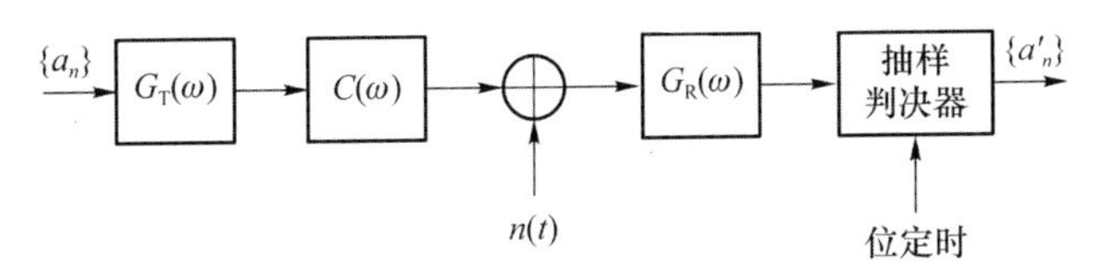

图 6-9 数字基带传输系统模型

在图 6-9 中，假设$\{a_n\}$为发送滤波器的输入符号序列，在二进制的情况下，符号 a_n 的取值为 0、1 或－1、＋1。为分析方便，这个序列对应的基带信号可表示成

$$d(t)=\sum_{n=-\infty}^{\infty} a_n\delta(t-nT_s) \tag{6-14}$$

这个信号是由时间间隔为 T_s 的单位冲激函数 $\delta(t)$构成的序列，其每一个 $\delta(t)$的强度都由 a_n 决定。当 $d(t)$激励发送滤波器(即信道信号形成器)时，发送滤波器产生的输出信号为

$$s(t)=d(t)*g_T(t)=\sum_{n=-\infty}^{\infty} a_n g_T(t-nT_s) \tag{6-15}$$

式中："＊"是卷积符号；$g_T(t)$是单个 $\delta(t)$作用下形成的发送基本波形，即发送滤波器的冲激响应。

设发送滤波器的传输特性为 $G_T(\omega)$，则 $g_T(t)$可由式(6-16)确定：

$$g_T(t)=\frac{1}{2\pi}\int_{-\infty}^{\infty} G_T(\omega)e^{j\omega t}d\omega \tag{6-16}$$

若再设信道的传输特性为 $C(\omega)$，接收滤波器的传输特性为 $G_R(\omega)$，则图 6-9 所示的数字基带传输系统的总传输特性为

$$H(\omega)=G_T(\omega)C(\omega)G_R(\omega) \tag{6-17}$$

其单位冲激响应为

$$h(t)=\frac{1}{2\pi}\int_{-\infty}^{\infty} H(\omega)e^{j\omega t}d\omega \tag{6-18}$$

$h(t)$是在单个 $\delta(t)$的作用下，$H(\omega)$形成的输出波形。因此在冲激脉冲序列 $d(t)$的作用下，接收滤波器的输出信号 $r(t)$可表示为

$$r(t)=d(t)*h(t)+n_R(t)=\sum_{n=-\infty}^{\infty} a_n h(t-n\mathrm{T}_s)+n_R(t) \tag{6-19}$$

式中，$n_R(t)$是加性噪声 $n(t)$经过接收滤波器后输出的噪声。

然后，抽样判决器对 $r(t)$进行抽样判决，以确定所传输的数字信息序列$\{a_n\}$。例如，为了确定第 k 个码元 a_k 的取值，首先应在 $t=kT_s+t_0$ 时刻(t_0 是信道和接收滤波器所造成的延迟)对 $r(t)$进行抽样，以确定 $r(t)$在该样点上的值。由式(6-19)可得

$$r(kT_s+t_0)=a_k h(t_0)+\sum_{n\neq k} a_n h[(k-n)T_s+t_0]+n_R(kT_s+t_0) \tag{6-20}$$

式中：$a_k h(t_0)$是第 k 个接收码元波形的抽样值，它是确定 a_k 的依据；$\sum_{n \neq k} a_n h[(k-n)T_s + t_0]$ 是除第 k 个码元以外的其他码元波形在第 k 个抽样时刻上的总和(代数和)，它对当前码元 a_k 的判决起着干扰的作用，所以称为码间串扰值，由于 a_n 是以概率出现的，故码间串扰值通常是一个随机变量；$n_R(kT_s+t_0)$是输出噪声在抽样瞬间的值，它是一种随机干扰，也会影响对第 k 个码元的正确判决。

此时，实际抽样值 $r(kT_s+t_0)$不仅包含本码元的值，还包含码间串扰值及噪声，故当 $r(kT_s+t_0)$加到判决电路时，对 a_k 取值的判决可能判对也可能判错。例如，在二进制数字通信时，a_k 的可能取值为"0"或"1"，若判决电路的判决门限为 V_d，则这时判决规则为：当 $r(kT_s+t_0)>V_d$ 时，判 a_k 为"1"；当 $r(kT_s+t_0)<V_d$ 时，判 a_k 为"0"。

显然，只有当码间串扰值和噪声足够小时，才能基本保证上述判决的正确；否则，有可能发生错判，造成误码。因此，为使基带脉冲传输获得足够小的误码率，必须最大限度地减小码间串扰和随机噪声的影响。这也正是研究基带脉冲传输的基本出发点。

6.4 无码间串扰的基带传输特性

上节分析表明，码间串扰和信道噪声是影响基带传输系统性能的两个主要因素。因此，如何减小它们的影响，使系统的误码率达到规定要求，则是必须研究的两个问题。由于码间串扰和信道噪声产生的机理不同，并且为了简化分析，突出主要问题，我们把这两个问题分别考虑。本节先讨论在不考虑噪声的情况下，如何消除码间串扰；6.5 节再讨论在无码间串扰的情况下，如何减小信道噪声的影响。

6.4.1 消除码间串扰的基本思想

由式(6-20)可知，若想消除码间串扰，应使

$$\sum_{n \neq k} a_n h[(k-n)T_s + t_0] = 0 \tag{6-21}$$

由于 a_n 是随机的，要想通过各项相互抵消使码间串扰为 0 是不行的，这就需要对 $h(t)$的波形提出要求。如果相邻码元的前一个码元的波形到达后一个码元抽样判决时刻已经衰减到 0，如图 6-10(a)所示，这样的波形就能满足要求。但是，这样的波形不易实现，因为实际中的 $h(t)$波形有很长的"拖尾"，也正是每个码元的"拖尾"造成了对相邻码元的串扰，但只要让它在 t_0+T_s、t_0+2T_s 等后面码元抽样判决时刻上正好为 0，就能消除码间串扰，如图 6-10(b)所示。这就是消除码间串扰的基本思想。

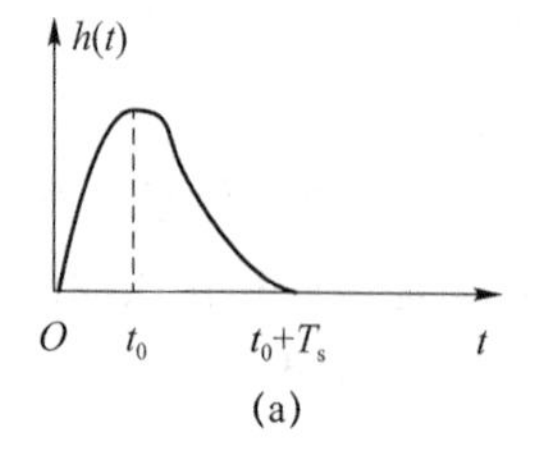

(a)

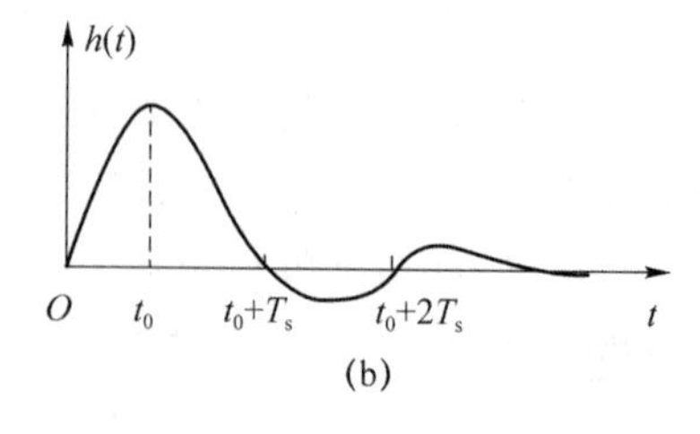

(b)

图 6-10　消除码间串扰的基本思想

6.4.2 无码间串扰的条件

如上所述，只要基带传输系统的冲激响应波形 $h(t)$ 仅在本码元的抽样时刻上有最大值，并在其他码元的抽样时刻上均为 0，则可消除码间串扰。也就是说，若对 $h(t)$ 在时刻 $t=kT_s$（这里假设信道和接收滤波器所造成的延迟 $t_0=0$）进行抽样，则应有下式成立：

$$h(kT_s)=\begin{cases}1, & k=0\\ 0, & k \text{ 为其他整数}\end{cases} \tag{6-22}$$

式(6-22)称为无码间串扰的时域条件。也就是说，若 $h(t)$ 的抽样值除了在 $t=0$ 时不为零外，在其他所有抽样点上均为零，就不存在码间串扰。

根据 $h(t)\Leftrightarrow H(\omega)$ 的关系可知，$h(t)$ 是由基带系统 $H(\omega)$ 形成的传输波形。因此，如何形成无码间串扰的传输波形 $h(t)$ 的问题，实际是如何设计基带传输总特性 $H(\omega)$ 的问题。下面我们来寻找满足式(6-22)的 $H(\omega)$。

因为

$$h(t)=\frac{1}{2\pi}\int_{-\infty}^{\infty}H(\omega)\mathrm{e}^{\mathrm{j}\omega t}\,\mathrm{d}\omega \tag{6-23}$$

所以在 $t=kT_s$ 时，有

$$h(kT_s)=\frac{1}{2\pi}\int_{-\infty}^{\infty}H(\omega)\mathrm{e}^{\mathrm{j}\omega kT_s}\,\mathrm{d}\omega \tag{6-24}$$

现把上式的积分区间用分段积分求和代替，每段长为 $2\pi/T_s$，则上式可写成

$$h(kT_s)=\frac{1}{2\pi}\sum_i\int_{(2i-1)\pi/T_s}^{(2i+1)\pi/T_s}H(\omega)\mathrm{e}^{\mathrm{j}\omega kT_s}\,\mathrm{d}\omega \tag{6-25}$$

作变量代换：令 $\omega'=\omega-\dfrac{2i\pi}{T_s}$，则有 $\mathrm{d}\omega'=\mathrm{d}\omega$，$\omega=\omega'+\dfrac{2i\pi}{T_s}$。且当 $\omega=\dfrac{(2i\pm1)\pi}{T_s}$ 时，$\omega'=\pm\dfrac{\pi}{T_s}$，于是

$$\begin{aligned}h(kT_s)&=\frac{1}{2\pi}\sum_i\int_{-\pi/T_s}^{\pi/T_s}H\left(\omega'+\frac{2i\pi}{T_s}\right)\mathrm{e}^{\mathrm{j}\omega' kT_s}\mathrm{e}^{\mathrm{j}2\pi ik}\,\mathrm{d}\omega'\\&=\frac{1}{2\pi}\sum_i\int_{-\pi/T_s}^{\pi/T_s}H\left(\omega'+\frac{2i\pi}{T_s}\right)\mathrm{e}^{\mathrm{j}\omega' kT_s}\,\mathrm{d}\omega'\end{aligned} \tag{6-26}$$

当上式右边一致收敛时，求和与积分的次序可以互换，于是有

$$h(kT_s)=\frac{1}{2\pi}\int_{-\pi/T_s}^{\pi/T_s}\sum_i H\left(\omega+\frac{2\pi i}{T_s}\right)\mathrm{e}^{\mathrm{j}\omega kT_s}\,\mathrm{d}\omega \tag{6-27}$$

这里，已把 ω' 重新换为 ω。

由傅里叶级数可知，若 $F(\omega)$ 是周期为 $2\pi/T_s$ 的频率函数，则可用指数型傅里叶级数表示：

$$\begin{aligned}F(\omega)&=\sum_n f_n\mathrm{e}^{-\mathrm{j}n\omega T_s}\\ f_n&=\frac{T_s}{2\pi}\int_{-\pi/T_s}^{\pi/T_s}F(\omega)\mathrm{e}^{\mathrm{j}\omega nT_s}\,\mathrm{d}\omega\end{aligned} \tag{6-28}$$

将式(6-28)与式(6-27)进行对照，我们发现，$h(kT_s)$ 就是 $\dfrac{1}{T_s}\sum\limits_i H\left(\omega+\dfrac{2i\pi}{T_s}\right)$ 的指数型傅里叶级数的系数，即有

$$\frac{1}{T_s}\sum_i H\left(\omega+\frac{2\pi i}{T_s}\right)=\sum_k h(kT_s)\mathrm{e}^{-\mathrm{j}\omega kT_s} \tag{6-29}$$

在式(6-22)无码间串扰时域条件的要求下,我们得到无码间串扰时的基带传输特性应满足

$$\frac{1}{T_s}\sum_i H\left(\omega+\frac{2\pi i}{T_s}\right)=1,\quad |\omega|\leqslant\frac{\pi}{T_s} \tag{6-30}$$

或写成

$$H_{\mathrm{eq}}(\omega)=\sum_i H\left(\omega+\frac{2\pi i}{T_s}\right)=T_s,\quad |\omega|\leqslant\frac{\pi}{T_s} \tag{6-31}$$

该条件称为奈奎斯特(Nyquist)第一准则。它为我们提供了检验一个给定的传输系统特性 $H(\omega)$ 是否产生码间串扰的一种方法。基带系统的总特性 $H(\omega)$ 凡是能符合此要求的,均能消除码间串扰。式(6-31)中,记 $\sum_i H\left(\omega+\frac{2\pi}{T_s}\right)$ 为 $H_{\mathrm{eq}}(\omega)$,称 $H_{\mathrm{eq}}(\omega)$ 为等效传输函数。

式(6-31)的物理意义是:将 $H(\omega)$ 在 ω 轴上以 $2\pi/T_s$ 为间隔切开,然后分段沿 ω 轴平移到 $\left(-\frac{\pi}{T_s},\frac{\pi}{T_s}\right)$ 区间内,将它们进行叠加,其结果应当为一常数(不必一定是 T_s)。这一过程可以归述为:一个实际的 $H(\omega)$ 特性若能等效成一个理想(矩形)低通滤波器,则可实现无码间串扰。

例如,图 6-11 中的 $H(\omega)$ 是对 $\omega=\pm 2\pi/T_s$ 呈奇对称的低通滤波器特性,经过切割、平移、叠加,可得到

$$H_{\mathrm{eq}}(\omega)=\sum_i H\left(\omega+\frac{2\pi i}{T_s}\right)=H\left(\omega-\frac{2\pi i}{T_s}\right)+H(\omega)+H\left(\omega+\frac{2\pi i}{T_s}\right)=T_s,\quad |\omega|\leqslant\frac{\pi}{T_s}$$

故该 $H(\omega)$ 满足式(6-31)的要求,具有等效理想低通特性,所以它是无码间串扰的。

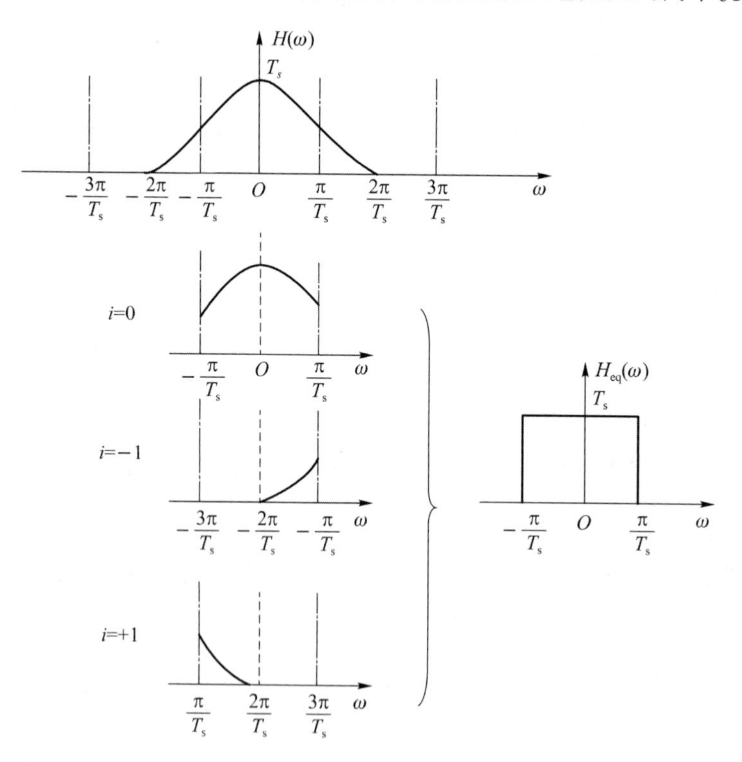

图 6-11　$H(\omega)$特性的检验

满足奈奎斯特第一准则的传输特性 $H(\omega)$ 并不是唯一的要求。如何设计或选择满足

式(6-31)的 $H(\omega)$是我们接下来要讨论的问题。

6.4.3　无码间串扰的传输特性的设计

1. 理想低通特性

满足奈奎斯特第一准则的 $H(\omega)$有很多种，容易想到的一种极限情况，就是 $H(\omega)$为理想低通型，相当于式(6-31)中只有 $i=0$ 项，即

$$H(\omega)=\begin{cases} T_s, & |\omega|\leqslant\dfrac{\pi}{T_s} \\ 0, & |\omega|>\dfrac{\pi}{T_s} \end{cases} \tag{6-32}$$

如图 6-12(a)所示。它的冲激响应为

$$h(t)=\frac{\sin\left(\dfrac{\pi}{T_s}t\right)}{\dfrac{\pi}{T_s}t}=\mathrm{Sa}(\pi t/T_s) \tag{6-33}$$

由图 6-12 可见，$h(t)$在 $t=\pm kT_s(k\neq 0)$时有周期性零点，当发送序列的时间间隔为 T_s 时，正好可以巧妙地利用这些零点，只要接收端在 $t=\pm kT_s$ 时间点上抽样，就能实现无码间串扰。

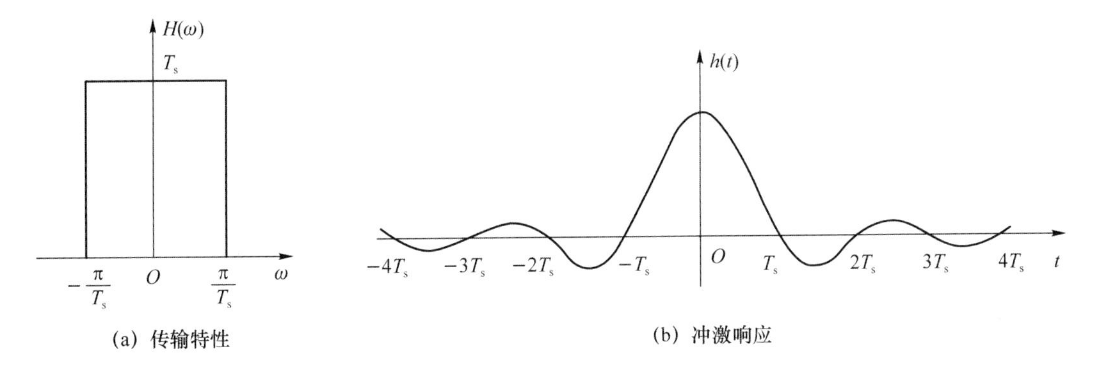

(a) 传输特性　　(b) 冲激响应

图 6-12　理想低通传输系统的特性

由图 6-12 及式(6-32)还可以看出，对于带宽为 $B=1/2T_s$(Hz)的理想低通传输特性，若输入数据以 $R_B=1/T_s$(波特)的速率进行传输，则在抽样时刻上不存在码间串扰。若以高于 $1/T_s$(波特)的码元速率传送，将存在码间串扰。此时，基带系统所能提供的最高频带利用率为

$$\eta=R_B/B=2(\text{Baud/Hz})$$

这是在无码间串扰的条件下，基带系统所能达到的极限情况。通常，把此理想低通传输特性的带宽($1/2T_s$)称为奈奎斯特带宽(f_N)；将该系统无码间串扰的最高传输速率($2f_N$)称为奈奎斯特速率。

令人遗憾的是，虽然理想的低通传输特性达到了基带系统的极限传输速率($2B$)和极限频带利用率(2 Baud/Hz)，但是这种特性在物理上是无法实现的。而且，即使获得了逼近理想的特性，把它的冲激响应 $h(t)$作为传输波形仍然是不适宜的。这是因为，理想特性的冲激响应波形 $h(t)$的“尾巴”衰减振荡幅度较大；如果定时(抽样时刻)稍有偏差，就会出现严重的码间

串扰。考虑实际的传输系统总是可能存在定时误差,所以对理想低通传输特性的研究只有理论上的指导意义,还需寻找物理可实现的等效理想低通特性。

2. 余弦滚降特性

为了解决理想低通特性存在的问题,可以使理想低通滤波器特性的边沿缓慢下降,这称为"滚降"。一种常用的滚降特性是余弦滚降特性,如图 6-13 所示。只要 $H(\omega)$在滚降段中心频率处(与奈奎斯特带宽 f_N 相对应)呈奇对称的振幅特性,就必然可以满足奈奎斯特第一准则,从而实现无码间串扰传输。这种设计也可看成理想低通特性以奈奎斯特带宽 f_N 为中心,按奇对称条件进行滚降的结果。按余弦特性滚降的传输函数 $H(\omega)$可表示为

$$H(\omega)=\begin{cases} T_s, & 0\leqslant|\omega|<\dfrac{(1-\alpha)\pi}{T_s} \\ \dfrac{T_s}{2}\left\{1+\sin\left[\dfrac{T_s}{2\alpha}\left(\dfrac{\pi}{T_s}-\omega\right)\right]\right\}, & \dfrac{(1-\alpha)\pi}{T_s}\leqslant|\omega|<\dfrac{(1+\alpha)\pi}{T_s} \\ 0, & |\omega|\geqslant\dfrac{(1+\alpha)\pi}{T_s} \end{cases} \tag{6-34}$$

其相应的 $h(t)$为

$$h(t)=\frac{\sin(\pi t/T_s)}{\pi t/T_s}\cdot\frac{\cos(\alpha\pi t/T_s)}{1-4\alpha^2t^2/T_s^2} \tag{6-35}$$

式中:α 为滚降系数,用于描述滚降程度。它定义为

$$\alpha=f_\Delta/f_N \tag{6-36}$$

式中:f_N 为奈奎斯特带宽;f_Δ 是超出奈奎斯特带宽的扩展量。

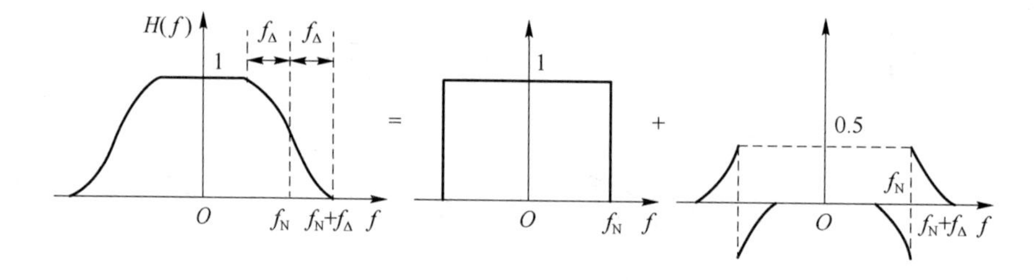

图 6-13 奇对称的余弦滚降特性

显然,$0\leqslant\alpha\leqslant1$。对应不同的 α 有不同的滚降特性。图 6-14 画出了滚降系数 $\alpha=0$、0.5、0.75、1 时的几种滚降特性和冲激响应。可见,滚降系数 α 越大,$h(t)$的拖尾衰减越快,对位定时的精度要求越低。但是,滚降使带宽增大为 $B=f_N+f_\Delta=(1+\alpha)f_N$,所以频带利用率降低。因此,余弦滚降系统的最高频带利用率为

$$\eta=\frac{R_B}{B}=\frac{2f_N}{(1+\alpha)f_N}=\frac{2}{1+\alpha}\,(\text{B/Hz}) \tag{6-37}$$

由图 6-14 可以看出:$\alpha=0$ 时,即前面所述的理想低通系统;$\alpha=1$ 时,一般称为升余弦频谱特性,这时 $H(\omega)$可表示为

$$H(\omega)=\begin{cases} \dfrac{T_s}{2}\left[1+\cos\left(\dfrac{\omega T_s}{2}\right)\right], & |\omega|\leqslant\dfrac{2\pi}{T_s} \\ 0, & |\omega|>\dfrac{2\pi}{T_s} \end{cases} \tag{6-38}$$

其单位冲激响应为

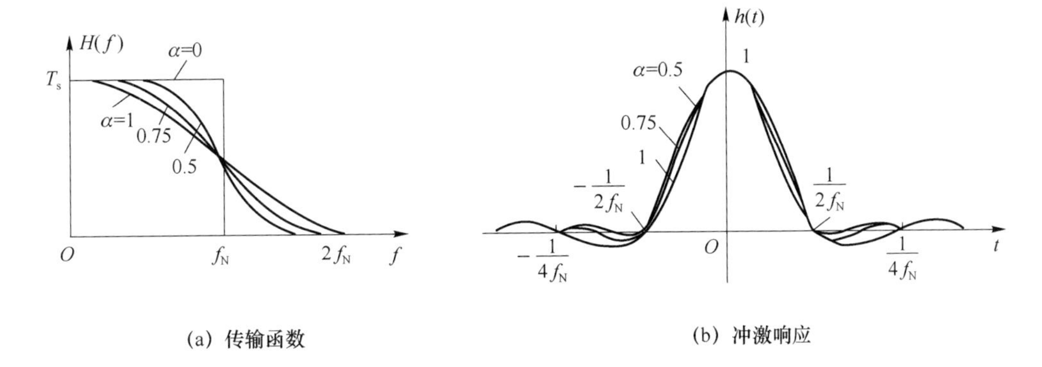

(a) 传输函数 (b) 冲激响应

图 6-14 余弦滚降特性示例

$$h(t)=\frac{\sin(\pi t/T_s)}{\pi t/T_s}\cdot\frac{\cos(\pi t/T_s)}{1-4t^2/T_s^2} \tag{6-39}$$

由图 6-14 和式(6-39)可知,$\alpha=1$ 的升余弦滚降特性的 $h(t)$满足抽样值上无串扰的传输条件,且各抽样值之间又增加了一个零点,而且它的尾部衰减较快(与 t^3 成反比),这有利于减小码间串扰和位定时误差的影响。但这种系统所占频带最宽,是理想低通系统的 2 倍,因而频带利用率为 1 Baud/Hz,是基带系统最高利用率的一半。

应当指出,在以上讨论中并没有涉及 $H(\omega)$的相移特性。实际上它的相移特性一般不为零,故需要加以考虑。然而,在推导式(6-31)的过程中,我们并没有指定 $H(\omega)$是实函数,所以,式(6-31)对于一般特性的 $H(\omega)$均适用。

6.5 数字基带传输系统的抗噪声性能

6.4 节在不考虑噪声影响时,讨论了无码间串扰的基带传输特性。本节将研究在无码间串扰的条件下,由信道噪声引起的误码率。

在图 6-9 所示的数字基带传输系统模型中,信道加性噪声 $n(t)$通常被假设为均值为 0、双边功率谱密度为 $n_0/2$ 的平稳高斯白噪声,而接收滤波器又是一个线性网络,故判决电路输入噪声 $n_R(t)$也是均值为 0 的平稳高斯噪声,且它的功率谱密度 $P_n(f)$为

$$P_n(f)=\frac{n_0}{2}\left|G_R(f)\right|^2$$

方差(噪声平均功率)为

$$\sigma_n^2=\int_{-\infty}^{\infty}\frac{n_0}{2}\left|G_R(f)\right|^2\mathrm{d}f \tag{6-40}$$

故 $n_R(t)$是均值为 0、方差为 σ_n^2 的高斯噪声,因此它的瞬时值统计特性可用下述一维概率密度函数描述:

$$f(V)=\frac{1}{\sqrt{2\pi}\sigma_n}\mathrm{e}^{-V^2/(2\sigma_n^2)} \tag{6-41}$$

式中,V 是噪声的瞬时取值 $n_R(kT_s)$。

6.5.1 二进制双极性基带系统

对于二进制双极性信号，假设它在抽样时刻的电平取值为 $+A$ 或 $-A$（分别对应信码“1”或“0”），则在一个码元持续时间内，抽样判决器输入端的混合波形（信号＋噪声）$x(t)$ 在抽样时刻的取值为

$$x(kT_s)=\begin{cases}A+n_R(kT_s), & \text{发送“1”时}\\ -A+n_R(kT_s), & \text{发送“0”时}\end{cases} \tag{6-42}$$

根据式(6-41)，当发送“1”时，$A+n_R(kT_s)$ 的一维概率密度函数为

$$f_1(x)=\frac{1}{\sqrt{2\pi}\sigma_n}\exp\left(-\frac{(x-A)^2}{2\sigma_n^2}\right) \tag{6-43}$$

而当发送“0”时，$-A+n_R(kT_s)$ 的一维概率密度函数为

$$f_0(x)=\frac{1}{\sqrt{2\pi}\sigma_n}\exp\left(-\frac{(x+A)^2}{2\sigma_n^2}\right) \tag{6-44}$$

与它们相对应的曲线见图 6-15。

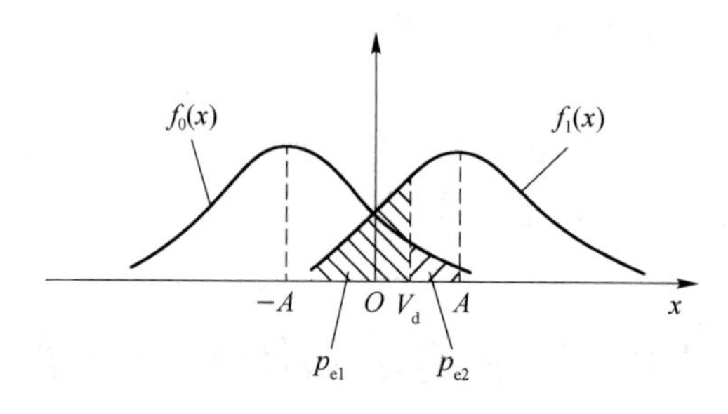

图 6-15 x 的概率密度曲线

在 $-A$ 到 $+A$ 之间选择一个适当的电平 V_d 作为判决门限，根据判决规则将会出现以下几种情况：

$$\text{对“1”码}\begin{cases}\text{当 } x>V_d \text{ 时，判为“1”码（正确）}\\ \text{当 } x<V_d \text{ 时，判为“0”码（错误）}\end{cases}$$

$$\text{对“0”码}\begin{cases}\text{当 } x<V_d \text{ 时，判为“0”码（正确）}\\ \text{当 } x>V_d \text{ 时，判为“1”码（错误）}\end{cases}$$

可见，在二进制基带信号的传输过程中，噪声引起的误码有两种差错形式：发送的是“1”码，却被判为“0”码；发送的是“0”码，却被判为“1”码。下面分别计算这两种差错概率。

发送“1”码错判为“0”码的概率 $P(0|1)$ 为

$$\begin{aligned}P(0\mid 1)&=P(x<V_d)\\&=\int_{-\infty}^{V_d}f_1(x)\mathrm{d}x\\&=\int_{-\infty}^{V_d}\frac{1}{\sqrt{2\pi}\sigma_n}\exp\left(-\frac{(x-A)^2}{2\sigma_n^2}\right)\mathrm{d}x\\&=\frac{1}{2}+\frac{1}{2}\mathrm{erf}\left(\frac{V_d-A}{\sqrt{2}\sigma_n}\right)\end{aligned} \tag{6-45}$$

发送“0”码错判为“1”码的概率 $P(1|0)$ 为

$$\begin{aligned}P(1\mid 0)&=P(x>V_{\mathrm{d}})\\&=\int_{V_{\mathrm{d}}}^{\infty}f_0(x)\mathrm{d}x\\&=\int_{V_{\mathrm{d}}}^{\infty}\frac{1}{\sqrt{2\pi}\sigma_n}\exp\left(-\frac{(x+A)^2}{2\sigma_n^2}\right)\mathrm{d}x\\&=\frac{1}{2}-\frac{1}{2}\mathrm{erf}\left(\frac{V_{\mathrm{d}}+A}{\sqrt{2}\sigma_n}\right)\end{aligned}\tag{6-46}$$

它们分别如图 6-15 中的阴影部分所示。假设信源发送“1”码的概率为 $P(1)$，发送“0”码的概率为 $P(0)$，则二进制数字基带传输系统的总误码率为

$$P_{\mathrm{e}}=P(1)P(0|1)+P(0)P(1|0)\tag{6-47}$$

将式(6-45)和式(6-46)代入式(6-47)可以看出，误码率与发送概率 $P(1)$、$P(0)$，信号的峰值 A，噪声功率 σ_n^2，以及判决门限电平 V_{d} 有关。因此，在 $P(1)$、$P(0)$ 给定时，误码率最终由 A、σ_n^2 和判决门限 V_{d} 决定。在 A 和 σ_n^2 一定的条件下，可以找到一个使误码率最小的判决门限电平，称为最佳门限电平。若令

$$\frac{\partial P_{\mathrm{e}}}{\partial V_{\mathrm{d}}}=0$$

则由式(6-45)、式(6-46)和式(6-47)可求得最佳门限电平

$$V_{\mathrm{d}}^{*}=\frac{\sigma_n^2}{2A}\ln\frac{P(0)}{P(1)}\tag{6-48}$$

若 $P(1)=P(0)=1/2$，则有

$$V_{\mathrm{d}}^{*}=0\tag{6-49}$$

这时，数字基带传输系统的总误码率为

$$\begin{aligned}P_{\mathrm{e}}&=\frac{1}{2}[P(0|1)+P(1|0)]\\&=\frac{1}{2}\left[1-\mathrm{erf}\left(\frac{A}{\sqrt{2}\sigma_n}\right)\right]\\&=\frac{1}{2}\mathrm{erfc}\left(\frac{A}{\sqrt{2}\sigma_n}\right)\end{aligned}\tag{6-50}$$

由式(6-50)可见，在发送概率相等时，且在最佳门限电平下，双极性基带系统的总误码率仅依赖于信号峰值 A 与噪声均方根值 σ_n 的比值，而与采用什么样的信号形式无关(当然，这里的信号形式必须是能够消除码间干扰的)，且比值 A/σ_n 越大，P_{e} 就越小。

6.5.2 二进制单极性基带系统

对于单极性信号，若设它在抽样时刻的电平取值为 $+A$ 或 0(分别对应信码“1”或“0”)，则只需将图 6-15 中 $f_0(x)$ 曲线的分布中心由 $-A$ 移到 0 即可。这时

$$V_{\mathrm{d}}^{*}=\frac{A}{2}+\frac{\sigma_n^2}{A}\ln\frac{P(0)}{P(1)}\tag{6-51}$$

当 $P(1)=P(0)=1/2$ 时：

$$V_{d}^{*}=\frac{A}{2} \tag{6-52}$$

$$P_{e}=\frac{1}{2}\mathrm{erfc}\left(\frac{A}{2\sqrt{2}\sigma_{n}}\right) \tag{6-53}$$

比较式(6-53)和式(6-50)，可见，当比值 A/σ_n 一定时，双极性基带系统的误码率比单极性的低，抗噪声性能好。此外，在等概条件下，双极性基带系统的最佳判决门限电平为0，与信号幅度无关，因而不随信道特性的变化而变化，故能保持最佳状态。而单极性基带系统的最佳判决门限电平为 A/2，它易受信道特性变化的影响，从而导致误码率增大。因此，双极性基带系统比单极性基带系统的应用更为广泛。

6.6 眼　　图

从理论上讲，在信道特性确知的条件下，人们可以精心设计系统传输特性以达到消除码间串扰的目的。但是，在实际的基带传输系统中，由于难免存在滤波器的设计误差和信道特性的变化，所以无法实现理想的传输特性，使得在抽样时刻上存在码间串扰，从而导致系统性能的下降。而且计算由这些因素所引起的误码率非常困难，尤其在码间串扰和噪声同时存在的情况下，系统性能的定量分析更是难以进行，因此在实际应用中需要用简便的实验手段来定性评价系统的性能。下面我们将介绍一种有效的实验方法——眼图。

所谓眼图，是指用示波器观察接收端的基带信号波形，从而估计和调整系统性能的一种方法。这种方法的具体做法是：用一个示波器跨接在抽样判决器的输入端，然后调整示波器水平扫描周期，使其与接收码元的周期同步。此时可以从示波器显示的图形上，观察码间干扰和信道噪声等因素影响的情况，从而估计系统性能的优劣程度。因为在传输二进制信号波形时，示波器显示的图形很像人的眼睛，故名“眼图”。

现在，让我们借助于图6-16来了解眼图的形成原理。为了便于理解，暂先不考虑噪声的影响。图6-16(a)是接收滤波器输出的无码间串扰的双极性基带波形，用示波器观察它，并将示波器扫描周期调整到码元周期 T_s，由于示波器的余辉作用，扫描所得的每一个码元波形将重叠在一起，形成图6-16(c)所示的线迹细而清晰的大“眼睛”；图6-16(b)所示是有码间串扰的双极性基带波形，由于存在码间串扰，此波形已经失真，示波器的扫描迹线不完全重合，于是形成的眼图线迹杂乱；“眼睛”张开得较小，且眼图不端正，如图6-16(d)所示。对比图6-16(c)和6-16(d)可知，眼图的“眼睛”张开得越大，且眼图越端正，表示码间串扰越小；反之，表示码间串扰越大。

当存在噪声时，眼图的线迹变成了比较模糊的带状线，噪声越大，线条越粗，越模糊，“眼睛”张开得越小。不过，应该注意，从图形上并不能观察到随机噪声的全部形态，例如出现幅度大的噪声，由于它在示波器上一晃而过，因而用人眼是观察不到的。所以，在示波器上只能大致估计噪声的强弱。

从以上分析可知，眼图可以定性反映码间串扰的大小和噪声的大小，眼图还可以用来指示接收滤波器的调整，以减小码间串扰，改善系统性能。同时，通过眼图我们还可以获得有关传输系统性能的许多信息。为了说明眼图和系统性能之间的关系，我们把眼图简化为一个模型，如图6-17所示。由该图可以获得以下信息。

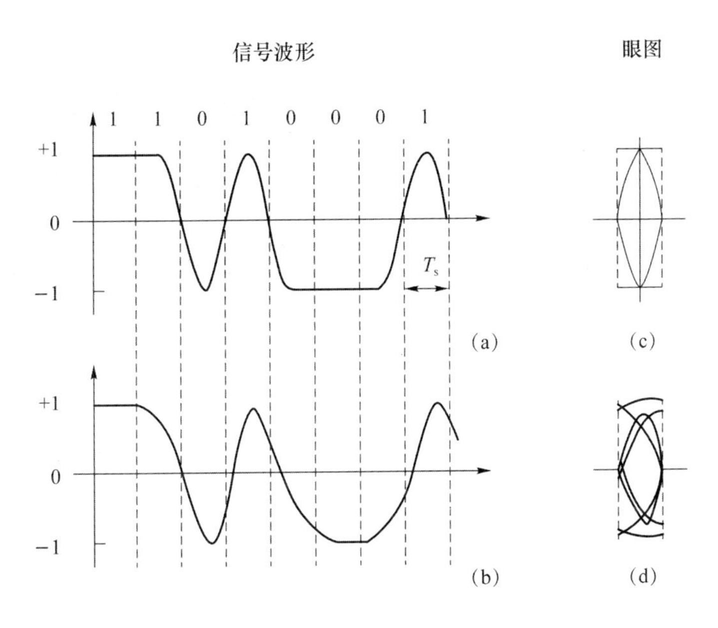

图 6-16 基带信号波形及眼图

① 最佳抽样时刻是“眼睛”张开最大的时刻。

② 定时误差灵敏度是眼图斜边的斜率。斜率越大，对位定时误差越敏感。

③ 图 6-17 中阴影区的垂直高度表示抽样时刻上信号受噪声干扰的畸变程度。

④ 图 6-17 中央的横轴位置对应于判决门限电平。

⑤ 在抽样时刻，上下两阴影区的间隔距离之半为噪声容限，若噪声瞬时值超过它就可能发生错判。

⑥ 图 6-17 中倾斜阴影带与横轴相交的区间表示接收波形零点位置的变化范围，即过零点畸变，它对于利用信号零交点的平均位置来提取定时信息的接收系统有很大影响。

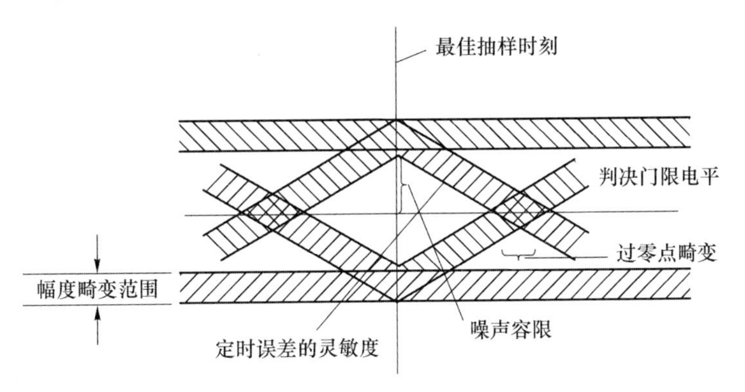

图 6-17 眼图的模型

图 6-18(a)和图 6-18(b)分别是二进制双极性升余弦频谱信号在示波器上显示的两张眼图照片。其中图 6-18(a)是在几乎无噪声和无码间干扰下得到的，而图 6-18(b)则是在一定噪声和码间干扰下得到的。

顺便指出，接收二进制双极性波形时，在一个码元周期 T_s 内只能看到一只眼睛；若接收的是 M 进制双极性波形，则在一个码元周期内可以看到纵向显示的 $M-1$ 只眼睛；若接收的是经过码型变换后的 AMI 码或 HDB_3 码，由于它们的波形具有三电平，在眼图中间出现一根代表连"0"的水平线。另外,若扫描周期为 nT_s,可以看到并排的 n 只眼睛。

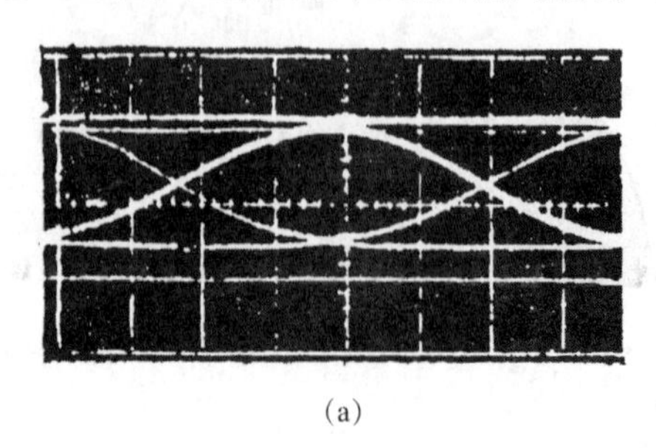

(a)

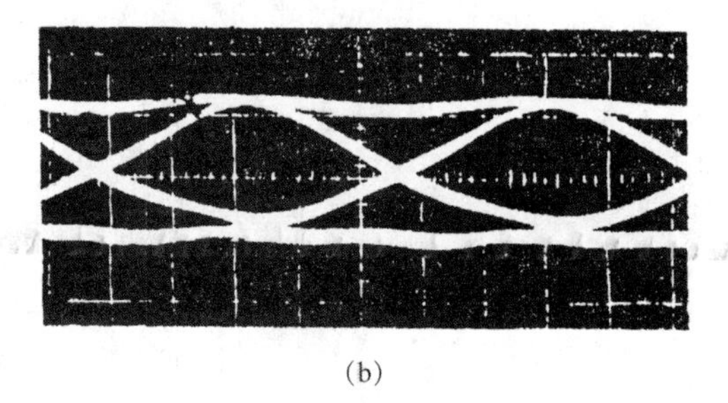

(b)

图 6-18 眼图照片

本章小结

本章主要讨论了 5 个方面的问题:

① 发送信号的码型与波形选择及其功率谱特征;

② 码间串扰及奈奎斯特第一准则;

③ 无码间串扰的基带系统抗噪声性能;

④ 直观估计接收信号质量的实验方法——眼图。

基带信号指未经调制的信号。这些信号的特征是其频谱从零频或很低频率开始,占据较宽的频带。基带信号在传输前,必须经过一些处理或某些变换(如码型变换、波形和频谱变换)。处理或变换的目的是使信号的特性与信道的传输特性相匹配。

数字基带信号是消息代码的电波形表示,表示形式有多种,有单极性和双极性波形、归零和非归零波形、差分波形、多电平波形之分,它们各自有不同的特点。当"0"码和"1"码概率相等时,双极性波形无直流分量,有利于在信道中传输;单极性 RZ 波形含有位定时频率分量,常作为提取位同步信息的过渡性波形;差分波形可以消除设备初始状态的影响。

编码用来把原始消息代码变换成适合于基带信道传输的码型。常见的传输码型有 AMI 码、HDB_3 码、双相码、差分双相码、密勒码、CMI 码和 nBmB 码等。这些码各有自己的特点,可针对具体系统的要求来选择,如 HDB_3 码常用于 A 压缩律 PCM 四次群以下的接口码型。

功率谱分析的意义在于,可以确定信号的带宽,还可以明确能否从脉冲序列中直接提取定时分量,以及采取怎样的方法可以从基带脉冲序列中获得所需的离散分量。

码间串扰和信道噪声是造成误码的两个主要因素。如何消除码间串扰和减小噪声对误码率的影响是数字基带传输中必须研究的问题。

奈奎斯特第一准则为消除码间串扰奠定了理论基础。$\alpha=0$ 的理想低通系统可以达到 2 Baud/Hz的理论极限值,但它不能物理实现;实际中应用较多的是 $\alpha>0$ 的余弦滚降特性,其中 $\alpha=1$ 的升余弦频谱特性易于实现,且响应波形的尾部衰减收敛速度快,有利于减小码间串扰和位定时误差的影响,但占用的带宽最大,频带利用率下降为 1 Baud/Hz。

在二进制基带信号的传输过程中,噪声引起的误码有两种差错形式:发送"1"码错判为"0"码,发送"0"码错判为"1"码。在相同条件下,双极性基带系统的误码率比单极性基带系统的低,抗噪声性能好,且在等概条件下,双极性基带系统的最佳判决门限电平为 0,与信号幅度无关，因而不随信道特性的变化而变化，而单极性基带系统的最佳判决门限电平为 $A/2$，易受信道特性变化的影响，从而导致误码率增大。

眼图为直观评价接收信号的质量提供了一种有效的实验方法。它可以定性反映码间串扰和噪声的影响程度，还可以用来指示接收滤波器的调整，以减小码间串扰，改善系统性能。

习　　题

6-1　简述数字基带传输系统的基本结构及各部分的功能。

6-2　简述数字基带信号常用的形式、特点和它们的时域表达式。

6-3　简述 AMI 码和 HDB_3 码的优缺点。

6-4　简述码间串扰的定义、产生和其对通信质量的影响。

6-5　叙述消除码间串扰的方法。

6-6　简述奈奎斯特速率和奈奎斯特带宽的定义。

6-7　设二进制符号序列为 10010011，试以矩形脉冲为例，分别画出相应的单极性、双极性、单极性归零、双极性归零、二进制差分波形和四电平波形。

6-8　设二进制随机序列中的“0”和“1”分别由 $g(t)$ 和 $g(-t)$ 组成，它们的出现概率分别为 P 及 $1-P$。

① 求其功率谱密度及功率。

② 若 $g(t)$ 为图 6-19(a) 所示的波形，T_s 为码元宽度，问该序列是否存在离散分量 $f_s=1/T_s$？

③ 若将 $g(t)$ 改为图 6-19(b) 所示的波形，重新回答题②所问。

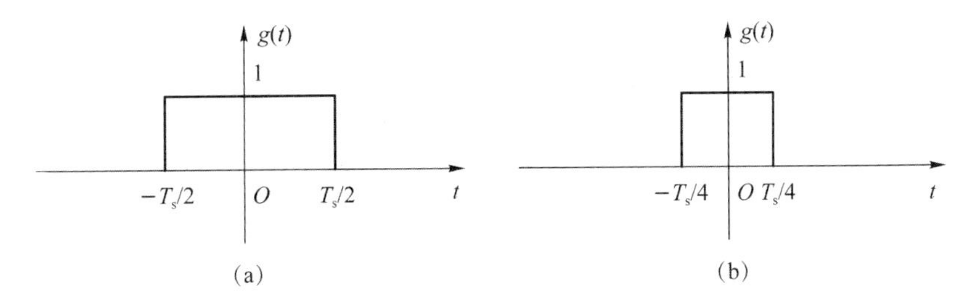

图 6-19　题 6-8 图

6-9　已知信息代码为 101100000000101，试确定相应的 AMI 码及 HDB_3 码，并分别画出它们的波形图。

6-10　已知信息代码为 101100101，试确定相应的双相码和 CMI 码，并分别画出它们的波形图。

6-11　设数字基带传输系统的发送滤波器、信道及接收滤波器组成的总特性为 $H(\omega)$，若要求以 $2/T_s$(波特) 的速率进行数据传输，试验证图 6-20 所示的各种 $H(\omega)$ 能否满足抽样点上无码间串扰的条件？

6-12　已知滤波器具有图 6-21(a) 所示的特性（码元速率变化时特性不变），当采用以下码元速率时：a. 码元速率＝500 Baud；b. 码元速率＝1 000 Baud；c. 码元速率＝1 500 Baud；d. 码元速率＝2 000 Baud。问：

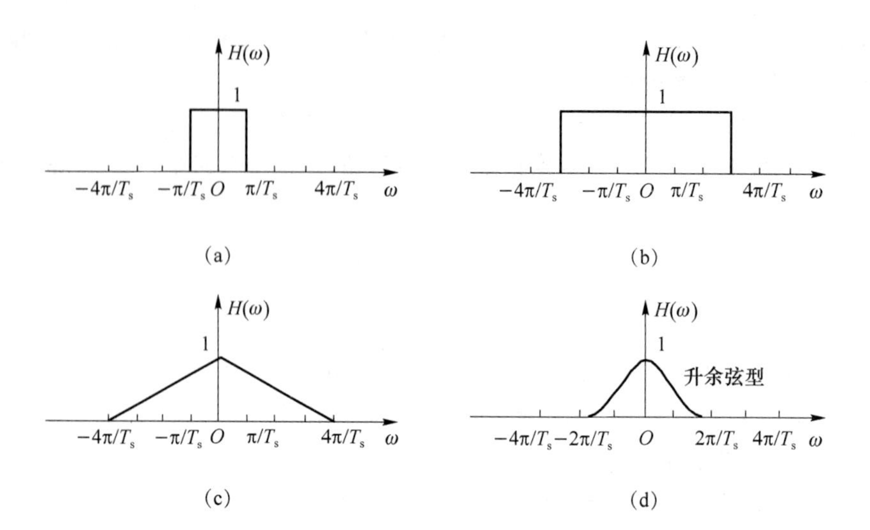

图 6-20　题 6-11 图

① 哪种码元速率不会产生码间串扰?

② 如果滤波器具有图 6-21(b)所示的特性,重新回答问题①。

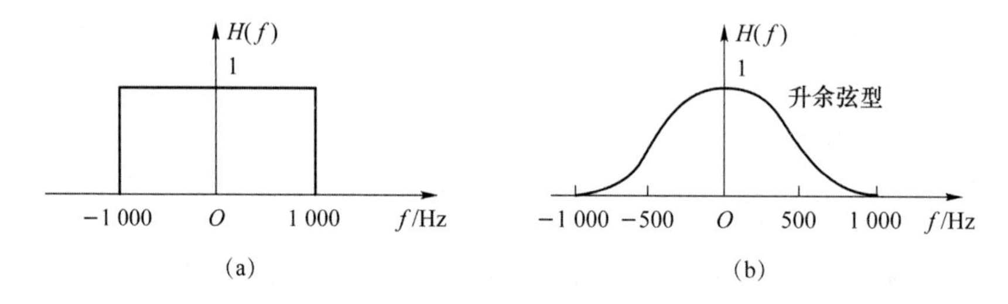

图 6-21　题 6-12 图

6-13　设二进制数字基带传输系统模型如 6.3.2 节中图 6-9 所示,现已知

$$H(\omega)=\begin{cases}\tau_0[1+\cos(\omega\tau_0)], & |\omega|\leqslant\dfrac{\pi}{\tau_0}\\ 0, & \text{其他}\end{cases}$$

试确定该系统最高的码元传输速率 R_B 及相应码元间隔 T_s。

6-14　对于单极性基带信号,试证明

$$V_d^*=\frac{A}{2}+\frac{\sigma_n^2}{A}\ln\frac{P(0)}{P(1)}$$

$$P_e=\frac{1}{2}\mathrm{erfc}\left(\frac{A}{2\sqrt{2}\sigma_n}\right)$$

成立。

6-15　若二进制数字基带传输系统如图 6-9 所示,并且 $C(\omega)=1,G_T(\omega)=G_R(\omega)=\sqrt{H(\omega)}$。现已知

$$H(\omega)=\begin{cases}\tau_0[1+\cos(\omega\tau_0)], & |\omega|\leqslant\dfrac{\pi}{\tau_0}\\ 0, & \text{其他}\end{cases}$$

① 若 $n(t)$的双边功率谱密度为 $n_0/2$(W/Hz),试确定 $G_R(\omega)$的输出噪声功率。

② 若在抽样时刻 kT(k 为任意正整数)上,接收滤波器的输出信号以相同概率取 0、A 电平,而输出噪声取值 V 服从下述概率密度分布的随机变量:

$$f(V)=\frac{1}{2A}e^{-\frac{|V|}{A}},\quad \lambda>0(\text{常数})$$

试求系统最小误码率 P_e。

6-16 某二进制数字基带传输系统所传送的是单极性基带信号,且数字信息"1"和"0"的出现概率相等。

① 若数字信息为"1",接收滤波器输出信号在抽样判决时刻的值 $A=1$ V,且接收滤波器输出噪声是均值为 0、均方根值为 0.2(V)的高斯噪声,试求这时的误码率 P_e。

② 若要求误码率 P_e 不大于 10^{-3},试确定 A 至少应该是多少?

6-17 若将上题中的单极性基带信号改为双极性基带信号,而其他条件不变,重做上题中的各问,并进行比较。

6-18 一随机二进制序列为 10110001,"1"码对应的基带波形为升余弦波形,持续时间为 T,"0"码对应的基带波形与"1"码相反。

① 当示波器扫描周期 $T_0=T_s$ 时,试画出眼图。

② 当 $T_0=2T_s$ 时,试画出眼图。

③ 比较以上两种眼图的最佳抽样判决时刻、判决门限电平及噪声容限值。

第7章 数字频带传输技术

数字信号的传输方式分为基带传输和频带传输。第6章已经详细地描述了数字信号的基带传输。然而,实际中的大多数信道(如无线信道)因具有带通特性而不能直接传送基带信号。为了使数字信号在带通信道中传输,必须用数字基带信号对载波进行调制。这种用数字基带信号控制载波,把数字基带信号变换为数字频带信号(已调信号)的过程称为数字调制(digital modulation)。数字调制与模拟调制的基本原理相同,但是数字信号有离散取值的特点。因此数字调制技术有两种方法:①利用模拟调制的方法去实现数字调制,即把数字调制看成模拟调制的一个特例,把数字基带信号当作模拟信号的特殊情况进行处理;②利用数字信号的离散取值特点,通过开关键控载波,从而实现数字调制。这种方法通常称为键控法,比如对载波的振幅、频率和相位进行键控,以获得振幅键控(Amplitude Shift Keying,ASK)、频移键控(Frequency Shift Keying,FSK)和相移键控(Phase Shift Keying,PSK)3种基本的数字调制方式。

本章着重讨论二进制数字调制系统的基本原理及其抗噪声性能,并简要介绍多进制数字调制技术。

本章学习目标

- 掌握二进制数字调制信号的概念,能画出典型的2ASK、2FSK、2PSK和2DPSK时域波形图。
- 理解二进制数字调制信号的功率谱和带宽。掌握各种调制的抗噪性能分析。
- 能够对几种二进制数字调制进行性能指标的比较。
- 了解多进制数字调制。

7.1 二进制数字调制的原理

调制信号是二进制数字基带信号的调制称为二进制数字调制。在二进制数字调制中,载波的幅度、频率和相位只有两种变化状态。相应的调制方式有二进制振幅键控(2ASK)、二进制频移键控(2FSK)和二进制相移键控(2PSK)。

7.1.1 二进制振幅键控

1. 基本原理

振幅键控即利用载波的幅度变化来传递数字信息，而其频率和初始相位保持不变。在2ASK中，载波的幅度只有两种变化状态，分别对应二进制信息“0”和“1”。一种常用的，也是最简单的二进制振幅键控方式称为通断键控(On Off Keying,OOK)，其表达式为

$$e_{2ASK}(t)=\begin{cases}A\cos(\omega_c t), & \text{当以概率 } P \text{ 发送“1”时} \\ 0, & \text{当以概率 } 1-P \text{ 发送“0”时}\end{cases} \tag{7-1}$$

典型波形如图7-1所示。可见，载波在二进制基带信号 $s(t)$ 的控制下通断变化，所以这种键控又称为通断键控。在OOK中，某一种符号(“0”或“1”)用有或没有电压来表示。

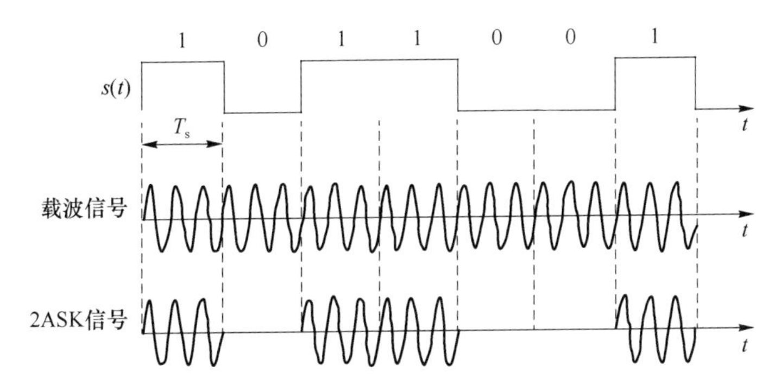

图7-1 2ASK(OOK)信号时间波形

2ASK信号的一般表达式为

$$e_{2ASK}(t)=s(t)\cos(\omega_c t) \tag{7-2}$$

其中

$$s(t)=\sum_n a_n g(t-nT_s) \tag{7-3}$$

式中：T_s 为码元持续时间；$g(t)$ 为持续时间为 T_s 的基带脉冲波形。为简便起见，通常假设 $g(t)$ 是高度为1、宽度等于 T_s 的矩形脉冲；a_n 是第 n 个符号的电平取值。若取

$$a_n=\begin{cases}1, & \text{概率为 } P \\ 0, & \text{概率为 } 1-P\end{cases} \tag{7-4}$$

则相应的2ASK信号就是OOK信号。

2ASK/OOK信号的产生方法通常有两种：模拟调制法(相乘器法)和键控法。相应的调制器原理框图如图7-2所示。图7-2(a)就是一般的模拟幅度调制的方法，用乘法器实现；图7-2(b)是一种数字键控法，其中的开关电路受 $s(t)$ 控制。

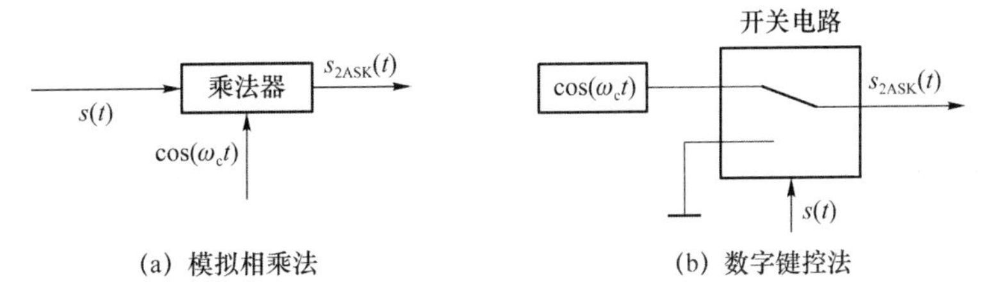

图7-2 2ASK(OOK)信号调制器原理框图

与 AM 信号的解调方法一样，2ASK(OOK)信号也有两种基本的解调方法：非相干(noncoherent)解调(包络检波法)和相干(coherent)解调(同步检测法)。相应的接收系统组成方框图如图 7-3 所示。与模拟信号的接收系统相比，这里增加了一个抽样判决器，这对于提高数字信号的接收性能是必要的。

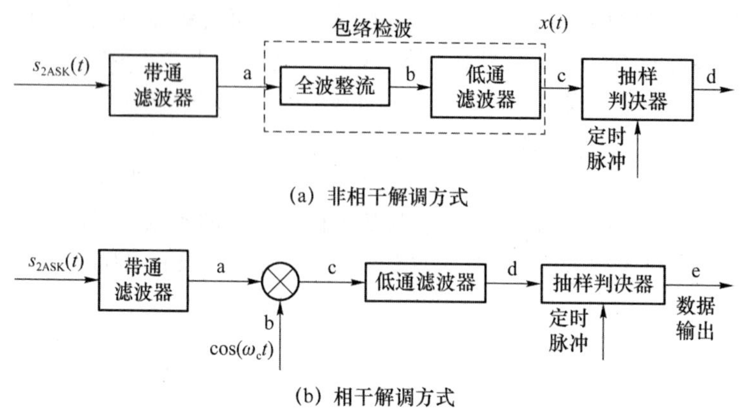

图 7-3　2ASK(OOK)信号的接收系统组成方框图

图 7-4 给出了 2ASK(OOK)信号非相干解调过程的时间波形。

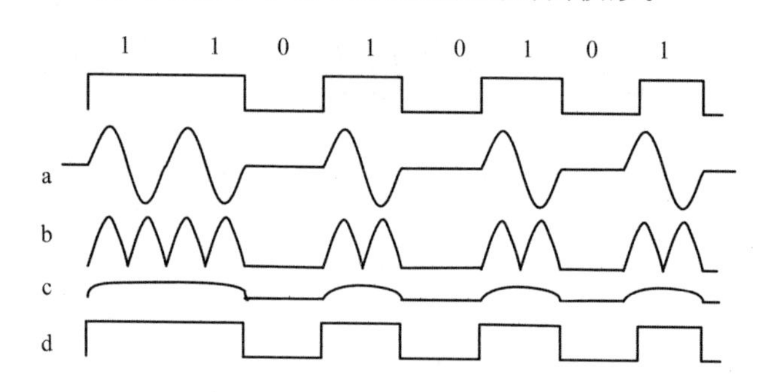

2ASK 调制系统

图 7-4　2ASK/OOK 信号非相干解调过程的时间波形

2ASK 是 20 世纪初最早运用于无线电报中的数字调制方式之一。但是，ASK 传输技术受噪声的影响很大。噪声电压和信号一起改变了振幅。在这种情况下，“0”可能变为“1”，“1”可能变为“0”。可以想象，对于主要依赖振幅来识别比特的 ASK 调制方法，噪声是一个很大的问题。由于 ASK 是受噪声影响最大的调制技术(详见 7.3 节)，现已较少应用，不过，2ASK 常常作为研究其他数字调制的基础，还是有必要了解它。

2. 功率谱密度

由于 2ASK 信号是随机的功率信号，故研究它的频谱特性时，应该讨论它的功率谱密度。

根据式(7-2)，一个 2ASK 信号可以表示成

$$e_{2ASK}(t)=s(t)\cos(\omega_c t) \tag{7-5}$$

其中，二进制基带信号 $s(t)$ 是随机的单极性(single-polarity)矩形脉冲序列。

若设 $s(t)$ 的功率谱密度为 $P_s(f)$，2ASK 信号的功率谱密度为 $P_{2ASK}(f)$，则由式(7-5)可得

$$P_{2ASK}(f)=\frac{1}{4}[P_s(f+f_c)+P_s(f-f_c)] \tag{7-6}$$

可见,$P_s(f)$可按照6.1节介绍的方法直接导出。对于单极性NRZ码,引用6.1节例6-1的结果式(6-9),有

$$P_{2ASK}(f)=\frac{T_s}{16}\left[\left|\frac{\sin[\pi(f+f_c)T_s]}{\pi(f+f_c)T_s}\right|^2+\left|\frac{\sin[\pi(f-f_c)T_s]}{\pi(f-f_c)T_s}\right|^2\right]+\frac{1}{16}[\delta(f+f_c)+\delta(f-f_c)] \tag{7-7}$$

其曲线如图7-5所示。

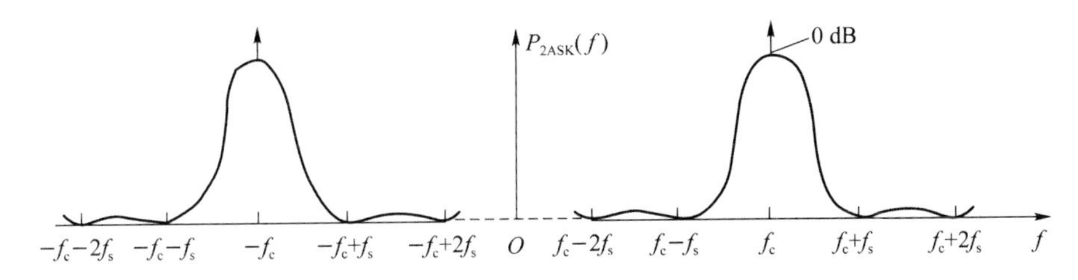

图7-5　2ASK信号的功率谱密度示意图

从以上分析及图7-5可以看出:第一,2ASK信号的功率谱由连续谱和离散谱两部分组成,连续谱取决于$g(t)$经线性调制后的双边带谱,而离散谱由载波分量确定;第二,2ASK信号的带宽B_{2ASK}是基带信号带宽的2倍,若只计算谱的主瓣(第一个谱零点位置),则有

$$B_{2ASK}=2f_s \tag{7-8}$$

其中$f_s=1/T_s$。

由此可见,2ASK信号的传输带宽是码元速率的2倍。

7.1.2　二进制频移键控

1. 基本原理

频移键控是利用载波的频率变化来传递数字信息的。在2FSK中,载波的频率随二进制基带信号在f_1和f_2两个频率点间变化。故其表达式为

$$e_{2FSK}(t)=\begin{cases}A\cos(\omega_1 t+\phi_n), & \text{发送“1”时}\\ A\cos(\omega_2 t+\theta_n), & \text{发送“0”时}\end{cases} \tag{7-9}$$

典型波形如图7-6所示。由图7-6可见,2FSK信号的波形a可以分解为波形b和波形c,也就是说,一个2FSK信号可以看成两个不同载频的2ASK信号的叠加。

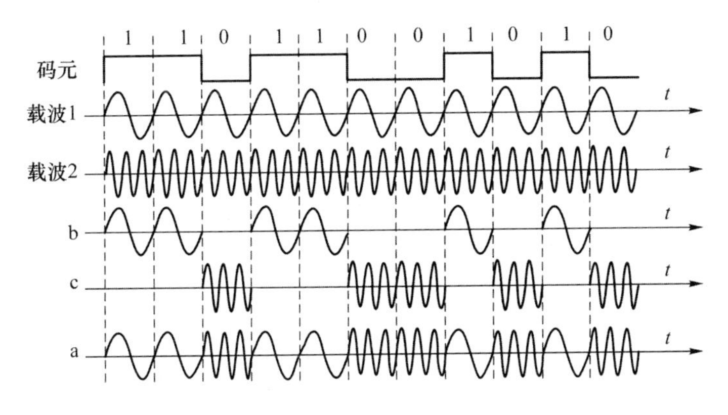

图7-6　2FSK信号的时间波形

因此,2FSK 信号的时域表达式又可写成

$$e_{2FSK}(t)=\left[\sum_n a_n g(t-nT_s)\right]\cos(\omega_1 t+\varphi_n)+\left[\sum_n \bar{a}_n g(t-nT_s)\right]\cos(\omega_2 t+\theta_n) \tag{7-10}$$

式中,$g(t)$为单个矩形脉冲,脉宽为 T_s,a_n 的表达式为

$$a_n=\begin{cases}1, & \text{概率为 } P\\ 0, & \text{概率为 } 1-P\end{cases} \tag{7-11}$$

$\bar{a}_n$ 是 a_n 的反码,若 $a_n=1$,则 $\bar{a}_n=0$;若 $a_n=0$,则 $\bar{a}_n=1$。于是

$$\bar{a}_n=\begin{cases}1, & \text{概率为 } 1-P\\ 0, & \text{概率为 } P\end{cases} \tag{7-12}$$

φ_n 和 θ_n 分别是第 n 个信号码元(“1”或“0”)的初始相位。在频移键控中,φ_n 和 θ_n 不携带信息,通常可令 φ_n 和 θ_n 为零。因此,2FSK 信号的表达式可简化为

$$e_{2FSK}(t)=s_1(t)\cos(\omega_1 t)+s_2(t)\cos(\omega_2 t) \tag{7-13}$$

其中

$$s_1(t)=\sum_n a_n g(t-nT_s) \tag{7-14}$$

$$s_2(t)=\sum_n \bar{a}_n g(t-nT_s) \tag{7-15}$$

2FSK 信号的产生方法主要有两种:一种是采用模拟调频电路来产生;另一种是采用键控法来产生,即在二进制基带矩形脉冲序列的控制下通过开关电路对两个不同的独立频率源进行选通,使其在每一个码元 T_s 期间输出 f_1 或 f_2 两个载波之一,如图 7-7 所示。这两种方法产生 2FSK 信号的差异在于:由调频法产生的 2FSK 信号在相邻码元之间的相位是连续变化的〔这是一类特殊的 FSK,称为连续相位 FSK(Continuous-Phase FSK,CPFSK)〕,而由键控法产生的 2FSK 信号,是由电子开关在两个独立的频率源之间转换形成的,故相邻码元之间的相位不一定连续。

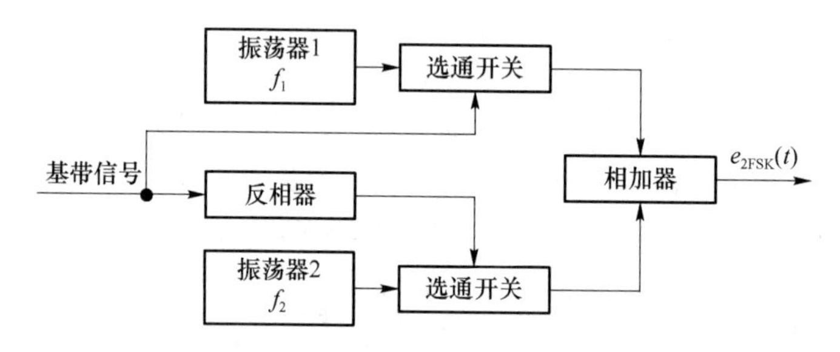

图 7-7　由键控法产生 2FSK 信号的原理图

2FSK 信号的常用解调方法是采用图 7-8 所示的非相干解调(包络检波)和相干解调。其解调原理是将 2FSK 信号分解为上下两路 2ASK 信号分别进行解调,然后进行判决。这里的抽样判决是直接比较两路信号抽样值的大小,可以不专门设置门限。判决规则应与调制规则相呼应,调制时若规定“1”符号对应载波频率 f_1,则接收时如果上支路的样值较大,应判为“1”;反之则判为“0”。

2FSK 在数字通信中应用较为广泛。国际电信联盟(ITU)建议在数据率低于 1 200 bit/s 时采用 2FSK 体制。2FSK 可以采用非相干接收方式,接收时不必利用信号的相位信息,因此

特别适合应用于衰落信道/随参信道(如短波无线电信道)的场合,这些信道会引起信号的相位和振幅随机抖动和起伏。

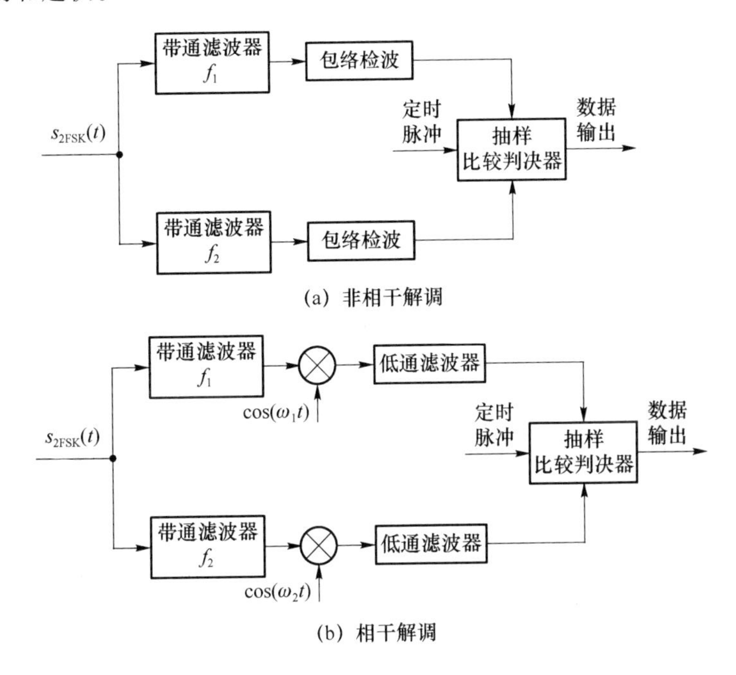

(a) 非相干解调

(b) 相干解调

图 7-8 2FSK 信号解调原理图

2. 功率谱密度

对相位不连续的 2FSK 信号,可以看成两个不同载频的 2ASK 信号的叠加,因此,2FSK 频谱可以近似表示成中心频率分别为 f_1 或 f_2 的两个 2ASK 频谱的组合。根据这一思路,我们可以直接利用 2ASK 频谱的结果来分析 2FSK 的频谱。由式(7-13),一个相位不连续的 2FSK 信号可表示为

$$e_{2FSK}(t)=s_1(t)\cos(\omega_1 t)+s_2(t)\cos(\omega_2 t) \tag{7-16}$$

其中,$s_1(t)$和 $s_2(t)$为两路二进制基带信号。

根据 2ASK 信号功率谱密度的表达式,不难写出 2FSK 信号功率谱密度的表达式:

$$P_{2FSK}(f)=\frac{1}{4}[P_{s1}(f-f_1)+P_{s1}(f+f_1)]+\frac{1}{4}[P_{s2}(f-f_2)+P_{s2}(f+f_2)] \tag{7-17}$$

令概率 $P=\frac{1}{2}$,参照式(7-7),只需将其中的 f_c 分别替换为 f_1 和 f_2,然后代入式(7-17)即可得

$$\begin{aligned}P_{2FSK}(f)=&\frac{T_s}{16}\left[\left|\frac{\sin[\pi(f+f_1)T_s]}{\pi(f+f_1)T_s}\right|^2+\left|\frac{\sin[\pi(f-f_1)T_s]}{\pi(f-f_1)T_s}\right|^2\right]+\\&\frac{T_s}{16}\left[\left|\frac{\sin[\pi(f+f_2)T_s]}{\pi(f+f_2)T_s}\right|^2+\left|\frac{\sin[\pi(f-f_2)T_s]}{\pi(f-f_2)T_s}\right|^2\right]+\\&\frac{1}{16}[\delta(f+f_1)+\delta(f-f_1)+\delta(f+f_2)+\delta(f-f_2)]\end{aligned} \tag{7-18}$$

其典型曲线如图 7-9 所示。

由式(7-18)及图 7-9 可以看出:第一,相位不连续的 2FSK 信号的功率谱由连续谱和离散

谱组成，其中，连续谱由两个中心位于 f_1 和 f_2 处的双边谱叠加而成，离散谱位于两个载频 f_1 和 f_2 处；第二，连续谱的形状随着两个载频之差 $|f_1-f_2|$ 的变化而变化，若 $|f_1-f_2|<f_s$，连续谱在 f_c 处出现单峰，若 $|f_1-f_2|>f_s$，连续谱在 f_c 处出现双峰；第三，若以功率谱第一个零点之间的频率间隔计算 2FSK 信号的带宽，则其带宽近似为

$$B_{2FSK}=|f_1-f_2|+2f_s \tag{7-19}$$

其中 $R_B=f_s=\dfrac{1}{T_s}$ 为基带信号的带宽。

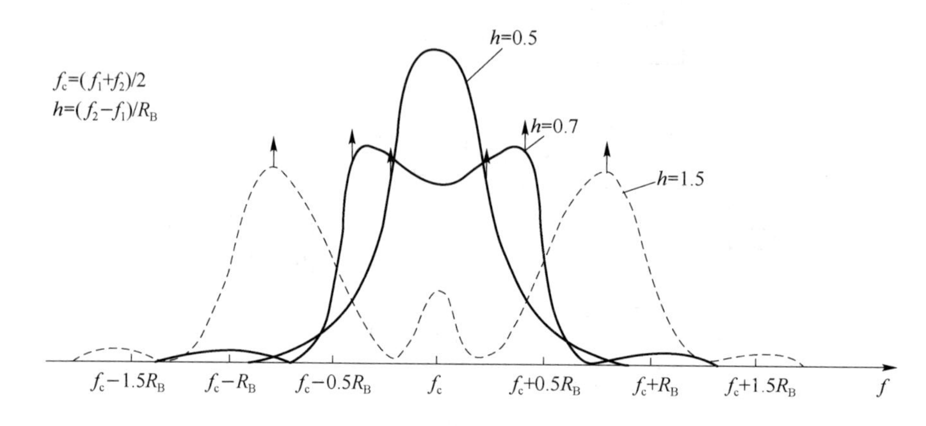

图 7-9　相位不连续的 2FSK 信号的功率谱示意图

7.1.3　二进制相移键控

1. 基本原理

相移键控是利用载波的相位变化来传递数字信息的，而振幅和频率保持不变。在 2PSK 中，通常用初始相位 0 和 π 分别表示二进制“1”和“0”。因此，2PSK 信号的时域表达式为

$$e_{2PSK}(t)=A\cos(\omega_c t+\varphi_n) \tag{7-20}$$

其中，φ_n 表示第 n 个符号的绝对相位：

$$\varphi_n=\begin{cases}0, & \text{发送“0”时}\\ \pi, & \text{发送“1”时}\end{cases} \tag{7-21}$$

因此，式(7-20)可以改写为

$$e_{2PSK}(t)=\begin{cases}A\cos(\omega_c t), & \text{概率为 } P\\ -A\cos(\omega_c t), & \text{概率为 } 1-P\end{cases} \tag{7-22}$$

典型波形如图 7-10 所示。由于表示信号的两种码元的波形相同，极性相反，故 2PSK 信号一般可以表述为一个双极性(bipolarity)全占空(100% duty ratio)矩形脉冲序列与一个正弦载波相乘，即

$$e_{2PSK}(t)=s(t)\cos(\omega_c t) \tag{7-23}$$

其中

$$s(t)=\sum_n a_n g(t-nT_s)$$

这里，$g(t)$是脉宽为 T_s 的单个矩形脉冲，而 a_n 的统计特性为

$$a_n=\begin{cases}1, & 概率为\ P \\ -1, & 概率为\ 1-P\end{cases} \tag{7-24}$$

即发送二进制符号“0”时(a_n 取$+1$)，$e_{2PSK}(t)$取 0 相位；发送二进制符号“1”时(a_n 取-1)，$e_{2PSK}(t)$取 π 相位。这种以载波的不同相位直接去表示相应二进制数字信号的调制方式，称为二进制绝对相移方式。

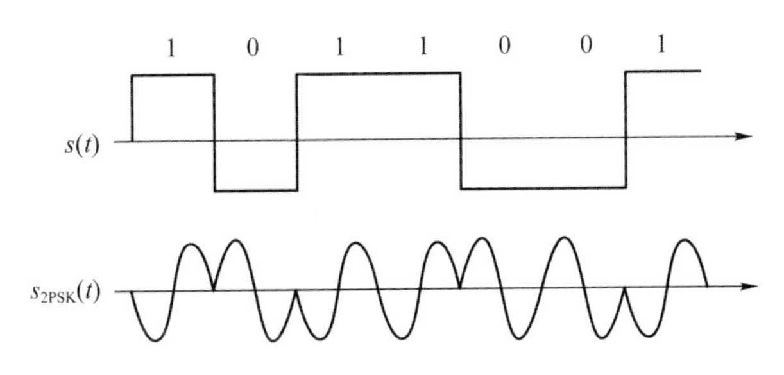

图 7-10 2PSK 信号的时间波形

2PSK 信号的调制原理框图如图 7-11 所示，图 7-11(a)所示为模拟调制方法，图 7-11(b)所示为键控法。2PSK 信号的产生方法与 2ASK 信号的产生方法相比较，只是对 $s(t)$的要求不同，在 2ASK 中 $s(t)$是单极性的基带信号，而在 2PSK 中 $s(t)$是双极性的基带信号。

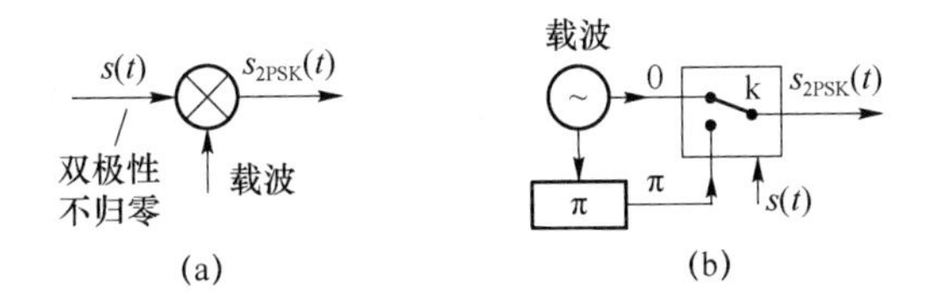

图 7-11 2PSK 信号的调制原理框图

2PSK 信号的解调通常采用相干解调法，解调原理框图如图 7-12 所示。在相干解调中，如何得到与接收的 2PSK 信号同频同相的相干载波是个关键问题，这一问题将在“第 8 章同步系统”中介绍。

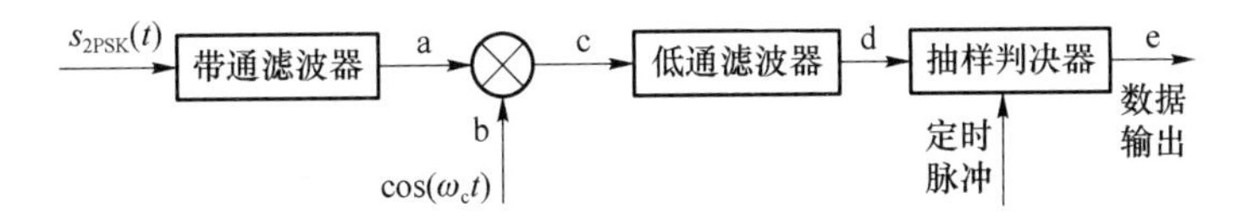

图 7-12 2PSK 信号的解调原理框图

2PSK 信号相干解调时各点时间波形如图 7-13 所示。图 7-13 中，假设相干载波的基准相位与 2PSK 信号的调制载波的基准相位一致(通常默认为 0 相位)。但是，由于在 2PSK 信号的载波恢复过程中会存在着 180°的相位模糊，即恢复的本地载波与所需的相干载波可能同相，也可能反相，这种相位关系的不确定性将会造成解调出的数字基带信号与发送的数字基带信号正好相反，即“1”变为“0”，“0”变为“1”，判决器输出数字信号全部出错。这种现象称为 2PSK 方式的“倒 π”现象或“反相工作”，也称为相位模糊现象。这也是 2PSK 方式在实际中很少被采用的主要原因。另外，在随机信号码元序列中，信号波形有可能出现长时间连续的正弦波形，致使在接收端无法辨认信号码元的起止时刻。

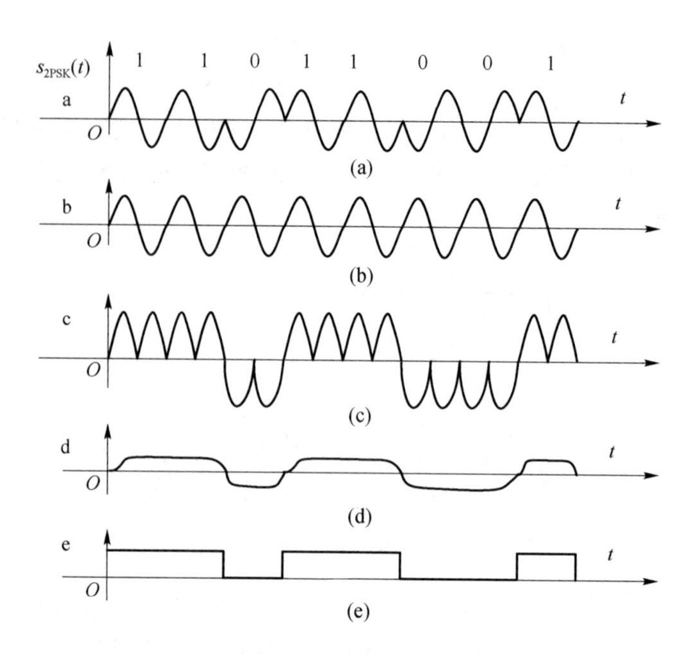

图 7-13　2PSK 信号相干解调时各点时间波形

2. 功率谱密度

比较 2ASK 信号的表达式(7-2)和 2PSK 信号的表达式(7-20)可知,两者的表达形式完全一样,区别仅在于基带信号 $s(t)$不同(a_n 不同),前者为单极性,后者为双极性。因此,我们可以直接引用 2ASK 信号功率谱密度的公式(7-6)来表述 2PSK 信号的功率谱密度,即

$$P_{2PSK}(f)=\frac{1}{4}[P_s(f+f_c)+P_s(f-f_c)] \tag{7-25}$$

应当注意,这里的 $P_s(f)$是双极性的随机矩形脉冲序列的功率谱。

由 6.1.2 节可知,双极性的全占空矩形随机脉冲序列的功率谱密度为

$$P_s(f)=4f_sP(1-P)|G(f)|^2+f_s^2(1-2P)^2|G(0)|^2\delta(f) \tag{7-26}$$

将其代入式(7-25),若等概($P=1/2$),并考虑矩形脉冲的频谱 $G(f)=T_s\mathrm{Sa}(\pi fT_s)$,$G(0)=T_s$,则 2PSK 信号的功率谱密度为

$$P_{2PSK}(f)=\frac{T_s}{4}\left[\left|\frac{\sin[\pi(f+f_c)T_s]}{\pi(f+f_c)T_s}\right|^2+\left|\frac{\sin[\pi(f-f_c)T_s]}{\pi(f-f_c)T_s}\right|^2\right] \tag{7-27}$$

其曲线如图 7-14 所示。

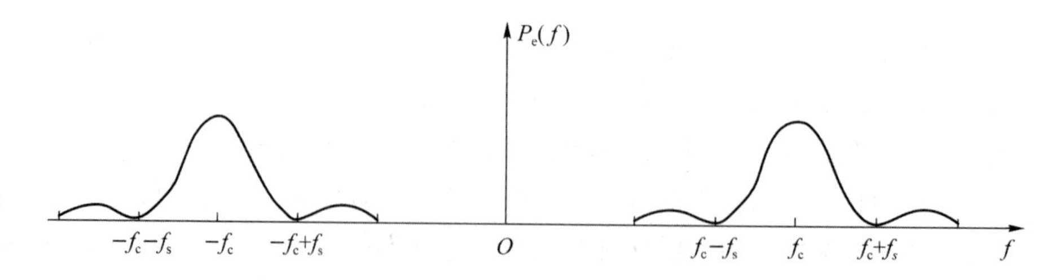

图 7-14　2PSK(2DPSK)信号的功率谱密度

从以上分析可见,二进制相移键控信号的频谱特性与 2ASK 信号的十分相似,带宽是基

带信号带宽的 2 倍。区别仅在于当 $P=1/2$ 时，其谱中无离散谱(即载波分量)，此时 2PSK 信号实际上相当于抑制载波的双边带信号。因此，它可以看作双极性基带信号作用下的调幅信号。

7.1.4 二进制差分相移键控

1. 基本原理

前面讨论的 2PSK 信号，其相位变化是以未调载波的相位作为参考基准的。由于它利用载波相位的绝对数值表示数字信息，所以又称为绝对相移。已经指出，2PSK 相干解调时，由于载波恢复中相位有 0、π 模糊性，恢复出的数字信号“1”和“0”倒置，从而使 2PSK 难以实际应用。为了克服此缺点，人们提出了二进制差分相移键控(2DPSK)方式。

2DPSK 是利用前后相邻码元的载波相对相位变化传递数字信息的，所以又称相对相移键控。假设 $\Delta\varphi$ 为当前码元与前一码元的载波相位差，可定义一种数字信息与 $\Delta\varphi$ 之间的关系为

$$\Delta\varphi=\begin{cases}0, & \text{表示数字信息“0”}\\ \pi, & \text{表示数字信息“1”}\end{cases} \tag{7-28}$$

于是可以将一组二进制数字信息与其对应的 2DPSK 信号的载波相位关系示例如下：

二进制数字信息：		1	0	0	1	0	1	1	0
2DPSK 信号相位：	(0)	π	π	π	0	0	π	0	0
或	(π)	0	0	0	π	π	0	π	π

相应的 2DPSK 信号的典型波形如图 7-15 所示。由此示例可知，对于相同的基带数字信息序列，由于序列初始码元的参考相位不同，2DPSK 信号的相位也可以不同。也就是说，2DPSK 信号的相位并不直接代表基带信号，而前后码元相对相位的差才唯一决定信息符号。

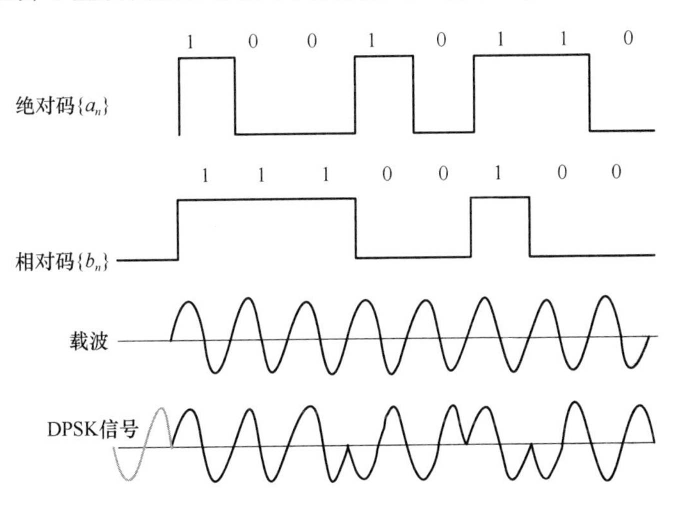

图 7-15 2DPSK 信号调制过程波形图

为了更加直观地说明信号码元的相位关系，我们可以用矢量图来表述。按照式(7-28)的定义关系，我们可以用图 7-16(a)所示的矢量图来表示，图 7-16(a)中，虚线矢量位置称为参考相位，并且假设在一个码元持续时间中有整数个载波周期。在绝对相移中，它是未调制载波的相位；在相对相移中，它是前一码元的载波相位，当前码元的相位可能是 0 或 π。但是按照这

种定义，在某个长的码元序列中，信号波形的相位可能仍没有突跳点，致使在接收端无法辨认信号码元的起止时刻。这样，2DPSK 方式虽然解决了载波相位不确定性问题，但是码元的定时问题仍没有解决。

为了解决定时问题，可以采用图 7-16(b)所示的相移方式。这时，当前码元的相位相对于前一码元的相位改变±π/2。因此，在相邻码元之间必定有相位突跳。在接收端检测此相位突跳就能确定每个码元的起止时刻，即可提供码元定时信息。图 7-16(a)所示的相移方式称为 A 方式；图 7-16(b)所示的相移方式称为 B 方式。

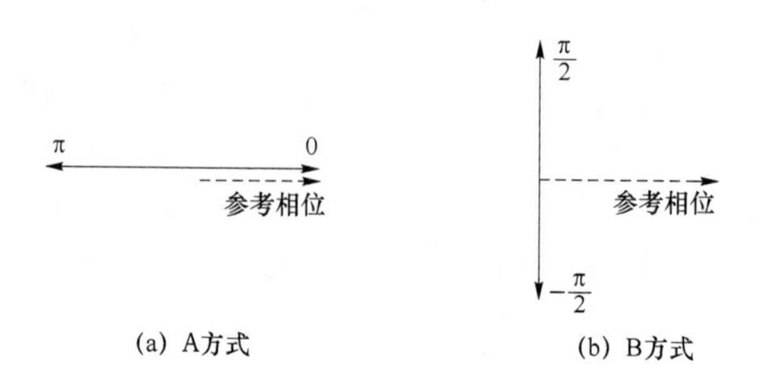

图 7-16　2DPSK 信号的矢量图

关于 2DPSK 信号的产生方法可以通过观察图 7-15 得到一种启示：先对二进制数字基带信号进行差分编码，即把表示数字信息序列的绝对码变换成相对码(差分码)，然后再根据相对码进行绝对调相，从而产生二进制差分相移键控信号。2DPSK 信号调制原理框图如图 7-17 所示。

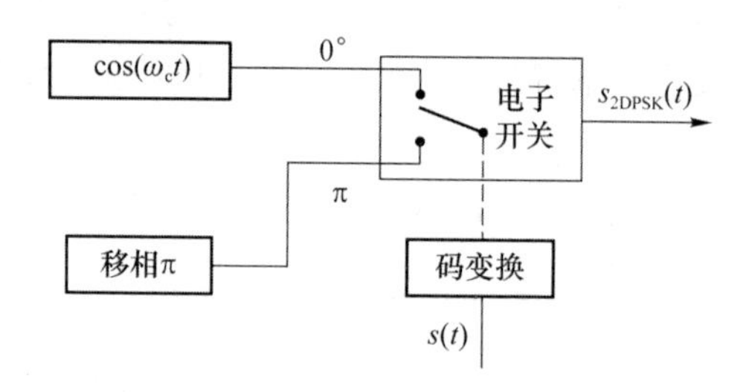

图 7-17　2DPSK 信号调制原理框图

这里的差分码概念就是 6.1.1 节中介绍的一种差分波形。差分码可取传号差分码或空号差分码。其中，传号差分码的编码规则为

$$b_n = a_n \oplus b_{n-1} \tag{7-29}$$

式中：$\oplus$为模 2 加；b_{n-1}为 b_n 的前一码元，最初的 b_{n-1} 可任意设定。

由图 7-15 中已调信号的波形可知，这里使用的就是传号差分码，即载波的相位遇到原数字信息“1”变化，遇到原数字信息“0”则不变，载波相位的这种相对变化就携带了数字信息。

式(7-29)称为差分编码(码变换)，即把绝对码变换为相对码；其逆过程称为差分译码(码反变换)，即

$$a_n = b_n \oplus b_{n-1}$$

2DPSK 信号的解调方法之一是相干解调(极性比较法)加码反变换法。其解调原理是：对 2DPSK 信号进行相干解调，恢复出相对码，再使其经码反变换器变换为绝对码，从而恢复出发

送的二进制数字信息。在解调过程中,载波相位模糊性的影响使得解调出的相对码也可能是"1"和"0"倒置,但经差分译码(码反变换)得到的绝对码不会发生任何倒置的现象,从而解决了载波相位模糊性带来的问题。2DPSK 相干解调原理框图和各点时间波形如图 7-18 所示。

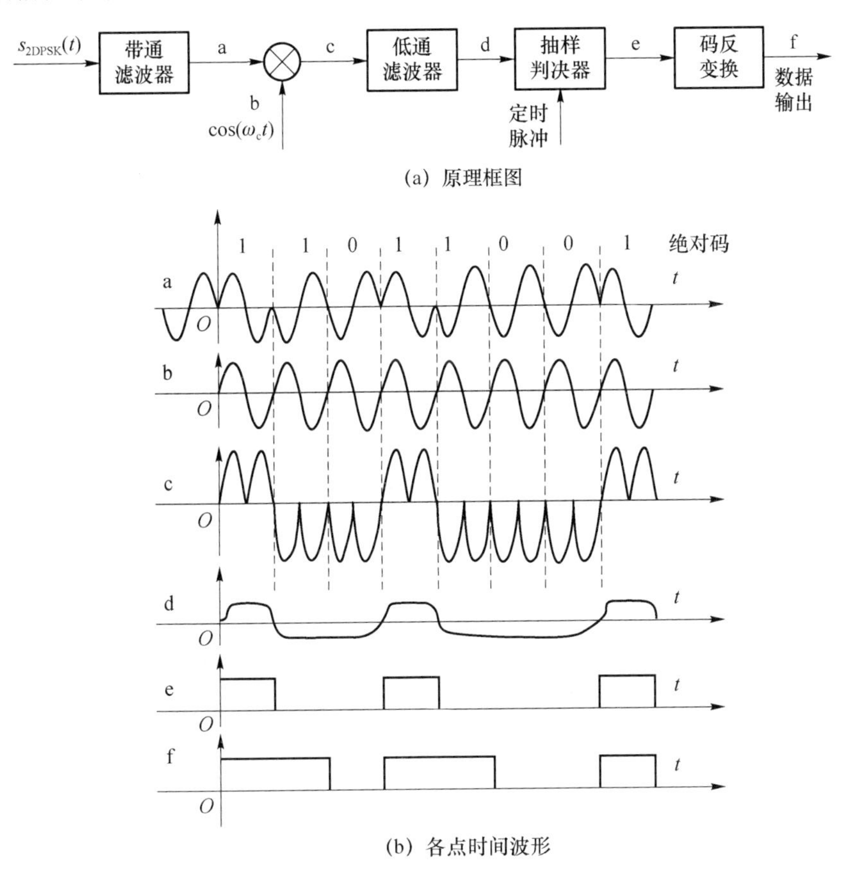

图 7-18 2DPSK 相干解调原理框图和各点时间波形

2DPSK 信号的另一种解调方法是差分相干解调(相位比较法),其原理框图和各点时间波形如图 7-19 所示。用这种方法解调时不需要专门的相干载波,只需由收到的 2DPSK 信号延时一个码元间隔 T_s,然后与 2DPSK 信号本身相乘。相乘器起着相位比较的作用,相乘结果反映了前后码元的相位差,经低通滤波后再抽样判决,即可直接恢复出原始数字信息,故解调器中不需要码反变换器。

2. 功率谱密度

从前面讨论的 2DPSK 信号的调制过程及其波形可以知道,2DPSK 可以与 2PSK 具有相同形式的表达式。所不同的是 2PSK 中的基带信号 $s(t)$对应的是绝对码序列;而 2DPSK 中的基带信号 $s(t)$对应的是码变换后的相对码序列。因此,2DPSK 信号和 2PSK 信号的功率谱密度是完全一样的,即上一小节中的式(7-27)及图 7-14 也可用来表述 2DPSK 信号的功率谱密度。信号带宽为

$$B_{2DPSK}=B_{2PSK}=2f_s$$

与 2ASK 相同,2DPSK 的带宽也是码元速率的 2 倍。

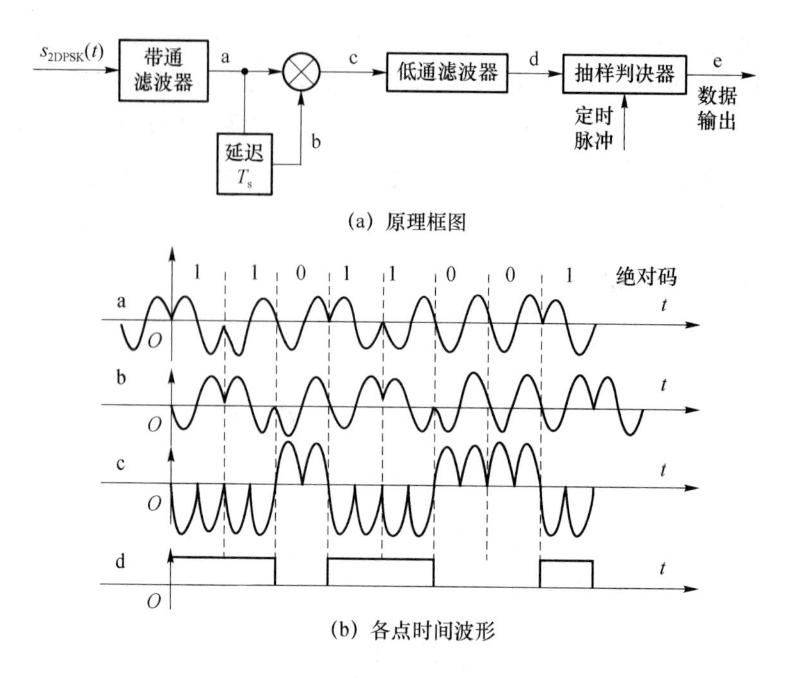

(a) 原理框图

(b) 各点时间波形

图 7-19 2DPSK 差分相干解调原理框图和各点时间波形

7.2 二进制数字调制系统的抗噪声性能

以上我们详细地讨论了二进制数字调制系统的原理。本节将分别讨论 2ASK、2FSK、2PSK、2DPSK 系统的抗噪声性能。

通信系统的抗噪声性能是指系统克服加性噪声影响的能力。在数字通信系统中，信道噪声有可能使传输码元产生错误，错误程度通常用误码率来衡量。因此，与分析数字基带系统的抗噪声性能一样，分析数字调制系统的抗噪声性能，也就是求系统在信道噪声干扰下的总误码率。

分析条件：假设信道是恒参信道，在信号的频带范围内具有理想矩形的传输特性（可取其传输系数为 K）；信道噪声是加性高斯白噪声，并且认为噪声只对信号的接收带产生影响，因而分析系统性能是在接收端进行的。

7.2.1 2ASK 系统的抗噪声性能

由 7.1 节可知，2ASK 信号的解调方法有包络检波法和同步检测法。下面将分别讨论这两种解调方法的误码率。

1. 同步检测法的系统性能

对于 2ASK 信号，同步检测法的系统性能分析模型如图 7-20 所示。

在图 7-20 中，接收机带通滤波器的输出表达式为

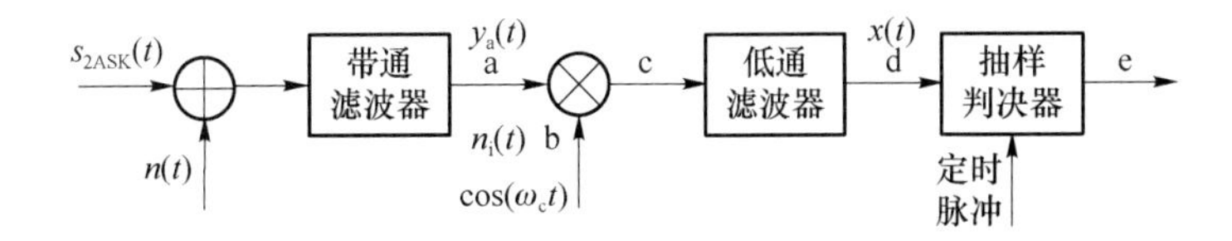

图 7-20 2ASK 信号同步检测法的系统性能分析模型

$$y_a(t)=\begin{cases}a\cos(\omega_c t)+n_c(t)\cos(\omega_c t)-n_s(t)\sin(\omega_c t), & \text{发送“1”时}\\ n_c(t)\cos(\omega_c t)-n_s(t)\sin(\omega_c t), & \text{发送“0”时}\end{cases}$$
$$=\begin{cases}[a+n_c(t)]\cos(\omega_c t)-n_s(t)\sin(\omega_c t), & \text{发送“1”时}\\ n_c(t)\cos(\omega_c t)-n_s(t)\sin(\omega_c t), & \text{发送“0”时}\end{cases} \tag{7-30}$$

其中，$n_c(t)$为高斯白噪声的同相分量，$n_s(t)$为高斯白噪声的正交分量。

$y_a(t)$与相干载波 $2\cos(\omega_c t)$相乘，然后由低通滤波器滤除高频分量，在抽样判决器输入端得到的波形 $x(t)$为

$$x(t)=\begin{cases}a+n_c(t), & \text{发送“1”时}\\ n_c(t), & \text{发送“0”时}\end{cases} \tag{7-31}$$

其中，a 为信号成分，由于 $n_c(t)$是均值为 0、方差为 σ_n^2 的高斯噪声，所以 $x(t)$也是一个高斯随机过程，其均值分别为 a（发送“1”时）和 0（发送“0”时），方差等于 σ_n^2。

设第 k 个符号的抽样时刻为 kT_s，则 $x(t)$在 kT_s 时刻的抽样值

$$x(t)=x(kT_s)=\begin{cases}a+n_c(kT_s), & \text{发送“1”时}\\ n_c(kT_s), & \text{发送“0”时}\end{cases} \tag{7-32}$$

是一个高斯随机变量。因此，发送“1”时，x 的一维概率密度函数 $f_1(x)$为

$$f_1(x)=\frac{1}{\sqrt{2\pi}\sigma_n}\exp\left\{-\frac{(x-a)^2}{2\sigma^2}\right\} \tag{7-33}$$

发送“0”时，x 的一维概率密度函数 $f_0(x)$为

$$f_0(x)=\frac{1}{\sqrt{2\pi}\sigma_n}\exp\left\{-\frac{x^2}{2\sigma^2}\right\} \tag{7-34}$$

$f_1(x)$和 $f_0(x)$的曲线形状如图 7-21 所示。

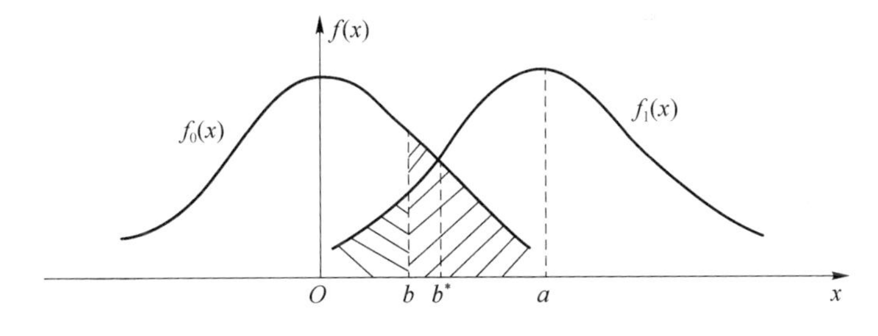

图 7-21 2ASK 同步检测时误码率的几何表示

若取判决门限为 b，规定判决规则为

$x>b$ 时， 判为“1”

$x\leqslant b$ 时， 判为“0”

则当发送“1”时，错误接收为“0”的概率是抽样值 $x\leqslant b$ 的概率，即

$$P(0 \mid 1)=P(x \leqslant b)=\int_{-\infty}^{b} f_1(x)\mathrm{d}x=1-\frac{1}{2}\operatorname{erfc}\left(\frac{b-a}{\sqrt{2}\sigma_n}\right) \tag{7-35}$$

其中 $\operatorname{erfc}(x)=\frac{2}{\sqrt{\pi}}\int_{x}^{\infty}\mathrm{e}^{-u^2}\mathrm{d}u$。

同理，发送“0”时，错误接收为“1”的概率是抽样值 $x>b$ 的概率，即

$$P(1 \mid 0)=P(x>b)=\int_{b}^{\infty} f_0(x)\mathrm{d}x=\frac{1}{2}\operatorname{erfc}\left(\frac{b}{\sqrt{2}\sigma_n}\right) \tag{7-36}$$

设发送“1”的概率为 $P(1)$，发送“0”的概率为 $P(0)$，则同步检测时 2ASK 系统的总误码率为

$$P_{\mathrm{e}}=P(1)P(0 \mid 1)+P(0)P(1 \mid 0)=P(1)\int_{-\infty}^{b} f_1(x)\mathrm{d}x+P(0)\int_{b}^{\infty} f_0(x)\mathrm{d}x \tag{7-37}$$

且不难看出，最佳门限 $b^*=\frac{a}{2}$。

综合式(7-33)～式(7-37)，可以证明，这个系统的误码率为

$$P_{\mathrm{e}}=\frac{1}{2}\operatorname{erfc}\left(\sqrt{\frac{r}{4}}\right) \tag{7-38}$$

式中：$r=\frac{a^2}{2\sigma^2}$，为解调器输入端的信噪比。

当 $r\gg 1$，即大信噪比时，式(7-38)可近似表示为

$$P_{\mathrm{e}}\approx\frac{1}{\sqrt{\pi r}}\mathrm{e}^{-r/4} \tag{7-39}$$

2. 包络检波法的系统性能

参照图 7-3，只需将图 7-20 中的相干解调器(相乘—低通)替换为包络检波器(整流—低通)，则可以得到 2ASK 采用包络检波法的系统性能分析模型，故这里不再重画。显然，带通滤波器的输出波形 $y(t)$ 与相干解调法的相同，同为式(7-30)。

由式(7-30)可知，当发送“1”符号时，包络检波器的输出波形 $V(t)$ 为

$$V(t)=\sqrt{[a+n_{\mathrm{c}}(t)]^2+n_{\mathrm{s}}^2(t)} \tag{7-40}$$

当发送“0”符号时，包络检波器的输出波形 $V(t)$ 为

$$V(t)=\sqrt{n_{\mathrm{c}}^2(t)+n_{\mathrm{s}}^2(t)} \tag{7-41}$$

由式(7-30)可知，发送“1”时，LPF 输出包络 $V(t)$ 的抽样值 x 的一维概率密度函数 $f_1(x)$ 服从莱斯分布；而发送“0”时，LPF 输出包络 $V(t)$ 的抽样值 x 的一维概率密度函数 $f_0(x)$ 服从瑞利分布，如图 7-22 所示。

$x(t)$ 亦即抽样判决器输入信号，对其进行抽样判决后即可确定接收码元是“1”还是“0”。规定：倘若 $x(t)$ 的抽样值 $x>b_0$，则判为“1”码；若 $x\leqslant b_0$，则判为“0”码。显然，选择什么样的判决门限电平 b_0 与判决的正确程度(或错误程度)密切相关。选定的 b_0 不同，得到的误码率也不同，这一点可从下面的分析中清楚地看到。

假设发送“1”码的概率为 $P(1)$，发送“0”码的概率为 $P(0)$，则系统的总误码率 P_{e} 为

$$P_{\mathrm{e}}=P(1)P(0|1)+P(0)P(1|0) \tag{7-42}$$

当等概时

$$P_{\mathrm{e}}=\frac{1}{2}[P(0|1)+P(1|0)] \tag{7-43}$$

可以证明，当最佳门限 $b_0^*=A/2$ 时，系统的误码率近似为

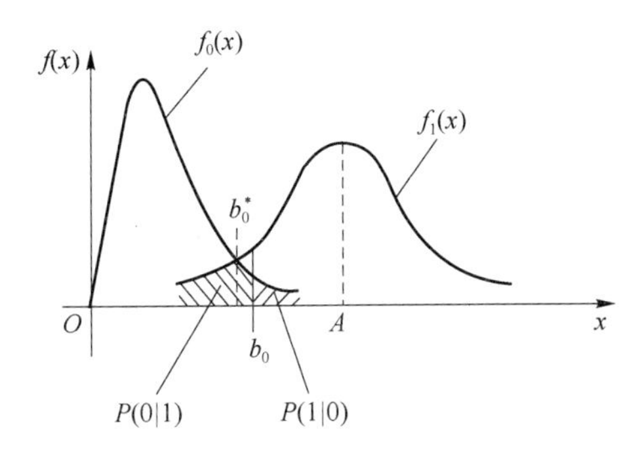

图 7-22 包络检波时误码率的几何表示

$$P_e \approx \frac{1}{2} e^{-\frac{r}{4}} \tag{7-44}$$

式中，$r = A^2/(2\sigma_n^2)$为包络检波器输入信噪比。由此可见，包络解调 2ASK 系统的误码率随输入信噪比 r 的增大，近似地按指数规律下降。

必须指出，式(7-44)是在等概、大信噪比、最佳门限等条件下推导得出的，使用时应注意适用条件。

【例 7-1】 设有一 2ASK 信号传输系统，其码元速率为 $R_B = 4.8 \times 10^6$ B，发送"1"和发送"0"的概率相等，接收端分别采用同步检测法和包络检波法解调。已知接收端输入信号的幅度 $a = 1$ mV，信道中加性高斯白噪声的单边功率谱密度 $n_0 = 2 \times 10^{-15}$ W/Hz。试求：

① 用同步检测法解调时系统的误码率；

② 用包络检波法解调时系统的误码率。

解：① 根据 2ASK 信号的频谱分析可知，2ASK 信号所需的传输带宽近似为码元速率的 2 倍，所以接收端带通滤波器的带宽为

$$B = 2R_B = 9.6 \times 10^6 \text{ Hz}$$

带通滤波器输出噪声的平均功率为

$$\sigma_n^2 = n_0 B = 2 \times 10^{-15} \times 9.6 \times 10^6 = 1.92 \times 10^{-8} \text{ W}$$

信噪比为

$$r = \frac{a^2}{2\sigma_n^2} = \frac{1 \times 10^{-6}}{2 \times 1.92 \times 10^{-8}} \approx 26 \gg 1$$

于是，用同步检测法解调时系统的误码率为

$$P_e \approx \frac{1}{\sqrt{\pi r}} e^{-r/4} = \frac{1}{\sqrt{3.1416 \times 26}} \times e^{-6.5} = 1.66 \times 10^{-4}$$

② 用包络检波法解调时系统的误码率为

$$P_e = \frac{1}{2} e^{-r/4} = \frac{1}{2} e^{-6.5} = 7.5 \times 10^{-4}$$

可见，在大信噪比的情况下，包络检波法的解调性能接近同步检测法的解调性能。

7.2.2 2FSK 系统的抗噪声性能

2FSK 信号的解调方法有多种，而误码率和接收方法相关。下面仅就同步检测法和包络检波法这两种方法的系统性能进行分析。

1. 同步检测法的系统性能

2FSK 信号采用同步检测法的性能分析模型如图 7-23 所示。

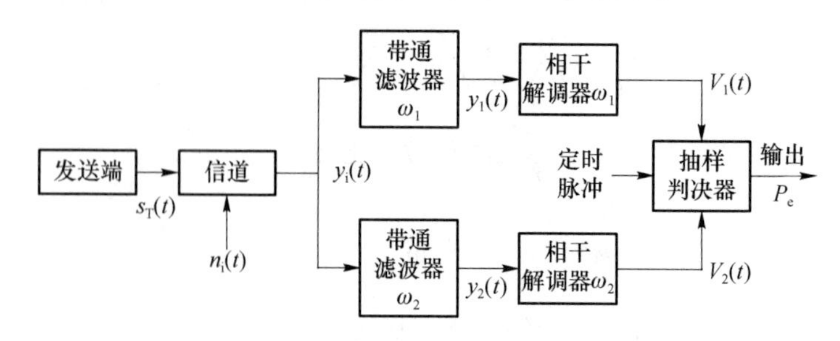

图 7-23　2FSK 信号采用同步检测法的性能分析模型

设"1"符号对应载波频率 $f_1(\omega_1)$，"0"符号对应载波频率 $f_2(\omega_2)$，则在一个码元的持续时间 T_s 内，发送端产生的 2FSK 信号可表示为

$$y_i(t)=\begin{cases}a\cos(\omega_1 t)+n_i(t), & 发送“1”时\\ a\cos(\omega_2 t)+n_i(t), & 发送“0”时\end{cases} \tag{7-45}$$

式中，$n_i(t)$为加性高斯白噪声，其均值为 0。

在图 7-23 中，解调器采用两个带通滤波器来区分中心频率分别为 f_1 和 f_2 的信号。中心频率为 f_1 的带通滤波器只允许中心频率为 f_1 的信号频谱成分通过，而滤除中心频率为 f_2 的信号频谱成分；中心频率为 f_2 的带通滤波器只允许中心频率为 f_2 的信号频谱成分通过，而滤除中心频率为 f_1 的信号频谱成分。这样，接收端上下支路两个带通滤波器的输出波形 $y_1(t)$ 和 $y_2(t)$分别为

$$y_1(t)=\begin{cases}a\cos(\omega_1 t)+n_1(t), & 发送“1”时\\ n_1(t), & 发送“0”时\end{cases} \tag{7-46}$$

$$y_2(t)=\begin{cases}n_2(t), & 发送“1”时\\ a\cos(\omega_2 t)+n_2(t), & 发送“0”时\end{cases} \tag{7-47}$$

式中，$n_1(t)$和 $n_2(t)$分别为高斯白噪声 $n_i(t)$经过上下两个带通滤波器的输出噪声——窄带高斯噪声，其均值同为 0，方差同为 σ_n^2，只是中心频率不同而已，即

$$\begin{aligned}n_1(t)&=n_{1c}(t)\cos(\omega_1 t)-n_{1s}(t)\sin(\omega_1 t)\\ n_2(t)&=n_{2c}(t)\cos(\omega_1 t)-n_{2s}(t)\sin(\omega_1 t)\end{aligned} \tag{7-48}$$

现在假设在$(0,T_s)$时间内发送"1"符号(对应 ω_1)，则上下支路两个带通滤波器的输出波形 $y_1(t)$ 和 $y_2(t)$分别为

$$y_1(t)=[a+n_{1c}(t)]\cos(\omega_1 t)-n_{1s}(t)\sin(\omega_1 t) \tag{7-49}$$

$$y_2(t)=[a+n_{2c}(t)]\cos(\omega_2 t)-n_{2s}(t)\sin(\omega_2 t) \tag{7-50}$$

式中：a 为信号成分；$n_{1c}(t)$和 $n_{2c}(t)$均为低通型高斯噪声，其均值为零，方差为 σ_n^2。

它们分别经过相干解调(相乘—低通)后，送入抽样判决器进行比较。两路输入波形分别为

$$上支路：x_1(t)=a+n_{1c}(t) \tag{7-51}$$

$$下支路：x_2(t)=n_{2c}(t) \tag{7-52}$$

$x_1(t)$和 $x_2(t)$抽样值的一维概率密度函数分别为

$$f_1(x)=\frac{1}{\sqrt{2\pi}\sigma_n}\exp\left\{-\frac{(x_1-a)^2}{2\sigma^2}\right\} \tag{7-53}$$

$$f_2(x)=\frac{1}{\sqrt{2\pi}\sigma_n}\exp\left\{-\frac{x_2{}^2}{2\sigma^2}\right\} \tag{7-54}$$

当 $x_1(t)$ 的抽样值 x_1 小于 $x_2(t)$ 的抽样值 x_2 时，判决器输出“0”符号，造成将“1”判为“0”的错误，故这时错误概率为

$$P(0|1)=P(x_1<x_2)=P(x_1-x_2<0)=P(z<0) \tag{7-55}$$

其中，$z=x_1-x_2$，则 z 是高斯型随机变量，其均值为 a，方差为 $\sigma_z^2=2\sigma_n^2$。

设 z 的一维概率密度函数为 $f(z)$，则由式(7-55)可得到

$$\begin{aligned}P(0|1)&=P(z<0)\\&=\int_{-\infty}^{0}f(z)\mathrm{d}z\\&=\frac{1}{\sqrt{2\pi}\sigma_n}\int_{-\infty}^{0}\exp\left\{-\frac{(z-a)^2}{2\sigma_n^2}\right\}\mathrm{d}z\\&=\frac{1}{2}\mathrm{erfc}\left(\sqrt{\frac{r}{2}}\right)\end{aligned} \tag{7-56}$$

同理可得，发送“0”错判为“1”的概率

$$P(0|1)=P(x_1>x_2)=\frac{1}{2}\mathrm{erfc}\left(\sqrt{\frac{r}{2}}\right) \tag{7-57}$$

显然，由于上下支路的对称性，以上两个错误概率相等。于是，采用同步检测法时 2FSK 系统的总误码率为

$$P_e=\frac{1}{2}\mathrm{erfc}\left(\sqrt{\frac{r}{2}}\right) \tag{7-58}$$

式中，$r=\frac{a^2}{2\sigma_n^2}$为解调器输入端(带通滤波器输出端)的信噪比。在大信噪比($r\gg1$)条件下，式(7-58)可近似表示为

$$P_e\approx\frac{1}{\sqrt{2\pi r}}\mathrm{e}^{-\frac{r}{2}} \tag{7-59}$$

2. 包络检波法的系统性能

2FSK 包络检波法系统分析模型可参照图 7-8，只需将图 7-23 中的相干解调器(相乘—低通)替换为包络检波器(整流—低通)即可，故不再重画。

在前面讨论的基础上，我们很容易求得采用包络检波法接收 2FSK 信号的系统性能。仍然假定在 $(0,T_s)$ 时间内发送“1”符号(对应 ω_1)，由式(7-49)和式(7-50)可得到这时两路包络检波器的输出(即送入抽样判决器进行比较的两路输入包络)分别为

$$\text{上支路}:V_1(t)=\sqrt{[a+n_{1c}(t)]^2+n_{1s}^2(t)} \tag{7-60}$$

$$\text{下支路}:V_2(t)=\sqrt{n_{2c}^2+n_{2s}^2(t)} \tag{7-61}$$

由随机信号分析可知，$V_1(t)$ 的抽样值 V_1 服从广义瑞利分布，$V_2(t)$ 的抽样值 V_2 服从瑞利分布。显然，当 $V_1<V_2$ 时，会发生将“1”码判决为“0”码的错误，该错误发生的概率 $P(0|1)$ 就是发送“1”时 $V_1<V_2$ 的概率。经计算，得

$$P(0|1)=\frac{1}{2}\mathrm{e}^{-\frac{r}{2}} \tag{7-62}$$

式中，$r=\frac{a^2}{2\sigma_n^2}$为解调器输入端（带通滤波器输出端）的信噪比。

同理可得，将“0”码判决为“1”码的错误的概率 $P(1|0)$就是发送“0”时 $V_1>V_2$ 的概率。经计算，得

$$P(1|0)=\frac{1}{2}e^{-\frac{r}{2}} \tag{7-63}$$

于是可得 2FSK 采用包络检波法解调时系统的误码率为

$$P_e=P(1)P(0|1)+P(0)P(1|0)=\frac{1}{2}e^{-\frac{r}{2}} \tag{7-64}$$

由式(7-64)可见，包络检波法解调时 2FSK 系统的误码率将随输入信噪比的增加而呈指数规律下降。

将相干解调与包络（非相干）解调系统的误码率进行比较，可以发现：

① 在输入信号信噪比 r 一定时，相干解调的误码率小于非相干解调的误码率；当系统的误码率一定时，相干解调比非相干解调对输入信号的信噪比要求低。所以相干解调 2FSK 系统的抗噪声性能优于非相干的包络检测。但当输入信号的信噪比 r 很大时，两者的相对差别不是很明显。

② 相干解调需要插入两个相干载波，电路较为复杂。包络检测法无须相干载波，因而电路较为简单。一般而言，大信噪比时常用包络检测法，小信噪比时才用相干解调，这与 2ASK 的情况相同。

【例 7-2】 采用 2FSK 方式在等效带宽为 2 400 Hz 的传输信道上传输二进制数字。2FSK 信号的频率分别为 $f_1=980$ Hz，$f_2=1\,580$ Hz，码元速率为 $R_B=300$ B。接收端输入（即信道端输出）的信噪比为 6 dB。试求：

① 2FSK 信号的带宽；

② 用包络检波法解调时系统的误码率；

③ 用同步检测法解调时系统的误码率。

解： ① 根据式(7-19)，该 2FSK 信号的带宽为

$$B_{2FSK}=|f_2-f_1|+2f_s=1\,580-980+2\times300=1\,200\text{ Hz}$$

② 由式(7-64)可知，误码率 P_e 取决于带通滤波器输出端的信噪比 r。由于 FSK 接收系统中上下支路带通滤波器的带宽近似为

$$B=2f_s=2\times300=600\text{ Hz}$$

它仅是信道等效带宽(2 400 Hz)的 1/4，故噪声功率也减小为原来的 1/4，因而带通滤波器输出端的信噪比 r 比输入端的信噪比提高了 4 倍。又由于接收端的输入信噪比为 6 dB，故带通滤波器输出端的信噪比应为

$$r=4\times4=16$$

将此信噪比值代入式(7-64)，可得用包络检波法解调时系统的误码率

$$P_e=\frac{1}{2}e^{-\frac{r}{2}}=\frac{1}{2}e^{-8}=1.7\times10^{-4}$$

③ 同理，由式(7-58)可得用同步检测法解调时系统的误码率

$$P_e\approx\frac{1}{\sqrt{2\pi r}}e^{-\frac{r}{2}}=\frac{1}{\sqrt{32\pi}}e^{-8}=3.39\times10^{-5}$$

7.2.3 2PSK 和 2DPSK 系统的抗噪声性能

由 7.1.3 节和 7.1.4 节我们了解到，2PSK 可分为绝对相移和相对相移两种，并且指出，无论是 2PSK 信号还是 2DPSK 信号，从信号波形上看，无非是一对倒相信号的序列，或者说，其表达式的形式完全一样。因此，不管是 2PSK 信号还是 2DPSK 信号，在一个码元的持续时间 T_s 内，都可表示为

$$s_T(t)=\begin{cases} u_{1T}(t), & \text{发送“1”时} \\ u_{0T}(t)=-u_{1T}(t), & \text{发送“0”时} \end{cases} \tag{7-65}$$

其中 $u_{1T}(t)=\begin{cases} A\cos(\omega_1 t), & 0<t<T_s \\ 0, & \text{其他} \end{cases}$。

当然，$s_T(t)$代表 2PSK 信号时，上式中“1”及“0”是原始数字信息（绝对码）；当 $s_T(t)$代表 2DPSK 信号时，上式中“1”及“0”并非原始数字信息，而是绝对码变换成相对码后的“1”及“0”。

下面，我们将分别讨论 2PSK 相干解调（极性比较法）系统、2DPSK 相干解调（极性比较-码反变换）系统以及 2DPSK 差分相干解调系统的误码性能。

1. 2PSK 相干解调系统的性能

2PSK 相干解调方式又称为极性比较法，2PSK 信号相干解调系统性能分析模型如图 7-24 所示。

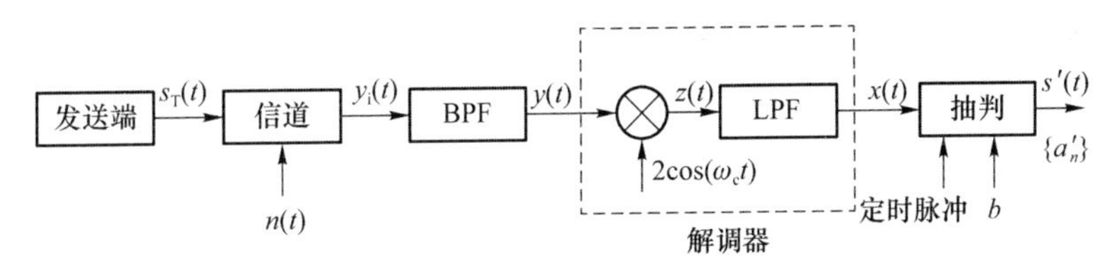

图 7-24 2PSK 信号相干解调系统性能分析模型

设发送端发出的信号如式(7-65)所示，则接收端带通滤波器输出波形 $y(t)$为

$$y(t)=\begin{cases} [a+n_c(t)]\cos(\omega_c t)-n_s(t)\sin(\omega_c t), & \text{发送“1”时} \\ [-a+n_c(t)]\cos(\omega_c t)-n_s(t)\sin(\omega_c t), & \text{发送“0”时} \end{cases} \tag{7-66}$$

$y(t)$经过相干解调（相乘—低通）后，送入抽样判决器的输入波形为

$$x(t)=\begin{cases} a+n_c(t), & \text{发送“1”时} \\ -a+n_c(t), & \text{发送“0”时} \end{cases} \tag{7-67}$$

由于 $n_c(t)$是均值为 0、方差为 σ_n^2 的高斯噪声，所以 $x(t)$的一维概率密度函数为

$$f_1(x)=\frac{1}{\sqrt{2\pi}\sigma_n}\exp\left\{-\frac{(x-a)^2}{2\sigma^2}\right\}, \quad \text{发送“1”时} \tag{7-68a}$$

$$f_0(x)=\frac{1}{\sqrt{2\pi}\sigma_n}\exp\left\{-\frac{(x+a)^2}{2\sigma^2}\right\}, \quad \text{发送“0”时} \tag{7-68b}$$

由最佳判决门限分析可知，在发送“1”符号和发送“0”符号概率相等时，即 $P(1)=P(0)$时，最佳判决门限 $b^*=0$。此时，发“1”而错判为“0”的概率为

$$P(0\mid 1)=P(x\leqslant 0)=\int_{-\infty}^{0} f_1(x)\mathrm{d}x=\frac{1}{2}\mathrm{erfc}(\sqrt{r}) \tag{7-69}$$

式中，$r=\dfrac{a^2}{2\sigma_n^2}$。

同理，发送“0”而错判为“1”的概率为

$$P(1\mid 0)=P(x>0)=\int_{0}^{\infty} f_0(x)\mathrm{d}x=\frac{1}{2}\mathrm{erfc}(\sqrt{r}) \tag{7-70}$$

故 2PSK 信号相干解调时系统的总误码率为

$$P_e=P(1)P(0|1)+P(0)P(1|0)=\frac{1}{2}\mathrm{erfc}(\sqrt{r}) \tag{7-71}$$

在大信噪比($r\gg 1$)条件下，上式可近似为

$$P_e\approx\frac{1}{2\sqrt{\pi r}}\mathrm{e}^{-r} \tag{7-72}$$

2. 2DPSK 系统的抗噪声性能

(1) 相干解调-码变换法解调时 2DPSK 系统的抗噪声性能

2DPSK 信号相干解调-码变换法解调系统性能分析模型如图 7-25 所示。图 7-25 中，码反变换器输入端的误码率 P_e 已经知道，就是前面介绍的相干解调 2PSK 系统的误码率，由式(7-71)决定。于是，要求最终的 2DPSK 系统误码率 P'_e，只需在此基础上再考虑码反变换器引起的误码率即可。

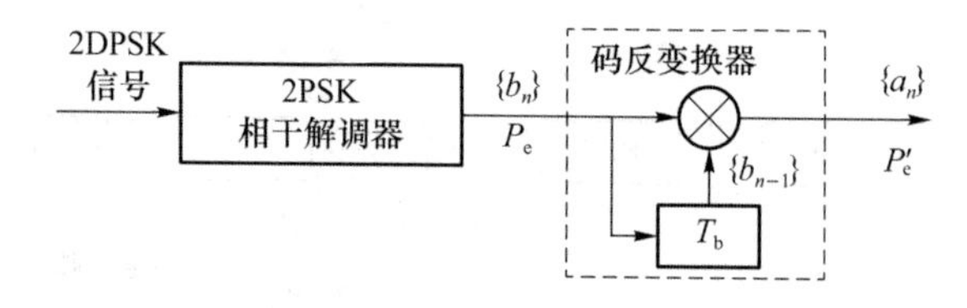

图 7-25　2DPSK 信号相干解调-码变换法解调系统性能分析模型

为了分析码反变换器对误码的影响，下面以 $\{b_n\}=0110111001$ 为例进行讨论，根据码反变换器公式 $a_n=b_n\oplus b_{n-1}$，码反变换器输入的相对码序列 $\{b_n\}$ 与输出的绝对码序列 $\{a_n\}$ 之间的误码关系如图 7-26 所示。

从图 7-26 中可以看出：

① 若相对码信号序列中有一个码元错误，则在码反变换器输出的绝对码信号序列中将出现两个码元错误，如图 7-26(b)所示，图中，带“×”的码元表示错码；

② 若相对码信号序列中有连续两个码元错误，则在码反变换器输出的绝对码信号序列中引起两个码元错误，如图 7-26(c)所示；

③ 若相对码信号序列中出现一长串连续错码，则在码反变换器输出的绝对码信号序列中引起两个码元错误，如图 7-26(d)所示。

按此规律，若令 P_n 表示“一串 $n(n=1,2,3,\cdots)$ 个码元连续错误”这一事件出现的概率，码反变换器输出的误码率为

$$P'_e=2P_1+2P_2+\cdots+2P_n+\cdots \tag{7-73}$$

显然，只要找到 P_n 与 2PSK 相干检测输出误码率 P_e 之间的关系，则 P'_e 与 P_e 之间的关系可通过上式求得。

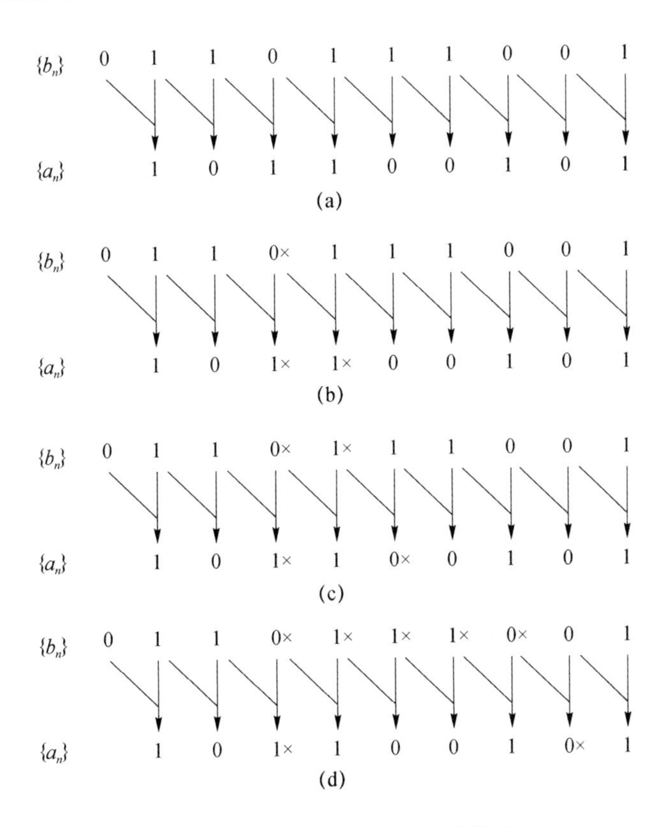

图 7-26 码反变换器对误码的影响

在一个很长的序列中，出现“一串 n 个码元连续错误”这一事件，必然是“n 个码元同时出错与在该串错码两端都有一个码元不错”同时发生的事件。因此

$$P_n = P_e^n\,(1-P_e)^2,\quad n=1,2,\cdots$$

将上式代入式(7-73)后，可得

$$\begin{aligned} P_e' &= 2\,(1-P_e)^2\,(P_e^1+P_e^2+\cdots+P_e^n+\cdots) \\ &= 2(1-P_e)^2 P_e (1+P_e+P_e^2+\cdots) \end{aligned} \tag{7-74}$$

因为 P_e 总是小于 1，故下式必成立：

$$1+P_e+P_e^2+\cdots=\frac{1}{1-P_e}$$

将上式代入式(7-74)，可得

$$P_e' = 2(1-P_e)P_e \tag{7-75}$$

将式(7-71)表示的 2PSK 信号相干解调系统误码率 P_e 代入式(7-75)，则可得到 2DPSK 信号相干解调-码变换法解调时的误码率为

$$P_e' = \frac{1}{2}\left[1-(\mathrm{erf}\sqrt{r})^2\right] \tag{7-76}$$

当相对码的误码率 $P_e \ll 1$ 时，式(7-75)可近似表示为

$$P_e' \approx 2P_e = \mathrm{erfc}(\sqrt{r}) \tag{7-77}$$

由此可见，码反变换器总是使系统的误码率增加，通常认为增加一倍。

(2) 差分相干解调时 2DPSK 系统的抗噪声性能

2DPSK 信号差分相干解调系统性能分析模型如图 7-27 所示。

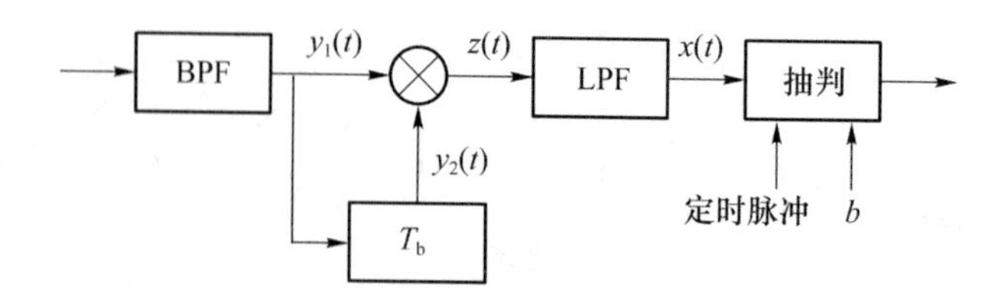

图 7-27　2DPSK 信号差分相干解调系统性能分析模型

由图 7-27 可知，对 2DPSK 信号差分相干解调系统误码率的分析，由于存在着带通滤波器输出信号 $y_1(t)$ 与其延迟 T_b 的信号 $y_2(t)$ 相乘的问题，因此需要同时考虑两个相邻的码元，分析过程较为复杂，在此仅给出如下结论。

差分检测时 2DPSK 系统的最佳判决电平为

$$b^*=0 \tag{7-78}$$

差分检测时 2DPSK 系统的误码率为

$$P_e=P(1)P(0|1)+P(0)P(1|0)=\frac{1}{2}e^{-r} \tag{7-79}$$

式中，$r=\dfrac{a^2}{2\sigma_n^2}$为接收端带通滤波器输出端信噪比。

式(7-79)表明，差分检测时 2DPSK 系统的误码率随输入信噪比的增加呈指数规律下降。

3. 2PSK 系统与 2DPSK 系统的比较

综上讨论，不难得到：

① 检测这两种信号时判决器均可工作在最佳门限电平(零电平)。

② 2DPSK 系统的抗噪声性能不及 2PSK 系统。

③ 2PSK 系统存在"反相工作"问题，而 2DPSK 系统不存在"反相工作"问题。

因此，在实际应用中真正作为传输用的数字调相信号几乎都是 DPSK 信号。

【例 7-3】 假设采用 2DPSK 方式在微波线路上传送二进制数字信息。已知码元率为 $R_B=10^6$ B，信道中加性高斯白噪声的单边功率谱密度为 $n_0=2\times10^{-10}$ W/Hz。现要求码率不大于10^{-4}。试求：

① 采用差分相干解调时，接收机输入端所需的信号功率；

② 采用相干解调-码反变换法时，接收机输入端所需的信号功率。

解： ① 接收端带通滤波器的带宽为

$$B=2R_B=2\times10^6\ \text{Hz}$$

其输出的噪声功率为

$$\sigma_n^2=n_0B=2\times10^{-10}\times2\times10^6=4\times10^{-4}\ \text{W}$$

根据式(7-79)，2DPSK 采用差分相干接收的误码率为

$$P_e=\frac{1}{2}e^{-r}\leqslant10^{-4}$$

求解可得

$$r\geqslant8.52$$

又因为

$$r=\frac{a^2}{2\sigma_n^2}$$

所以，接收机输入端所需的信号功率为

$$\frac{a^2}{2}\geqslant 8.52\sigma_n^2=8.52\times 4\times 10^{-4}\approx 3.4\times 10^{-3}\ \mathrm{W}$$

② 对于采用相干解调-码反变换法的 2DPSK 系统，由式(7-77)可得

$$P_e'\approx 2P_e=\mathrm{erfc}(\sqrt{r})$$

根据题意有

$$P_e'\leqslant 10^{-4}$$

因而有

$$\mathrm{erfc}(\sqrt{r})=1-\mathrm{erf}(\sqrt{r})\leqslant 10^{-4}$$

即

$$\mathrm{erf}(\sqrt{r})\geqslant 1-10^{-4}=0.9999$$

查误差函数表，可得

$$\sqrt{r}\geqslant 2.75$$

即

$$r\geqslant 7.56$$

由 $r=\frac{a^2}{2\sigma_n^2}$ 可得接收机输入端所需的信号功率为

$$\frac{a^2}{2}\geqslant 7.56\sigma_n^2=7.56\times 4\times 10^{-4}\approx 3.02\times 10^{-3}\ \mathrm{W}$$

7.3 二进制数字调制系统的性能比较

第 1 章已经指出，衡量一个数字通信系统性能好坏的指标有多种，但最为主要的是有效性和可靠性。基于前面的讨论，下面将针对二进制数字调制系统的误码率、频带宽度、对信道特性变化的敏感性等方面的性能作一简要的比较。通过比较，可以为在不同的应用场合选择什么样的调制和解调方式提供一定的参考依据。

1. 误码率

误码率是衡量一个数字通信系统性能的重要指标。通过上一节的分析可知，在信道高斯白噪声的干扰下，各种二进制数字调制系统的误码率取决于解调器输入信噪比，而误码率表达式的形式则取决于解调方式。相干解调时为互补误差函数 $\mathrm{erfc}\left(\sqrt{\frac{r}{k}}\right)$ 形式（k 只取决于调制方式），非相干解调时为指数函数形式，如表 7-1 所示。

表 7-1　二进制数字调制系统的误码率及信号带宽

名称	2DPSK 系统	2PSK 系统	2FSK 系统	2ASK 系统
相干检测	$\mathrm{erfc}\sqrt{r}$ （相干解调-码反变换法）	$\frac{1}{2}\mathrm{erfc}\sqrt{r}$	$\frac{1}{2}\mathrm{erfc}\sqrt{\frac{r}{2}}$	$\frac{1}{2}\mathrm{erfc}\sqrt{\frac{r}{4}}$
相干检测 （$r\gg1$）	$\frac{1}{\sqrt{\pi r}}\mathrm{e}^{-r}$ （相干解调-码反变换法）	$\frac{1}{2\sqrt{\pi r}}\mathrm{e}^{-r}$	$\frac{1}{\sqrt{2\pi r}}\mathrm{e}^{-\frac{r}{2}}$	$\frac{1}{\sqrt{\pi r}}\mathrm{e}^{-\frac{r}{4}}$
非相干 检测	$\frac{1}{2}\mathrm{e}^{-r}$		$\frac{1}{2}\mathrm{e}^{-\frac{r}{2}}$	$\frac{1}{2}\mathrm{e}^{-\frac{r}{4}}$
带宽	$\frac{2}{T_s}$	$\frac{2}{T_s}$	$\|f_2-f_1\|+\frac{2}{T_s}$	$\frac{2}{T_s}$
最佳门限	$b_0^*=0$	$b_0^*=0$		$b_0^*=a/2$（等概时）

对同一调制方式，采用相干解调方式的误码率低于采用非相干解调方式的误码率。若采用相同的解调方式（如相干解调），在误码率 P_e 相同的情况下，所需要的信噪比 2ASK 系统比 2FSK 系统高 3 dB，2FSK 系统比 2PSK 系统高 3 dB，2ASK 系统比 2PSK 系统高 6 dB。反过来，若信噪比 r 一定，2PSK 系统的误码率比 2FSK 系统的小，2FSK 系统的误码率比 2ASK 系统的小。由此看来，在抗加性高斯白噪声方面，相干解调的 2PSK 系统的性能最好，2FSK 系统次之，2ASK 系统最差。

根据表 7-1 所画出的 3 种数字调制系统的误码率 P_e 与信噪比 r 的关系曲线如图 7-28 所示。可以看出，在相同的信噪比 r 下，相干解调的 2PSK 系统的误码率 P_e 最小。

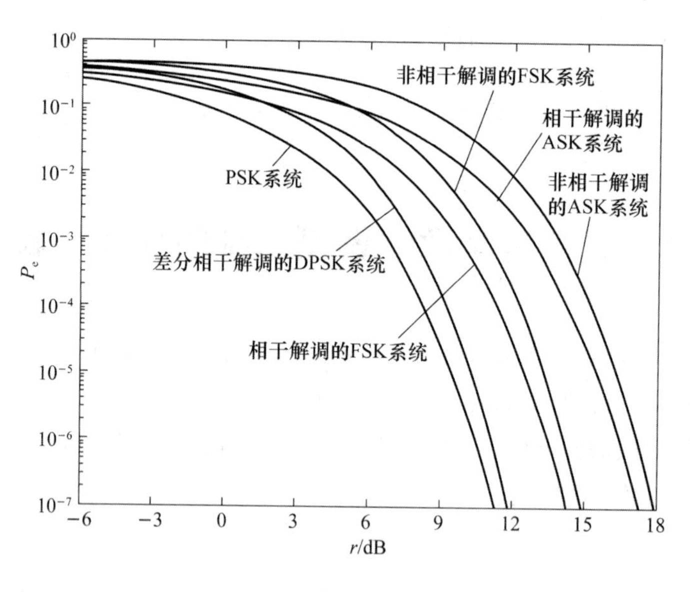

图 7-28　3 种数字调制系统的误码率与信噪比的关系

2. 频带宽度

由 7.1 节可知，当信号码元宽度为 T_s 时，2ASK 系统和 2PSK（2DPSK）系统的频带宽度近似为 $2/T_s$，即

$$B_{2ASK}=B_{2PSK}=\frac{2}{T_s} \tag{7-80}$$

2FSK 系统的频带宽度近似为

$$B_{2FSK}=|f_2-f_1|+\frac{2}{T_s} \tag{7-81}$$

因此,从频带宽度或频带利用率上看,2FSK 系统的频带利用率最低。

3. 对信道特性变化的敏感性

上一节在分析二进制数字调制系统的抗噪声性能时,假定了信道参数恒定的条件。在实际通信系统中,除恒参信道之外,还有很多信道属于随参信道,即信道参数随时间变化。因此,在选择数字调制方式时,还应考虑系统的最佳判决门限对信道特性的变化是否敏感。在 2FSK 系统中,判决器是根据上下两个支路解调输出样值的大小来作出判决的,不需要人为地设置判决门限,因而对信道的变化不敏感。在 2PSK 系统中,当发送不同符号的概率相等时,判决器的最佳判决门限为零,与接收机输入信号的幅度无关,因此,判决门限不随信道特性的变化而变化,接收机总能保持工作在最佳判决门限状态。对于 2ASK 系统,判决器的最佳判决门限为 $a/2$〔当 $P(1)=P(0)$时〕,它与接收机输入信号的幅度有关,当信道特性发生变化时,接收机输入信号的幅度将随着发生变化,从而导致最佳判决门限也将随之而变。这时,接收机不容易保持在最佳判决门限状态,因此,2ASK 系统对信道特性的变化敏感,性能最差。

通过以上几个方面的比较可以看出,对调制和解调方式的选择需要考虑的因素较多。通常,只有对系统的要求作全面的考虑,并且抓住其中最主要的要求,才能作出比较恰当的抉择。如果抗噪声性能是最主要的,则应考虑相干解调的 2PSK 系统和 2DPSK 系统,而 2ASK 系统最不可取;如果要求较高的频带利用率,则应选择相干解调的 2PSK 系统、2DPSK 系统及 2ASK 系统,而 2FSK 系统最不可取;如果要求较高的功率利用率,则应选择相干解调的 2PSK 系统和 2DPSK 系统,而 2ASK 系统最不可取;若传输信道是随参信道,则 2FSK 系统具有更好的适应能力。另外,若从设备复杂度方面考虑,则非相干解调方式比相干解调方式更适宜。这是因为相干解调需要提取相干载波,故设备相对复杂些,成本也略高。目前用得最多的数字调制方式是相干解调的 2DPSK 系统和非相干解调的 2FSK 系统。相干解调的 2DPSK 系统主要用于高速数据传输,而非相干解调的 2FSK 系统则用于中、低速数据传输,特别是在衰落信道中传输数据时,它有着广泛的应用。

二进制数字调制系统的性能比较

7.4 多进制数字调制原理

在带通二进制键控系统中,每个码元只传输 1 bit 的信息,其频带利用率不高。而频率资源是极其宝贵和紧缺的。为了提高频带利用率,最有效的办法是使一个码元传输多个比特的信息。这就是在这里将要讨论的多进制键控体制。多进制键控体制可以看作二进制键控体制的推广。这时,为了得到相同的误码率,和二进制系统相比,接收信号的信噪比需要更大,即需要用更大的发送信号功率。这就是为了传输更多信息量所要付出的代价。由 7.3 节中的讨论得知,各种键控体制的误码率都取决于信噪比:

$$r=\frac{a^2}{2\sigma_n^2} \tag{7-82}$$

式(7-82)表示 r 是信号码元功率 $a^2/2$ 和噪声功率 σ_n^2 之比。它还可以改写为码元能量 E 和噪声单边功率谱密度 n_0 之比:

$$r=\frac{E}{n_0} \tag{7-83}$$

式(7-83)已经利用了关系 $\sigma_n^2=n_0B$ 和 $B=1/T_s$，其中 B 为接收机带宽，T_s 为码元持续时间。在本节中，仍令 r 表示信噪比。

现在，设多进制码元的进制数为 M，码元能量为 E，一个码元包含信息 k 比特，则有

$$k=\log_2 M \tag{7-84}$$

若码元能量 E 平均分配给每比特，则每比特的能量 $E_b=E/k$，故有

$$\frac{E_b}{n_0}=\frac{E}{kn_0}=\frac{r}{k}=r_b \tag{7-85}$$

式中 r_b 是每比特的能量和噪声单边功率谱密度之比。在 M 进制中，由于每个码元包含的比特数 k 和进制数 M 有关，故在研究不同 M 值下的错误率时，适合以 r_b 为单位来比较不同体制的性能优劣。

和二进制类似，基本的多进制键控也有 ASK、FSK、PSK 和 DPSK 等几种。相应的键控方式可以记为多进制振幅键控(MASK)、多进制频移键控(MFSK)、多进制相移键控(MPSK)和多进制差分相移键控(MDPSK)。下面将分别予以讨论。

7.4.1 多进制振幅键控

在 6.1 节中介绍过多电平波形，它是一种基带多进制信号。若用这种单极性多电平信号去键控载波，就可得到 MASK 信号。图 7-29 给出了这种基带信号和相应的 MASK 信号的波形，图中的信号是 4ASK 信号，即 $M=4$。每个码元含有 2 bit 的信息。多进制振幅键控又称多电平调制，它是 2ASK 体制的推广。和 2ASK 相比，这种体制的优点在于单位频带的信息传输速率高，即频带利用率高。

在 6.4.2 节中讨论奈奎斯特第一准则时曾经指出，在二进制条件下，对于基带信号，信道频带利用率最高可达 2 bit/(s · Hz)，即每赫兹带宽每秒可以传输 2 bit 的信息。按照这一准则，由于 2ASK 信号的带宽是基带信号的 2 倍，故其频带利用率最高是 1 bit/(s · Hz)。由于 MASK 信号的带宽和 2ASK 信号的带宽相同，故 MASK 信号的频带利用率可以超过 1 bit/(s · Hz)。

图 7-29(a)所示的基带信号是多进制单极性不归零信号，它有直流分量。若改用多进制双极性不归零信号作为基带调制信号，如图 7-29(c)所示，则在不同码元出现概率相等的条件下，得到的是抑制载波的 MASK 信号，如图 7-29(d)所示。需要注意，这里每个码元的载波初始相位是不同的。例如，第 1 个码元的初始相位是 π，第 2 个码元的初始相位是 0。在 7.1.3 节中提到过，二进制抑制载波双边带信号就是 2PSK 信号。不难看出，这里的抑制载波的 MASK 信号是振幅键控和相位键控相结合的已调信号。

二进制抑制载波双边带信号和不抑制载波的信号相比，可以节省载波功率。现在的抑制载波 MASK 信号同样可以节省载波功率。

可以证明，相干解调时 M 进制数字幅度调制系统总的误码率为

$$P_e=\left(1-\frac{1}{M}\right)\mathrm{erfc}\left(\sqrt{\frac{3}{M^2-1}r}\right) \tag{7-86}$$

值得注意，上式是在最佳判决电平、各电平等概率出现、双极性相干检测条件下获得的，式中 $r=S/\sigma_n^2$ 为平均信噪比。容易看出，为了得到相同的误码率 P_e，所需的信噪比 r 随电平数 M 增

加而增大。例如,四电平系统比二电平系统的信噪比需要增大约 7 dB(5 倍)。

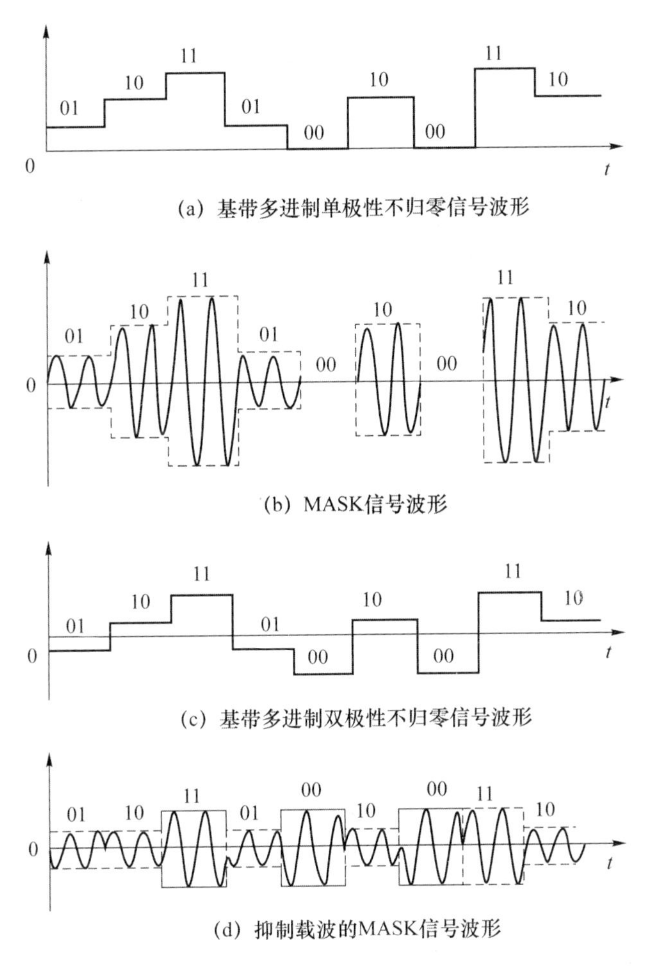

(a) 基带多进制单极性不归零信号波形

(b) MASK信号波形

(c) 基带多进制双极性不归零信号波形

(d) 抑制载波的MASK信号波形

图 7-29 基带信号和相应的 MASK 信号波形

综上所述,多进制幅度调制是一种高效的调制方式,但抗干扰能力较差,因而一般只适宜在恒参信道中使用,如有线信道。

7.4.2 多进制频移键控

MFSK 调制解调的原理如下。

多进制频移键控(MFSK)体制同样是 2FSK 体制的简单推广。例如,在 4 进制频移键控(4FSK)中采用 4 个不同的频率分别表示 4 进制的码元,每个码元含有 2 bit 的信息,如图 7-30 所示。这时仍和 2FSK 时的条件相同,即要求每个载频之间的距离足够大,使不同频率的码元频谱能够用滤波器分离开,或者说使不同频率的码元互相正交。由于 MFSK 的码元采用 M 个不同频率的载波,所以它占用较宽的频带。设 f_1 为其最低载频,f_M 为其最高载频,则 MFSK 信号的带宽近似等于

$$B=f_M-f_1+\Delta f \tag{7-87}$$

式中,Δf 为单个码元的带宽,它取决于信号传输速率。

MFSK 的调制原理和 2FSK 的基本相同,这里不另作讨论。MFSK 解调分为非相干解调

和相干解调两类。MFSK 非相干解调的原理方框图如图 7-31 所示。图 7-31 中有 M 个带通滤波器用于分离 M 个不同频率的码元。当某个码元输入时，M 个带通滤波器的输出中仅有一个是信号加噪声，其他各路都是只有噪声。因为通常有信号的一路检波输出电压最大，故在判决时将按照该路检波电压作判决。

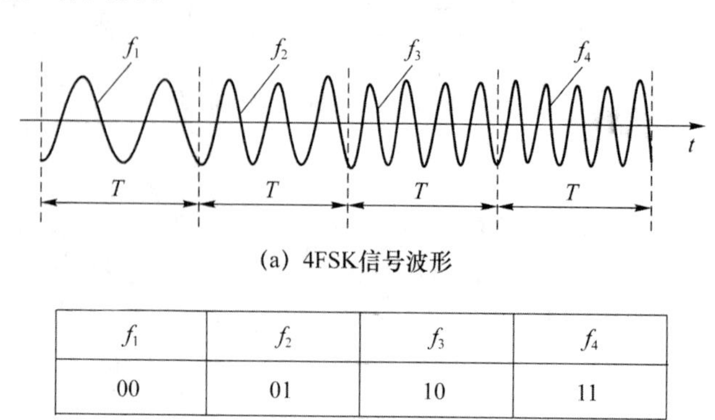

(a) 4FSK信号波形

f_1	f_2	f_3	f_4
00	01	10	11

(b) 4FSK信号的取值

图 7-30　4FSK 信号举例

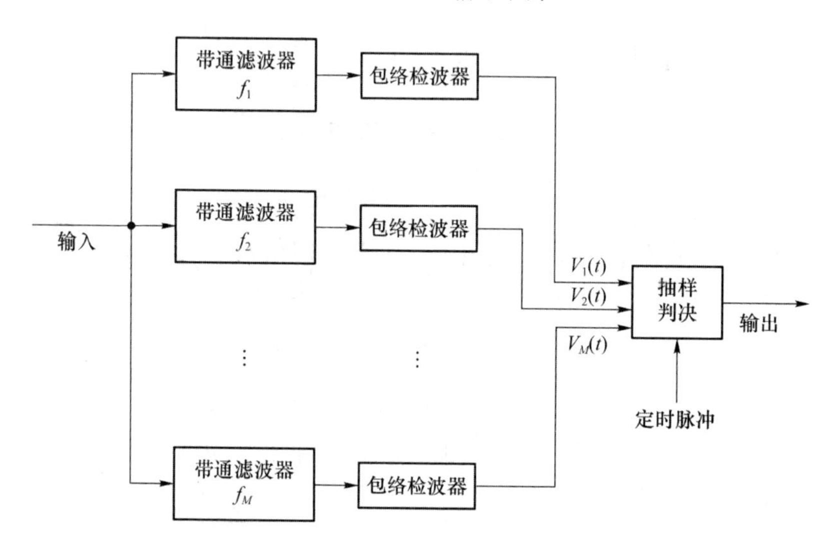

图 7-31　MFSK 非相干解调的原理方框图

MFSK 相干解调的原理方框图和上述 MFSK 非相干解调的类似，只是用相干检波器代替了图中的包络检波器而已。由于 MFSK 相干解调较复杂，应用较少，这里不再专门介绍。

MFSK 信号采用非相干解调时系统的误码率为

$$P_e \approx \left(\frac{M-1}{2}\right) e^{-\frac{r}{2}} \tag{7-88}$$

式中，r 为平均信噪比。

MFSK 信号采用相干解调时系统的误码率为

$$P_e \approx \left(\frac{M-1}{2}\right) \operatorname{erfc}\left(\sqrt{\frac{r}{2}}\right) \tag{7-89}$$

可以看出，多频制误码率随 M 增大而增加，但与多电平调制相比增加的速度要慢得多。

7.4.3 多进制相移键控

1. 基本原理

在 2PSK 信号的表达式中一个码元的载波初始相位 θ 可以等于 0 或 π。将其推广到多进制时，θ 可以取多个可能值。所以，一个 MPSK 信号码元可以表示为

$$s_k(t)=A\cos(\omega_0 t+\theta_k),\quad k=1,2,\cdots,M \tag{7-90}$$

式中：A 为常数；θ_k 为一组间隔均匀的受调制相位，其值取决于基带码元的取值。所以它可以写为

$$\theta_k=\frac{2\pi}{M}(k-1),\quad k=1,2,\cdots,M \tag{7-91}$$

通常 M 取 2 的某次幂：

$$M=2^k,\quad k=\text{整数} \tag{7-92}$$

图 7-32 所示为当 $k=3$ 时，θ_k 取值的一例。图 7-32 示出当发送信号的相位为 $\theta_1=0$ 时，能够正确接收的相位范围在 $\pm\pi/8$ 内。对于多进制 PSK 信号，不能简单地采用一个相干载波进行相干解调。例如，若用 $\cos(2\pi f_0 t)$ 作为相干载波，因为 $\cos\theta_k=\cos(2\pi-\theta_k)$，使解调存在模糊。只有在 2PSK 中才能够仅用一个相干载波进行解调。这时需要用两个正交的相干载波进行解调。在后面的分析中，为不失一般性，我们可以令式(7-87)中的 $A=1$，然后将 MPSK 信号码元的表达式展开写成

$$s_k(t)=\cos(\omega_0 t+\theta_k)=a_k\cos(\omega_0 t)-b_k\sin(\omega_0 t) \tag{7-93}$$

式中，$a_k=\cos\theta_k$，$b_k=\sin\theta_k$。

式(7-93)表明，MPSK 信号码元 $s_k(t)$ 可以看作由正弦和余弦两个正交分量合成的信号，它们的振幅分别是 a_k 和 b_k，并且 $a_k^2+b_k^2=1$。这就是说，MPSK 信号码元可以看作两个特定的 MASK 信号码元之和，因此，其带宽和 MASK 信号的带宽相同。

下面主要以 $M=4$ 为例，对 4PSK 作进一步的分析。4PSK 常称为正交相移键控(Quadrature Phase Shift Keying，QPSK)。它的每个码元都含有 2 bit 的信息，现用 ab 代表这两个比特。发送码元序列在编码时需要先将每两个比特分成一个双比特组 ab。ab 有 4 种排列，即 00、01、10、11。然后用 4 种相位之一去表示每种排列。各种排列相位之间的关系通常都按格雷(Gray)码安排，表 7-2 列出了 QPSK 信号的这种编码方案之一，其矢量图如图 7-33 所示。

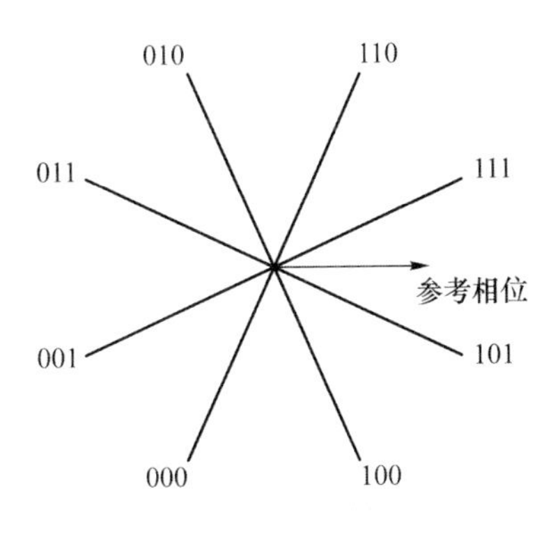

图 7-32 8PSK 信号相位

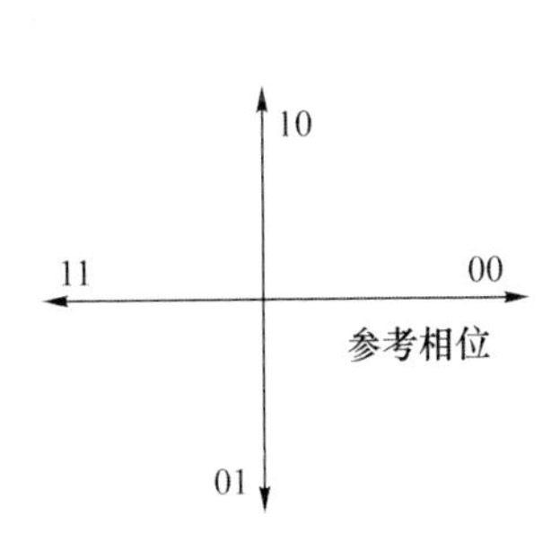

图 7-33 QPSK 信号的矢量图

表 7-2　QPSK 信号的编码

a	b	θ_k	a	b	θ_k
0	0	0°	1	1	180°
0	1	270°	1	0	90°

由表 7-2 和图 7-33 可以看出，采用格雷码的好处在于相邻相位所代表的两个比特只有一个不同，故这样编码可使总误码率降低。表 7-2 和图 7-33 中 QPSK 信号和格雷码的对应关系不是唯一的，图 7-33 中参考相位的位置也不是必须在横轴位置上。例如，可以规定图 7-33 中的参考相位代表格雷码 00，并将其他双比特组的相位依次顺时针方向移 90°，所得结果仍然符合用格雷码产生 QPSK 信号的规则。

最后，需要对码元相位的概念着重进行说明。在码元的表达式(7-90)中，θ_k 称初始相位，简称相位，而 $\omega_0 t+\theta_k$ 为信号的瞬时相位。当码元包含整数个波周期时，初始相位相同的相邻码元的波形和瞬时相位才是连续的，如图 7-34(a)示。若每个码元中的载波周期数不是整数，则即使初始相位相同，波形和瞬时相位也不连续，如图 7-34(b)所示；或者波形连续而瞬时相位不连续，如图 7-34(c)所示。在码元边界，当相位不连续时，信号的频谱将被拓宽，包络也将出现起伏。通常这是我们不希望并要尽量避免的。在后面讨论各种调制时，还将遇到这个问题，并且有时将码元包含整数个载波周期的假设隐含不提，认为 PSK 信号的初始相位相同，则码元边界的瞬时相位一定连续。

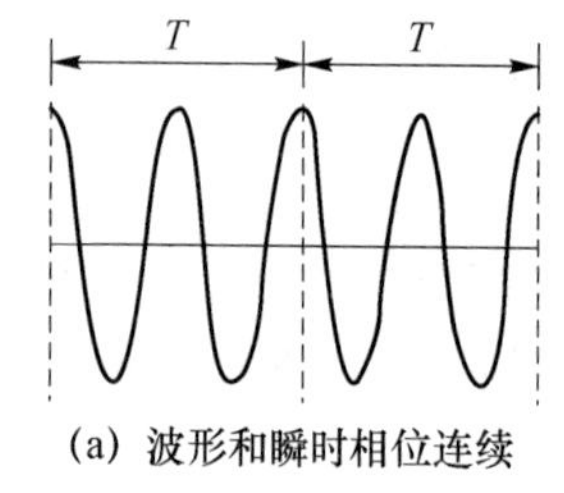

(a) 波形和瞬时相位连续

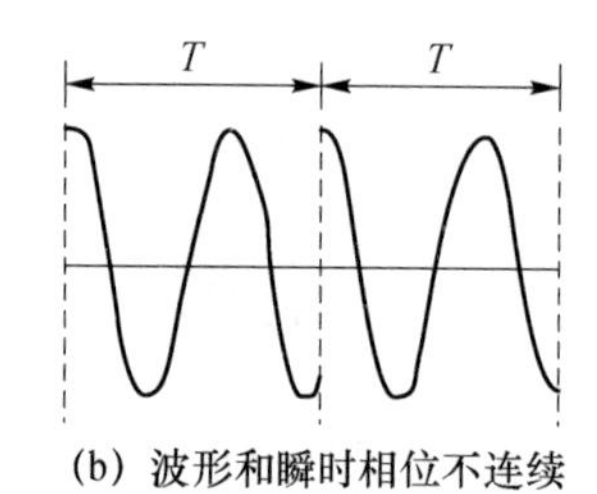

(b) 波形和瞬时相位不连续

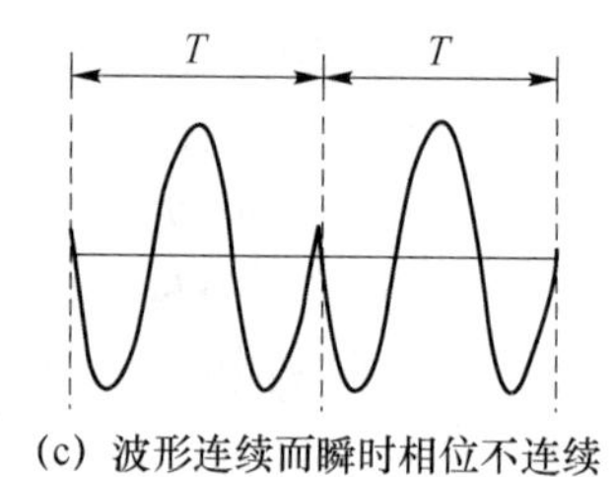

(c) 波形连续而瞬时相位不连续

图 7-34　码元相位关系

2. QPSK 调制

QPSK 信号的产生方法有两种。第一种是用相乘电路，如图 7-35 所示。

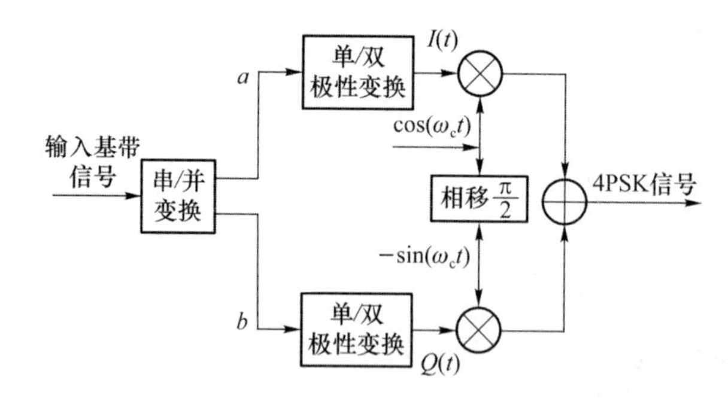

图 7-35　QPSK 信号的产生方法：用相乘电路

图 7-35 中输入基带信号是二进制不归零双极性码元，它被“串/并变换”电路变成两路码元 a 和 b，每路码元的持续时间是输入码元的 2 倍，如图 7-36 所示。

这两路并行码元序列分别用于和两路正交载波相乘。相乘结果用虚线矢量示于图 7-37

中。图 7-37 中矢量 $a(1)$代表 a 路的信号码元二进制“1”，$a(0)$代表 a 路的信号码元二进制“0”；类似地，$b(1)$代表 b 路的信号码元二进制“1”，$b(0)$代表 b 路的信号码元二进制“0”。这两路信号在相加电路中相加后得到输出矢量 $s(t)$，每个矢量为 2 bit，如图 7-37 中实线矢量所示。应当注意的是，上述二进制信号码元“0”和“1”在相乘电路中与不归零双极性矩形脉冲振幅的关系如下：

二进制码元“1”→双极性脉冲“+1”；

二进制码元“0”→双极性脉冲“−1”。

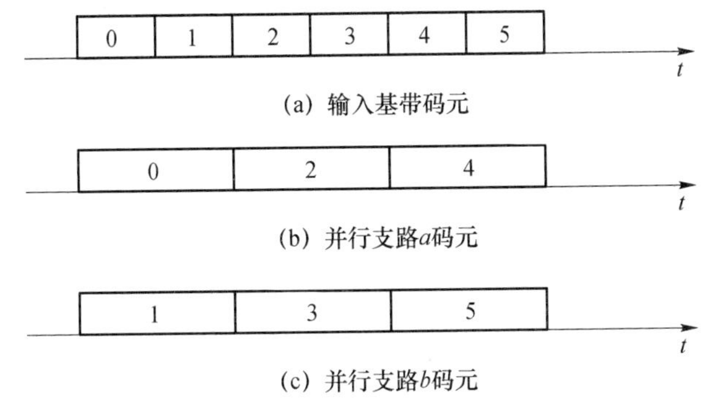

图 7-36 码元串/并变换

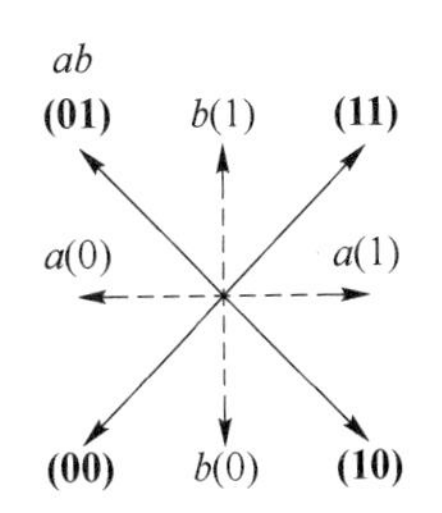

图 7-37 QPSK 矢量的产生

第二种产生方法是选择法，其原理方框图如图 7-38 所示。这时输入基带信号经过串/并变换后用于控制一个逻辑选相电路，按照当时的输入双比特 ab，决定选择哪个相位的载波输出。候选的 4 个相位 $\theta_1(45°)$、$\theta_2(135°)$、$\theta_3(225°)$和 $\theta_4(315°)$仍然可以是图 7-37 中的 4 个实线矢量，也可以是按 A 方式规定的 4 个相位。

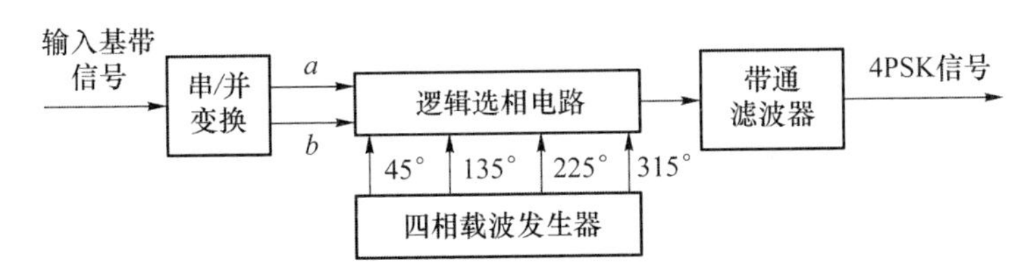

图 7-38 QPSK 信号的产生方法：选择法

3. QPSK 解调

QPSK 信号的解调原理方框图如图 7-39 所示。由于 QPSK 信号可以看作两个正交 2PSK 信号的叠加，所以用两路正交的相干载波去解调，可以很容易地分离这两路正交的 2PSK 信号。相干解调后的两路并行码元 a 和 b，经过并/串变换后，成为串行数据并输出。

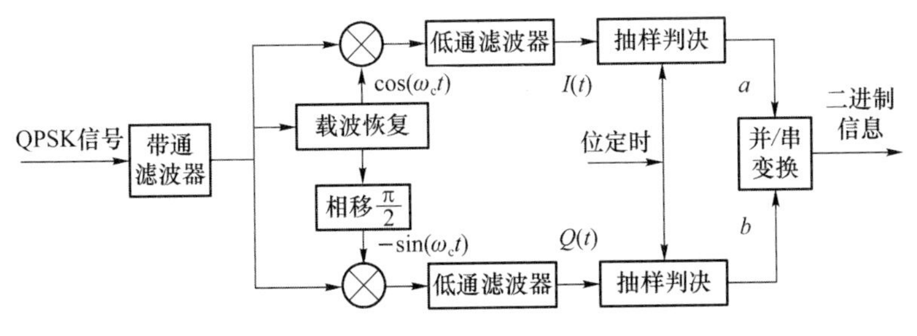

图 7-39 QPSK 信号的解调原理方框图

7.4.4 多进制差分相移键控

1. 4DPSK信号的产生

与2DPSK信号的产生相似，在直接调相的基础上加码变换，就可形成4DPSK信号。图7-40示出了4DPSK信号(A方式)产生的方框图。图7-40中的单/双极性变换的规律与4DPSK情况不同，为0→+1,1→−1，相移网络也与4PSK不同，其目的是要形成A方式矢量图。图7-40中的码变换将并行绝对码a、b转换为并行相对码c、d，其逻辑关系比二进制时复杂得多，但可以由组合逻辑电路或由软件实现，具体方法可参阅有关参考书。

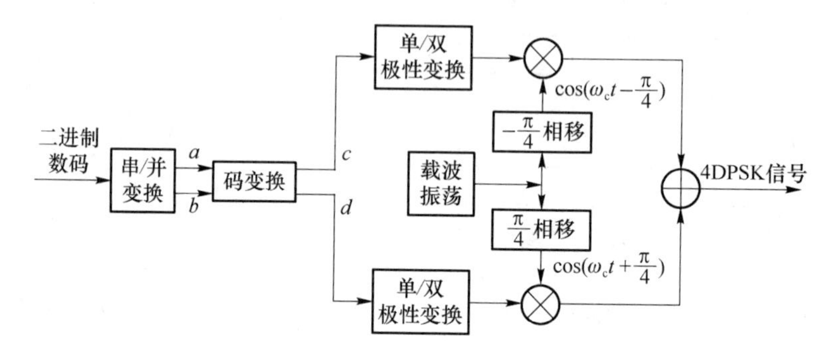

图7-40 4DPSK信号(A方式)产生的方框图

4DPSK信号也可采用相位选择法产生，但同样应在逻辑选相电路之前加入码变换器。

2. 4DPSK信号的解调

4DPSK信号的解调可以采用相干解调-码反变换法(极性比较法)，也可采用差分相干解调(相位比较法)。

4DPSK信号(B方式)相干解调-码反变换法解调原理方框图如图7-41所示。与4PSK信号相干解调的不同之处在于，在并/串变换之前需要加入码反变换器。

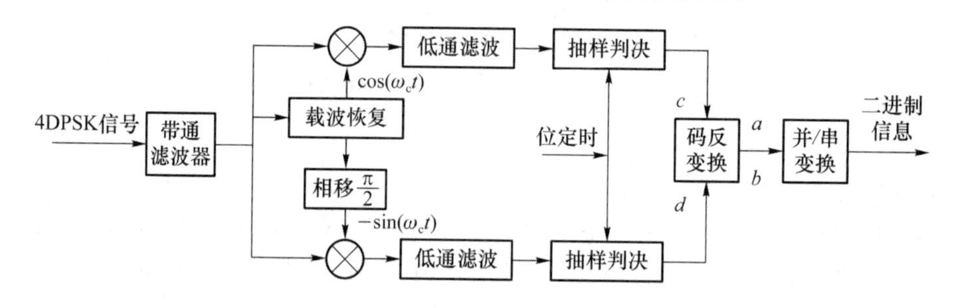

图7-41 4DPSK信号相干解调-码反变换法解调原理方框图

4DPSK信号差分相干解调原理方框图如图7-42所示。它也是仿照2DPSK差分检测法，用两个正交的相干载波，分别检测出两个分量a和b，然后将其还原成二进制双比特串行数字信号。此法又称为相位比较法。

这种解调方法与极性比较法相比，主要区别在于：它利用延迟电路将前一码元信号延迟一码元时间后，分别作为上、下支路的相干载波；另外，它不需要采用码变换器，这是因为4DPSK信号的信息包含在前后码元相位差中，而相位比较法解调的原理就是直接比较前后码元的相位。

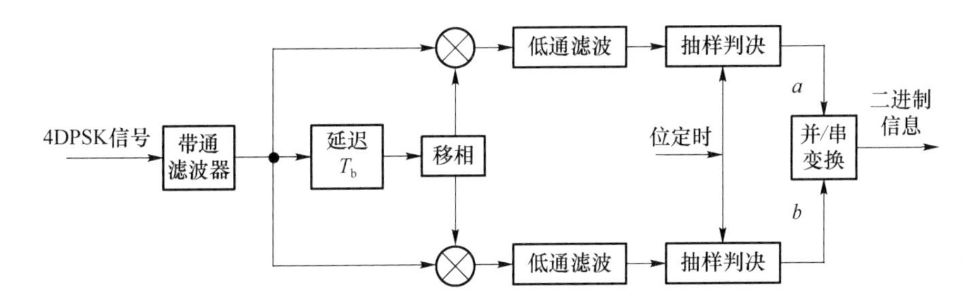

图 7-42 4DPSK 信号差分相干解调原理方框图

若解调 4DPSK 信号(B 方式),需适当改变相移网络。

3. 4PSK、4DPSK 系统的误码性能

对于 4PSK 信号采用相干解调时系统的误码率为

$$P_e \approx \mathrm{erfc}\left(\sqrt{r}\sin\frac{\pi}{4}\right) \tag{7-94}$$

式中,r 为信噪比。

对于 4DPSK 信号采用相干解调时系统的误码率为

$$P_e \approx \mathrm{erfc}\left(\sqrt{2r}\sin\frac{\pi}{8}\right) \tag{7-95}$$

综上讨论可以看出,多相制是一种频带利用率较高的高效率传输方式,再加之有较好的抗噪声性能,因而得到广泛的应用,而 MDPSK 比 MPSK 应用得更广泛一些。

本 章 小 结

二进制数字调制的基本方式有:二进制振幅键控(2ASK)——载波信号的振幅变化;二进制频移键控(2FSK)——载波信号的频率变化;二进制相移键控(2PSK)——载波信号的相位变化。由于 2PSK 体制存在相位不确定性,又发展出了差分相移键控 2DPSK。

2ASK 和 2PSK 所需的带宽是码元速率的 2 倍;2FSK 所需的带宽比 2ASK 和 2PSK 都要大。

各种二进制数字调制系统的误码率取决于解调器输入信噪比 r。在抗加性高斯白噪声方面,相干解调的 2PSK 系统性能最好,2FSK 系统次之,2ASK 系统最差。

ASK 是一种应用最早的基本调制方式。其优点是设备简单,频带利用率较高;缺点是抗噪声性能差,并且对信道特性变化敏感,不易使抽样判决器工作在最佳判决门限状态。

FSK 是数字通信中不可或缺的一种调制方式。其优点是抗干扰能力较强,不受信道参数变化的影响,因此 FSK 特别适合应用于衰落信道;缺点是占用频带较宽,尤其是 MFSK,频带利用率较低。目前,调频体制主要应用于中、低速数据传输中。

PSK 和 DPSK 是一种高传输效率的调制方式,其抗噪声能力比 ASK 和 FSK 都强,且不易受信道特性变化的影响,因此在高、中速数据传输中得到了广泛的应用。绝对相移(PSK)在相干解调时存在载波相位模糊的问题,在实际中很少用于直接传输。MDPSK 的应用更为广泛。

习　题

7-1　论述数字调制与模拟调制的异同点。

7-2　说明 OOK 信号的产生和解调方法。

7-3　说明 2ASK 信号传输带宽与波特率或基带信号带宽的关系。

7-4　试比较 OOK 系统、2FSK 系统、2PSK 系统和 2DPSK 系统的抗噪声性能。

7-5　简述二进制数字调制系统误码率的影响因素。

7-6　说明多进制数字调制与二进制数字调制的优缺点。

7-7　设发送的二进制信息为 1011001，试分别画出 OOK、2FSK、2PSK 及 2DPSK 信号的波形示意图，并注意观察其时间波形各有什么特点。

7-8　设某 OOK 系统的码元传输速率为 1 000 B，载波信号为 $A\cos(4\pi\times10^6 t)$。

① 求每个码元包含的载波周期个数；

② 求 OOK 信号的第一零点带宽。

7-9　设二进制信息为 0101，采用 2FSK 系统传输。码元速率为 1 000 B，已调信号的载频分别为 3 000 Hz（对应“1”码）和 1 000 Hz（对应“0”码）。

① 若采用包络检波方式进行解调，试画出各点时间波形；

② 若采用相干方式进行解调，试画出各点时间波形；

③ 求 2FSK 信号的第一零点带宽。

7-10　设某 2PSK 传输系统的码元速率为 1 200 B，载波频率为 2 400 Hz。发送的数字信息为 0100110。

① 画出 2PSK 信号调制原理框图，并画出 2PSK 信号的时间波形。

② 若采用相干解调方式进行解调，试画出各点时间波形。

③ 若发送“0”和“1”的概率分别为 0.6 和 0.4，试求出该 2PSK 信号的功率谱密度表达式。

7-11　设发送的绝对码序列为 0110110，采用 2DPSK 方式进行传输。已知码元传输速率为 2 400 B，载波频率为 2 400 Hz。

① 试画出一种 2DPSK 信号调制原理框图。

② 若采用相干解调-码反变换法进行解调，试画出各点时间波形。

③ 若采用差分相干方式进行解调，试画出各点时间波形。

7-12　在 2ASK 系统中，已知码元传输速率 $R_B=2\times10^6$ B，信道加性高斯白噪声的单边功率谱密度为 $n_0=6\times10^{-18}$ W/Hz，接收端解调器输入信号的峰值振幅为 $a=40\ \mu$V。试求：

① 非相干接收时系统的误码率；

② 相干接收时系统的误码率。

7-13　在 OOK 系统中，已知发送端发送的信号振幅为 5 V，接收端带通滤波器输出噪声功率为 $\sigma_n^2=3\times10^{-12}$ W，若要求系统误码率 $P_e=10^{-4}$。试求：

① 非相干接收时，从发送端到解调器输入端信号的衰减量；

② 相干接收时，从发送端到解调器输入端信号的衰减量。

7-14　对 OOK 信号进行相干接收，已知发送“1”符号的概率为 P，发送“0”符号的概率为 $1-P$，接收端解调器输入信号振幅为 a，窄带高斯噪声方差为 σ_n^2。

① 若 $p=\frac{1}{2}$，$r=10$，求最佳判决门限 b^* 和误码率 P_e；

② 若 $P<\frac{1}{2}$，试分析此时的最佳判决门限值比 $P=\frac{1}{2}$时的大还是小？

7-15 若某 2FSK 系统的码元传输速率为 $R_B=2\times10^6$ B，发送“1”符号的频率 f_1 为 10 MHz，发送“0”符号的频率 f_2 为 10.4 MHz，且发送概率相等。接收端解调器输入信号的峰值振幅为 $a=40\ \mu V$，信道加性高斯白噪声的单边功率谱密度为 $n_0=6\times10^{-18}$ W/Hz。试求：

① 2FSK 信号的第一零点带宽；

② 非相干接收时系统的误码率；

③ 相干接收时系统的误码率。

7-16 在二进制相位调制系统中，已知解调器输入信噪比为 $r=10$ dB。试分别求出相干解调 2PSK 信号、相干解调-码反变换 2DPSK 信号和差分相干解调 2DPSK 信号时的系统误码率。

7-17 若采用 2DPSK 方式传输二进制信息，其他条件与题 7-13 相同。试求：

① 非相干接收时，从发送端到解调器输入端信号的衰减量；

② 相干接收时，从发送端到解调器输入端信号的衰减量。

7-18 在二进制数字调制系统中，已知码元传输速率为 $R_B=1\ 000$ B，接收机输入高斯白噪声的双边功率谱密度为 $\frac{n_0}{2}=10^{-10}$ W/Hz，若要求解调器输出误码率 $P_e\leqslant10^{-5}$，试求相干解调 OOK、非相干解调 2FSK、差分相干解调 2DPSK 以及相干解调 2PSK 等系统所要求的输入信号功率。

7-19 已知数字信息为“1”时，发送信号的功率为 1 kW，信道功率损耗为 60 dB，接收端解调器输入的噪声功率为 10^{-4} W，试求非相干解调 OOK 及相干解调 2PSK 系统的误码率。

7-20 在四进制数字相位调制系统中，已知解调器输入端信噪比为 $r=20$，试求 QPSK 和 QDPSK 方式系统的误码率。

第8章 同步系统

在通信系统中，同步具有相当重要的地位。通信系统能否有效、可靠地工作，在很大程度上依赖于有无良好的同步系统。

本章将分别介绍同步的概念、载波同步、位同步、帧同步和网同步。

本章学习目标

- 掌握通信系统中同步的概念和同步的分类。
- 掌握载波同步的作用，熟悉载波同步的方法。
- 掌握位同步的作用，熟悉位同步的方法。
- 掌握帧同步的作用，熟悉帧同步的方法。
- 熟悉网同步的作用，理解全网同步系统和准同步系统的差异。

8.1 同步的概念

数字通信系统中的数字信号，不论是二进制信号还是多进制信号，都是由一串码元构成的序列。这些码元在时间上按一定的顺序排列，代表不同的信息。要使数字信号在通信过程中能保持完整的信息，必须保持这些码元时间位置的准确性，也就是发送端与接收端都要有稳定和准确的定时脉冲，以保证各种电路始终处于定时状态，确保数字信息的可靠传输。为了使整个系统有序、准确、可靠地工作，收、发双方必须有一个统一的时间标准。这个时间标准就是靠定时系统保证收、发双方时间的一致性，即同步。

同步的种类有很多，按照同步的功能来分，通信系统中的同步可以分为载波同步、位同步（码元同步）、帧同步（群同步）和网同步几大类。

1. 载波同步

当采用同步解调或相干检测时，接收端需要提供一个与发射端调制载波同频同相的相干载波，这个相干载波的获取就称为载波同步（或载波提取）。

2. 位同步

位同步又称为码元同步。不论是基带传输，还是频带传输，都需要位同步。因为在数字同相系统中，信息是一串相继码元的序列，解调时常需要知道每个码元的起止时刻，以便判决。例如，用抽样判决器对信号进行抽样判决时，均应对准每个码元最大值的位置。因此，需要在接收端产生一个“码元定时脉冲序列”，这个脉冲序列的重复频率要与发射端的码元速率相同，相位（位置）要对准最佳抽样判决位置（时刻）。这样的一个码元定时脉冲序列就被称为“位同步脉冲”（或“码元同步脉冲”），而把位同步脉冲的取得称为位同步提取。

3. 帧同步

数字通信系统中的信息数字流总是用若干个码元组成一个“字”，又用若干个“字”组成一“句”话。因此，在接收这些数字流时，同样也必须知道这些“字”“句”的起止时刻。而在接收端产生与“字”“句”起止时刻相一致的定时脉冲序列，就被称为“字”同步和“句”同步，统称为帧同步（或群同步）。

4. 网同步

现代通信需要在多点之间相互连接构成通信网。在一个通信网中，往往需要把各个方向传来的信息，按不同目的进行分路、合路和交换。为了有效地完成这些功能，必须实现网同步。随着数字通信的发展，特别是计算机通信的发展，多点（多用户）之间的通信和数据交换构成了数字通信网。为了保证数字通信网稳定可靠地进行通信和交换，整个数字通信网内必须有一个统一的时间标准，即整个网络必须同步地工作，这就是网同步要解决的问题。

除了按照功能来区分同步外，还可以按照传输同步信息方式的不同，将同步分为外同步法（插入导频法）和自同步法（直接法）两种。外同步法是指发送端发送专门的同步信息，接收端把这个同步信息检测出来作为同步信号的方法；自同步法是指发送端不发送专门的同步信息，而在接收端设法从收到的信号中提取同步信息的方法。

8.2 载波同步

在采用相干解调的系统中，接收端必须提供一个与发送载波同频同相的相干载波，这就是载波同步。相干载波信息通常是从接收到的信号中提取的。若已调信号中不存在载波分量，就需要采用在发端插入导频的方法，称为插入导频法，又称外同步法。若已调信号中存在载波分量，或者在接收端对信号进行适当的波形变换后可以取得载波同步信息，称为自同步法，又称内同步法。

载波同步及其方法

8.2.1 插入导频法

在抑制载波系统中无法从接收信号中直接提取载波。例如，DSB、VSB、SSB 和 2PSK 本身都不含有载波分量，或即使含有一定的载波分量，也很难从已调信号中分离出来。为了获取载波同步信息，可以采取插入导频法。插入导频法是在已调信号频谱中加入一个低功率的线状谱（其对应的正弦波形称为导频信号）的方法。在接收端可以利用窄带滤波器较容易地把它提取出来，经过适当的处理形成接收端的相干载波。显然，插入导频的频率应当与原载频有关或者就是载频的频率。插入导频的传输方法有多种，基本原理相似。这里仅介绍在抑制载波的双边带信号中插入导频法。

在 DSB 信号中插入导频时，导频的插入位置应该在信号频谱为零的位置，否则导频与已调信号频谱成分重叠，接收时不易提取。图 8-1 所示为插入导频的一种方法。

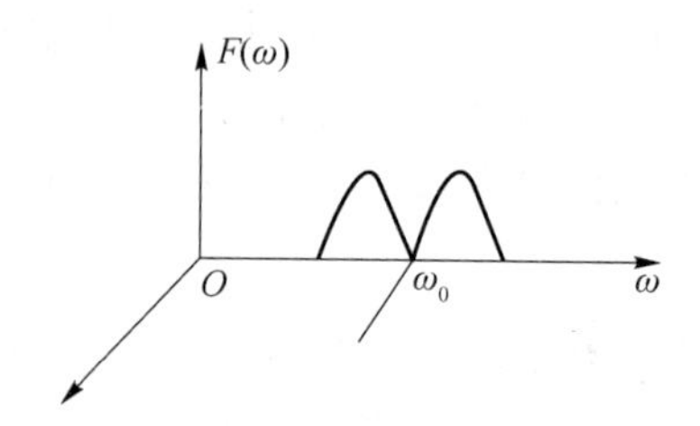

图 8-1　DSB 信号的导频插入

插入的导频并不是加入调制器的载波，而是将该载波移相 $\pi/2$ 的“正交载波”。其发送端方框图如图 8-2 所示。

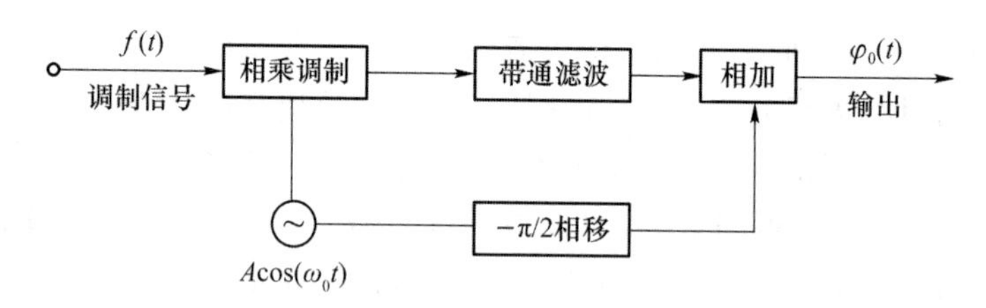

图 8-2　插入导频法的发送端方框图

设调制信号为 $f(t)$。$f(t)$无直流分量，载波为 $A\cos(\omega_0 t)$，则发送端输出的信号为

$$\varphi_0(t)=Af(t)\cos(\omega_0 t)+A\sin(\omega_0 t) \tag{8-1}$$

插入导频法接收端方框图如图 8-3 所示。

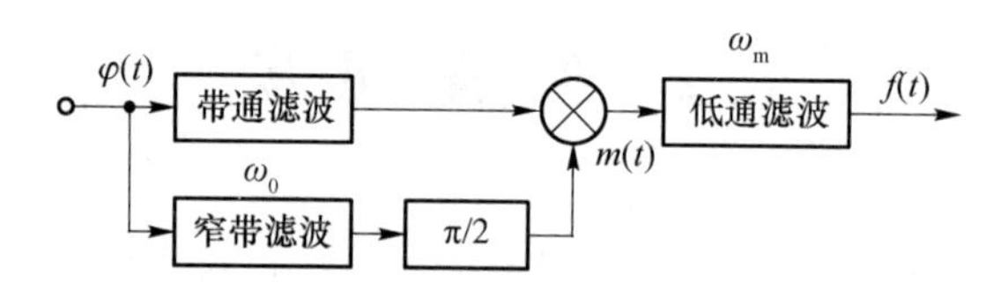

图 8-3　插入导频法接收端方框图

如果不考虑信道失真及噪声干扰，并设接收端收到的信号与发送端发送的信号完全相同，则此信号通过中心频率为 ω_0 的窄带滤波器可取得导频 $A\sin(\omega_0 t)$，再将其移相 $\pi/2$，就可以得到与调制载波同频同相的相干载波 $\cos(\omega_0 t)$。

接收端的解调过程为

$$\begin{aligned} m(t)&=\varphi(t)\cos(\omega_0 t)\\ &=[Af(t)\cos(\omega_0 t)+A\sin(\omega_0 t)]\cos(\omega_0 t)\\ &=\frac{A}{2}f(t)+\frac{A}{2}\cos(2\omega_0 t)+\frac{A}{2}\sin(2\omega_0 t) \end{aligned} \tag{8-2}$$

使上式表示的信号通过截止角频率为 ω_m 的低通滤波器就可得到基带信号。

如果在发送端导频不是正交插入，而是同相插入，则接收端的解调信号为

$$[Af(t)\cos(\omega_0 t)+a\cos(\omega_0 t)]\cos(\omega_0 t)=\frac{A}{2}f(t)+\frac{A}{2}\cos(2\omega_0 t)+\frac{A}{2}\cos(2\omega_0 t)+\frac{A}{2} \tag{8-3}$$

从上式可以看出，虽然同样可以解调出基带项，但却增加了一个直流项。这个直流项通过低通滤波器后将对数字信号产生不良影响。这就是发送端导频应采用正交插入的原因。

SSB 和 2PSK 的插入导频方法与 DSB 相同。VSB 的插入导频技术复杂，通常采用双导频法，基本原理与 DSB 类似。

8.2.2 非线性变换——滤波法

有些信号（如 DSB 信号）虽然本身不包含载波分量，但只要对接收波形进行适当的非线性变换，然后通过窄带滤波器，就可以从中提取载波的频率和相位信息，即可使接收端恢复相干载波，这是自同步法的一种。

图 8-4 所示为 DSB 信号采用平方变换法提取载波示意图。输入信号经平方律部件后变为

$$e(t)=f^2(t)\cos^2(\omega_0 t+\theta_0)=\frac{1}{2}f^2(t)+\frac{1}{2}f^2(t)\cos(2\omega_0 t+2\theta_0) \tag{8-4}$$

经中心频率为 $2\omega_0$ 的带通滤波器后输出为

$$\frac{1}{2}f^2(t)\cos(2\omega_0 t+2\theta_0) \tag{8-5}$$

尽管假设 $f(t)$ 不含直流成分，但 $f^2(t)$ 却含直流分量，因此式(8-5)实际是一个载波为 $2\omega_0$ 的调幅波。如果 BPF 的带宽窄，其输出只有 $2\omega_0$ 成分，然后再经二次分频电路可得到所需的载波 $\cos(\omega_0 t+\theta_0)$。应注意，二次分频电路将使载波有 180°的相位模糊，它是由分频器引起的。一般的分频器都由触发器构成，由于触发器的初始状态是未知的，分频器末级输出的波形（方波）相位可能随机地取“0”和“π”。载波相位模糊对模拟信号的影响不大，而对于 2PSK 信号，载波相位模糊将会造成解调判决的失误。

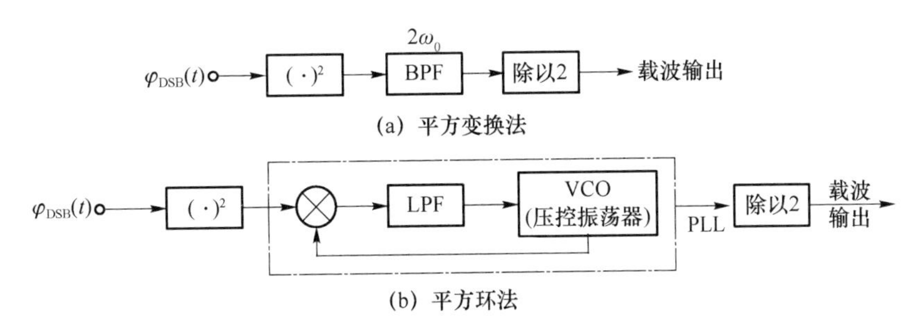

图 8-4 DSB 信号采用平方变换法提取载波示意图

若图 8-4(a)中的窄带滤波器改用锁相环（PLL），即得到图 8-4(b)所示的平方环法。这将使系统的性能得到改善，因为锁相环不仅具有窄带滤波器的作用，而且在一定范围内还能自动跟踪输入频率的变化，当输入信号中断时，其能自动地保持输入信号的频率和相位。

8.2.3 同相正交法（科斯塔斯环法）

利用锁相环提取载波的另一种常用的方法是采用同相正交环，也称科斯塔斯（Castas）环，如图 8-5 所示。它包括两个相干解调器，它们的输入信号相同，分别使用 2 个在相位上正交的本地载波信号，上支路叫做同相相干解调器，下支路叫做正交相干解调器。两个相干解调器的输出同时送入乘法器，并通过低通滤波器形成闭环系统，去控制压控振荡器，使本地载波自动

跟踪发射载波的相位。在同步时,同相支路的输出即所需的解调信号,这时正交支路的输出为0。因此,这种方法叫做同相正交法。

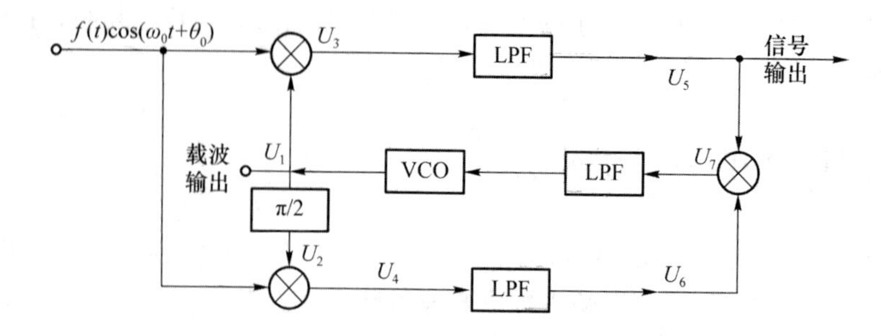

图 8-5　科斯塔斯环法载波提取示意图

设 VCO 的输出为 $\cos(\omega_0 t+\varphi)$,则有

$$U_1=\cos(\omega_0 t+\varphi) \tag{8-6}$$

$$U_2=\sin(\omega_0 t+\varphi) \tag{8-7}$$

故

$$\begin{aligned}U_3&=f(t)\cos(\omega_0 t+\theta_0)\cos(\omega_0 t+\varphi)\\&=\frac{1}{2}f(t)[\cos(\theta_0-\varphi)+\cos(2\omega_0 t+\theta_0+\varphi)]\end{aligned} \tag{8-8}$$

以及

$$\begin{aligned}U_4&=f(t)\cos(\omega_0 t+\theta_0)\sin(\omega_0 t+\varphi)\\&=\frac{1}{2}f(t)[-\sin(\theta_0-\varphi)+\sin(2\omega_0 t+\theta_0+\varphi)]\end{aligned} \tag{8-9}$$

经过带宽为 W_m 的 LPF 后得

$$U_5=\frac{1}{2}f(t)\cos(\theta_0-\varphi) \tag{8-10}$$

$$U_6=-\frac{1}{2}f(t)\sin(\theta_0-\varphi) \tag{8-11}$$

将 U_5 和 U_6 加入相乘器后,得

$$U_7=-\frac{1}{4}f^2(-t)\cos(\theta_0-\varphi)\sin(\theta_0-\varphi)=-\frac{1}{8}f^2(t)\sin[2(\theta_0-\varphi)] \tag{8-12}$$

如果 $\theta_0-\varphi$ 很小,则 $\sin[2(\theta_0-\varphi)]\approx 2(\theta_0-\varphi)$,因此有

$$U_7\approx-\frac{1}{4}f^2(t)(\theta_0-\varphi)=\frac{1}{4}f^2(t)(\varphi-\theta_0) \tag{8-13}$$

U_7 经过一个相对于 W_m 很窄的低通滤波器后,自动控制振荡器相位,使相位差 $\theta_0-\varphi$ 趋于 0,在稳定条件下 $\theta_0\approx\varphi$。

科斯塔斯环法的相位控制作用在调制信号消失时会中止。当再出现调制信号时,必须重新锁定。由于一般入锁过程很短,对语言传输不致引起感觉到的失真。这样 U_1 就是所需提取的载波,U_5 就是解调信号的输出。

8.3　位　同　步

在数字通信系统中,发送端按照确定的时间顺序,逐个传输数码脉冲序列中的每个码元,在接收端必须有准确的抽样判决时刻才能正确判决所发送的码元。因此,接收端必须提供一个确定抽样判决时刻的定时脉冲序列。这个定时脉冲序列的重复频率和相位必须与发送端的数码脉冲序列一致,把在接收端产生与接收码元的重复频率和相位一致的定时脉冲序列的过程称为码元同步,或称位同步。实现位同步的方法和载波同步类似,有插入导频法(外同步法)和直接法(自同步法)两类。

位同步及其方法

8.3.1 插入导频法

为了得到与码元同步的定时信号,首先要确定接收到的信息数据流中是否有位定时的频率分量。如果存在此分量,就可以利用滤波器从信息数据流中把位定时时钟直接提取出来。若基带信号为随机的二进制不归零码序列,这种信号本身不包含位同步信号,为了获得位同步信号,需在基带信号中插入位同步的导频信号,或者对基带信号进行某种码型变换以得到位同步信息。位同步的插入导频法与载波同步的插入导频法类似,它也要插在基带信号频谱的零点处,以便提取,如图 8-6(a)所示。如果信号经过相关编码,其频谱的第一个零点在 $f=\frac{1}{2T}$ 处,插入导频也应在$\frac{1}{2T}$处,如图 8-6(b)所示。图 8-7 所示为插入位定时导频的接收示意图。对于图 8-6(a)所示的信号,在接收端,经中心频率为 $f=\frac{1}{T}$ 的窄带滤波器就可从基带信号中提取位同步信号。而对于图 8-6(b)所示的信号,则需经过 $f=\frac{1}{2T}$ 的窄带滤波器将插入导频取出,再进行二倍频,得到位同步脉冲。

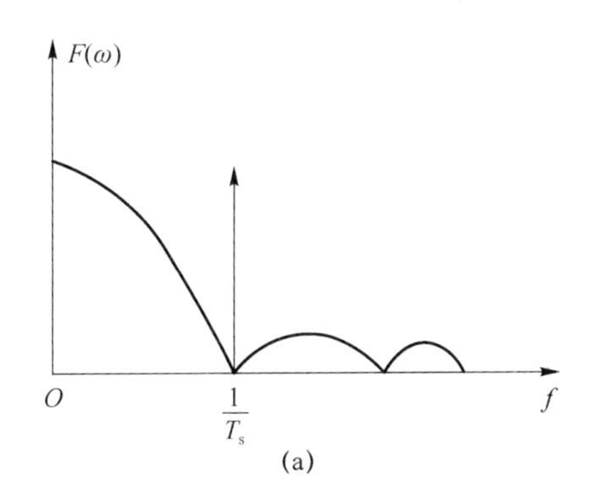

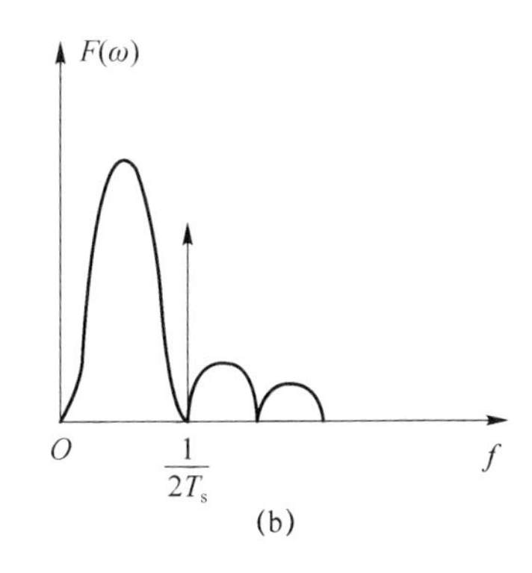

图 8-6 插入导频法频谱示意图

用插入导频法提取位同步信号要注意消除或减弱定时导频对原基带信号的影响。窄带滤波器从输入的基带信号中提取导频信号后,使其经过移相,分为两路,其中一路经定时形成电路,形成位同步信号,另一路经倒相后与输入信号相加,经调整使相加器的两个导频幅度相同,相位相反。那么相加器输出的基带信号就消除了导频信号的影响,这样再经抽样判决电路就可恢复出原始的数字信息。图 8-7 中的移相电路是为了纠正窄带滤波器引起导频相移而设的。

插入导频法的另一种形式是使某些恒包络数字信号的包络随位同步信号的某一波形而变化。例如,PSK 信号和 FSK 信号都是包络不变的等幅波。因此,可将导频信号调制在它们的包络上，接收端只要用普通的包络检波器就可恢复导频信号并将其作为位同步信号，且对数字信号本身的恢复不造成影响。

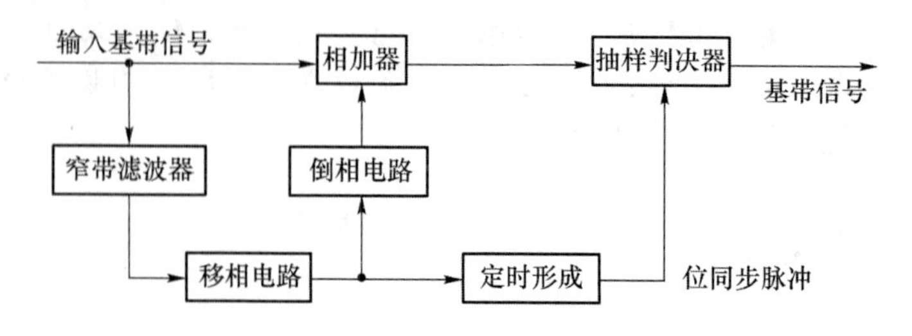

图 8-7　插入位定时导频的接收示意图

以 PSK 信号为例：

$$S(t)=\cos[\omega_0 t+\theta(t)] \tag{8-14}$$

若用 $\cos(\Omega t)$进行附加调幅后，得已调信号为

$$[1+\cos(\Omega t)]\cos[\omega_0 t+\theta(t)] \tag{8-15}$$

其中 $\Omega=2\pi/T$，T 为码元间隔。

接收端对它进行包络检波，得包络为 $1+\cos(\Omega t)$，滤除直流成分，即可得到位同步分量 $\cos(\Omega t)$。插入导频法的优点是接收端提取位同步的电路简单。但是，发送导频信号必然要占用部分发射功率，降低了传输的信噪比，减弱了抗干扰能力。

8.3.2　自同步法

自同步法是发送端不用专门发送位同步导频信号，而接收端可直接从接收到的数字信号中提取位同步信号。这是数字通信经常采用的一种方法。

1. 非线性变换——滤波法

由于非归零的二进制随机脉冲序列的频谱中没有位同步的频率分量，因此不能用窄带滤波器直接提取位同步信息。但是通过适当的非线性变换就会出现离散的位同步分量，然后用窄带滤波器或用锁相环进行提取，便可得到所需的位同步信号。

(1) 微分整流法

图 8-8(a)所示为用微分整流滤波法提取位同步信息的原理示意图，图 8-8(b)所示为各点波形示意图。

当非归零的脉冲序列通过微分和全波整流后，就可得到尖顶脉冲的归零码序列，它含有离散的位同步分量。然后用窄带滤波器(或锁相环)滤除连续波和噪声干扰，取出纯净稳定的位同步频率分量，经脉冲形成电路产生位同步脉冲。

(2) 包络检波法

图 8-9 所示为包络检波法原理示意图及各点波形示意图。由于信道的频带宽度总是有限的，对于 PSK 信号，其包络是不变的等幅波，它具有极宽的频带宽度。因此，经过频带有限的信道传输后，PSK 信号在码元取值变化的时刻产生幅度“平滑陷落”。这对传输的 PSK 信号是一种失真，但它发生在码元取值变化或 PSK 信号相位变化的时刻，所以，它必然包含位同步的信息。在解调 PSK 信号的同时，用包络检波器检出具有幅度平滑陷落的 PSK 信号的包络，去掉其中的直流分量后，即可得到归零的脉冲序列〔图 8-9(b)中的波形 c〕。其中含有位同步

信息，再通过窄带滤波器(或锁相环)，然后经脉冲整形，就可得到位同步信号。

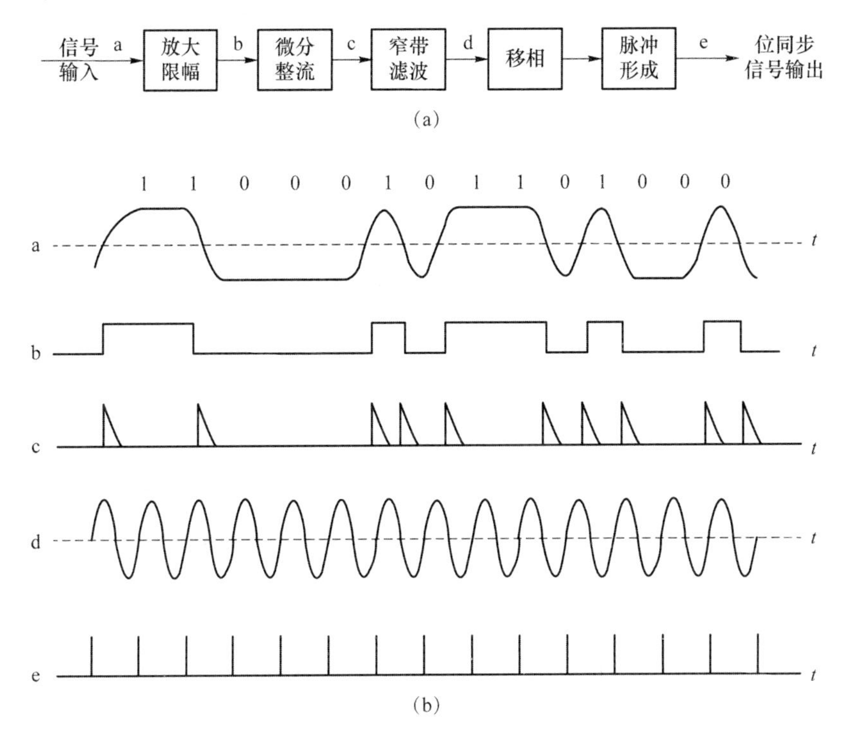

图 8-8 用微分整流滤波法提取位同步信息的原理示意图和各点波形示意图

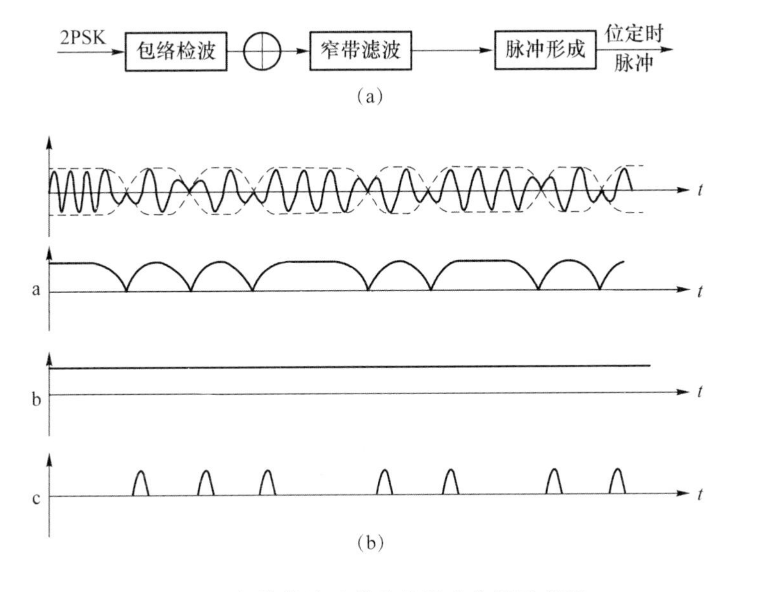

图 8-9 包络检波法提取位同步信号示意图

(3) 延迟相干法

图 8-10 所示为延迟相干法的原理示意图和各点波形示意图。其工作过程与 DPSK 信号差分相干解调完全相同，只是延迟电路的延迟时间 $\tau<T_b$。PSK 信号一路经过移相器与另一路经延迟 τ 后的信号相乘，取出基带信号，得到脉冲宽度为 τ 的基带脉冲序列。因为 $\tau<T_b$，它是归零脉冲，含有位同步频率分量，通过窄带滤波器即可获得同步信号。

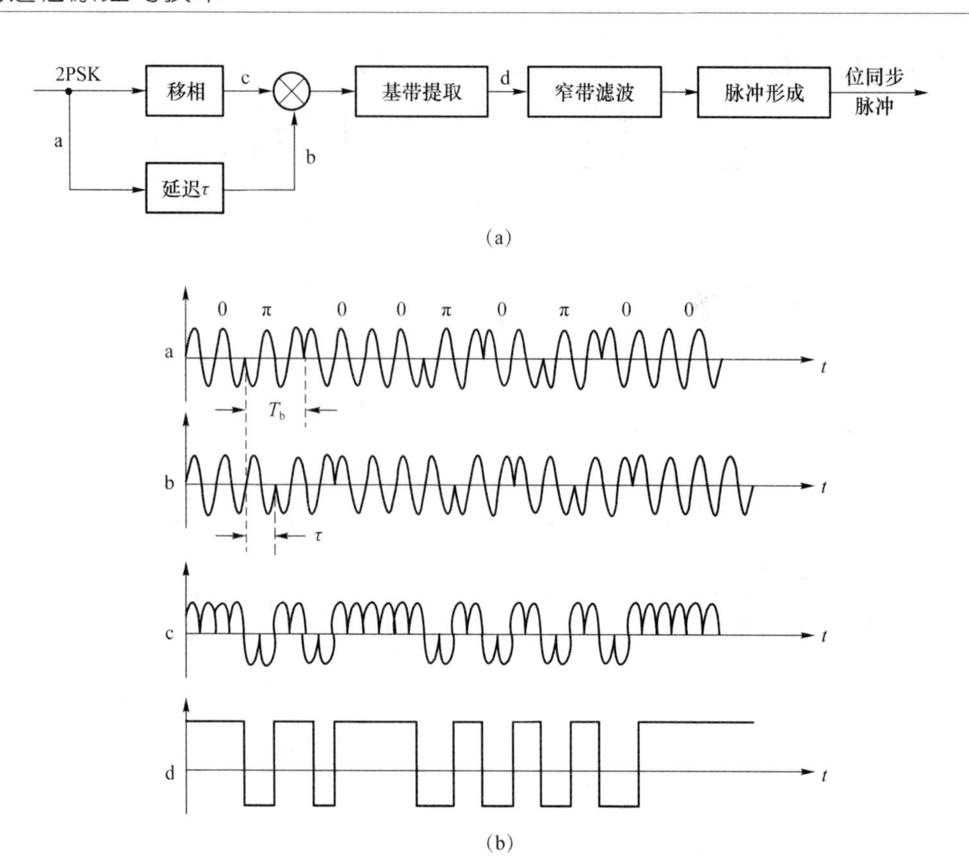

图 8-10　延迟相干法提取位同步信号示意图

2. 数字锁相法

数字锁相法是采用高稳定频率的振荡器(信号钟)的方法。从鉴相器获得的与同步误差成比例的误差电压,不用于直接调整振荡器,而是通过控制器在信号钟输出的脉冲序列中附加或扣除一个或几个脉冲,调整加到鉴相器上的位同步脉冲序列的相位达到同步的目的。这种电路采用的是数字锁相环路。数字锁相环原理示意图如图 8-11 所示。

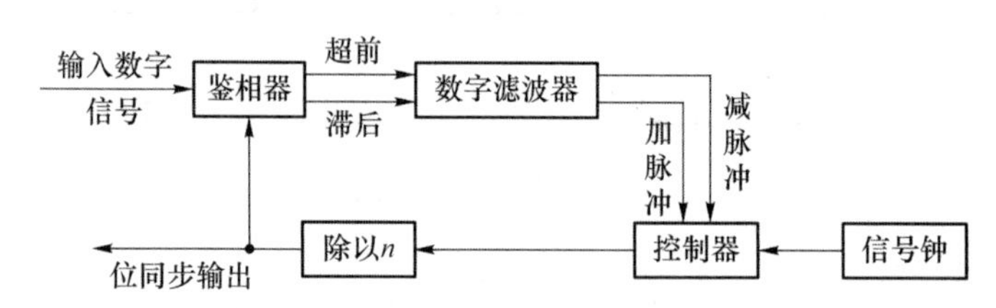

图 8-11　数字锁相环原理示意图

(1) 信号钟

它包括一个高稳定的振荡器(晶振)和整形电路,若输入信号码元速率 $B=1/T$,那么振荡器频率设计为 $f_0=n/T=nB$,经整形电路之后,输出为周期性序列,其周期 $T_0=1/f_0=T/n_0$。

(2) 控制器与分频器

控制器根据数字滤波器输出的控制脉冲(加脉冲或减脉冲)对信号钟输出的序列实施加(或减)脉冲。分频器是一个计数器,每当控制器输出 n 个脉冲时,它就输出一个脉冲。控制器与分频器共同作用的结果,就调整了加至鉴相器的位同步信号的相位。若准确同步,滤波器无加或减脉冲输出，加至鉴相器的位同步信号的相位保持不变；若位同步信号滞后，滤波器输出加脉冲控制信号，控制器在信号钟输出序列中加一个脉冲，经分频后的位同步信号相位就前移；若位同步信号超前，滤波器输出减脉冲控制信号，位同步信号相位就后移。这种相位前后移动的调整量都取决于信号钟的周期。每次的时间阶跃量为 T_0。相应的相位最小调整单位则为 $\Delta\phi=2\pi T_0/T=2\pi/n$。

（3）鉴相器

它将输入信号码与位同步信号进行相位比较，判别位同步信号究竟是超前 还是滞后，若超前就输出超前脉冲，若滞后就输出滞后脉冲。判别位同步信号是超前还是滞后的鉴相器有两种类型：微分型和积分型。关于它们的详细分析这里不再讨论，可参考有关数字锁相环的书籍。

8.4 帧 同 步

位同步的目的是确定数字通信中各个码元的抽样时刻，即把每个码元加以区分，使接收端得到一连串的码元序列，这一连串的码元序列代表一定的信息。通常由若干个码元代表一个字母（符号、数字），而由若干个字母组成一个字，若干个字组成一个句。在传输数据时则把若干个码元组成一个个的码组，即一个个的“字”或“句”，通常称为群或帧。群同步又称帧同步。帧同步的任务是把字、句和码组区分出来。在时分多路传输系统中，信号是以帧的方式传送的。每一帧包括许多路。接收端为了把各路信号区分开来，也需要帧同步系统。

帧同步及其方法

8.4.1 对帧同步系统的要求

帧同步系统通常应满足下列要求。

① 帧同步的引入时间要短，设备开机后应能很快地进入同步。一旦系统失步，也能很快地恢复同步。

② 帧同步系统的工作要稳定可靠，具有较强的抗干扰能力，即帧同步系统应具有识别假失步和避免伪同步的能力。

③ 在一定的同步引入时间要求下，同步码组的长度应最短。

帧同步系统的工作稳定可靠对于通信设备是十分重要的，但是数字信号在传输过程中总会出现误码而影响同步，一种是由信道噪声等引起的随机误码，此类误码造成帧同步码的丢失往往是一种假失步现象，在满足一定误码率的条件下，对于此种假失步系统能自动地迅速恢复正常，帧同步系统此时并没有动作；另一种是突发干扰造成的误码，当出现突发干扰或传输信道性能劣化时，往往会造成码元大量丢失，使帧同步系统因连续检不出帧同步码而处于真失步状态。此时，帧同步系统必须重新捕捉，从恢复的码流中捕捉真同步码，重新建立同步。为了使帧同步系统具有识别假失步的能力，特别引入了前方保护时间的概念，它指从第一个同步码丢失起到同步系统进入捕捉状态止的一段时间。

当帧同步系统处于捕捉状态后，要从码流中重新检出同步码以完成帧同步。但是，无论选择何种同步码型，信息码流中都有可能出现与同步码图案相同的码组，而造成同步动作，这种码组称为伪同步码。若帧同步系统不能识别伪同步码，将导致系统进入误同步状态，使整个通信系统不稳定。为了避免进入伪同步而引入了后方保护时间的概念，它是指从帧同步系统捕捉到第一个真同步码到进入同步状态的一段时间。前方保护时间和后方保护时间的长短与同步码的插入方式有关。

帧同步信号的频率可很容易地由位同步信号经分频得到，但是每帧的开头和结尾时刻无法由分频器的输出决定。为了解决帧同步中开头和结尾的时刻问题，即为了确定帧定时脉冲的相位，通常有两类方法：一类方法是在数字信息流中插入一些特殊码组作为每帧头尾的标记，接收端根据这些特殊码组的位置就可以实现帧同步；另一类方法是不需要外加特殊码组，用类似于载波同步和位同步中的自同步法，利用码组本身之间彼此不同的特性来实现自同步。这里主要讨论插入特殊码组实现帧同步。插入特殊码组实现帧同步的方法有两种：集中插入同步法和分散插入同步法。下面分别予以介绍。在此之前，首先简单介绍一种在电传机中广泛使用的起止式同步法。

8.4.2 起止式同步法

起止式同步法广泛应用于电传机中，如图 8-12 所示。电传报的一个字由 7.5 个码元组成，每个字的开始先发一个码元宽度的起脉冲（负值），中间五个码元是消息，字的末尾是 1.5 个码元宽度的止脉冲（正值）。接收端根据 1.5 个码元宽度的正电平转到一个码元宽度的负电平这一特殊规律，就可以确定一个字的起始位置，从而实现帧同步。这种同步方式中的止脉冲宽度与码元宽度不一致，会给同步数字传输带来不便。另外，在这种同步方式中，7.5 个码元中只有 5 个码元用来传输消息，因此效率较低。

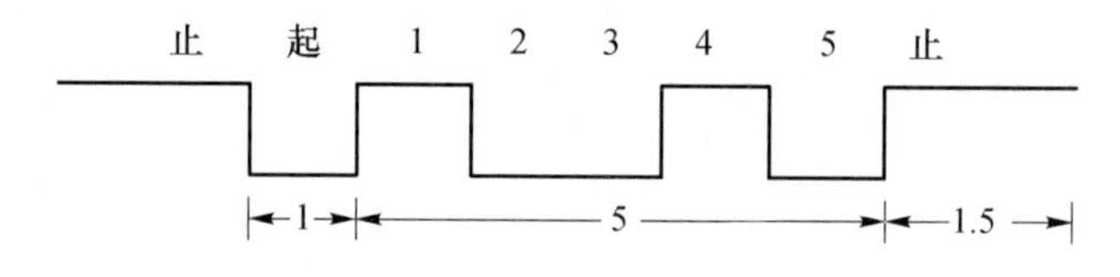

图 8-12 起止式同步法示意图

8.4.3 集中插入同步法

用集中插入方式插入的帧同步码组，要求在接收端进行同步识别时出现伪同步的可能性尽量小，并要求此码组具有尖锐的自相关函数，以便识别；另外，识别器也要尽量简单。目前应用得最广泛的是性能良好的巴克(Barker)码。

1. 巴克码

巴克码是一种具有特殊规律的二进制码组。其特殊规律是：它是一个非周期序列，对于一个 n 位的巴克码 $\{x_1, x_2, x_3, \cdots, x_n\}$，每个码元只可能取值“+1”或“−1”，它的局部自相关函数为

$$R(j) = \sum_{i=1}^{n-j} x_i x_{i+j} = \begin{cases} n, & \text{当 } j = 0 \text{ 时} \\ 0, +1, -1, & \text{当 } 0 < j < n \text{ 时} \\ 0, & \text{当 } j \geq n \text{ 时} \end{cases} \tag{8-16}$$

目前已发现的所有巴克码组如表 8-1 所示。

表 8-1 巴克码组

n	巴克码组
2	＋＋
3	＋＋－
4	＋＋＋－，＋＋－＋
5	＋＋＋－＋
7	＋＋＋－－＋－
11	＋＋＋－－－＋－－＋－
13	＋＋＋＋＋－－＋＋－＋－＋

表 8-1 中"＋"表示 x_i 取值为"＋1"，"－"表示 x_i 取值为"－1"。以 7 位巴克码组{＋＋＋－－＋－}为例，其自相关函数如下：

$$R(j)=\sum_{i=1}^{7}x_i^2=1+1+1+1+1+1+1=7 \quad (j=0) \tag{8-17}$$

$$R(j)=\sum_{i=1}^{6}x_ix_{i+1}=1+1-1+1-1-1=0 \quad (j=1) \tag{8-18}$$

同样可以求出 $j=2,3,4,5,6,7$ 时 $R(j)$的值分别为－1，0，－1，0，－1，0。另外，再求出 j 为负值的自相关函数值，两者合在一起所画出的 7 位巴克码的 $R(j)$与 j 的关系曲线如图 8-13 所示。由图 8-13 可见，自相关函数在 $j=0$ 时具有尖锐的单峰特性。

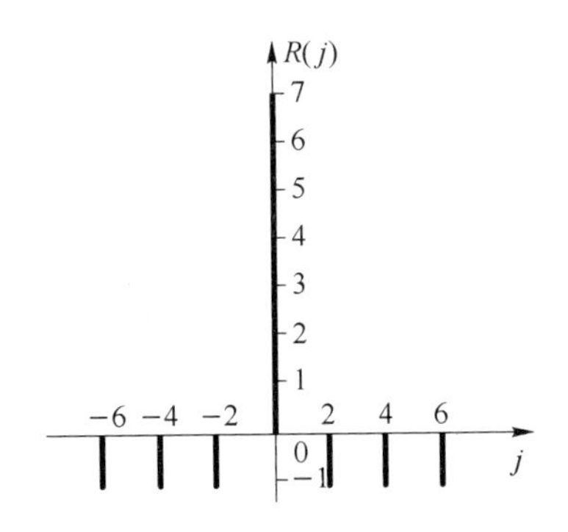

图 8-13 7 位巴克码的自相关函数示意图

产生巴克码常用移位寄存器组。7 位巴克码生成器如图 8-14 所示。其中图 8-14(a)所示是串行式生成器，移位寄存器的长度等于巴克码组的长度。7 位巴克码由 7 级移位寄存器单元组成。各寄存器单元的初始状态由预置线预置成巴克码相应的数字。7 位巴克码的二进制数为 1110010。移位寄存器的输出端反馈至输入端的第一级。因此，7 位巴克码输出后，寄存器各单元均保持原预置状态。图 8-14(b)所示是反馈式生成器，它由 3 级移位寄存器单元和一个模 2 加法器组成，同样也可产生 7 位巴克码，这种产生巴克码的方法也叫逻辑综合法，此结构节省部件。

巴克码的识别仍以 7 位巴克码为例，用 7 级移位寄存器、相加器和判决器就可以组成一个巴克码识别器，如图 8-15 所示。各移位寄存器输出端的接法和巴克码的规律一致，即与巴克码产生器的预置状态相同。当输入数据的"1"进入移位寄存器时，"1"端的输出电平为"＋1"，而"0"端的输出电平为"－1"；反之，输入数据"0"时，"0"端的输出电平为"＋1"，"1"端的输出电平为“−1”。识别器实际是对输入的巴克码进行相关运算。

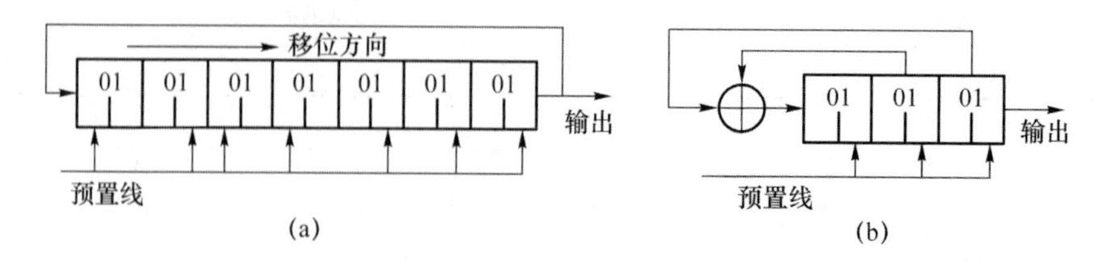

图 8-14　7 位巴克码生成器

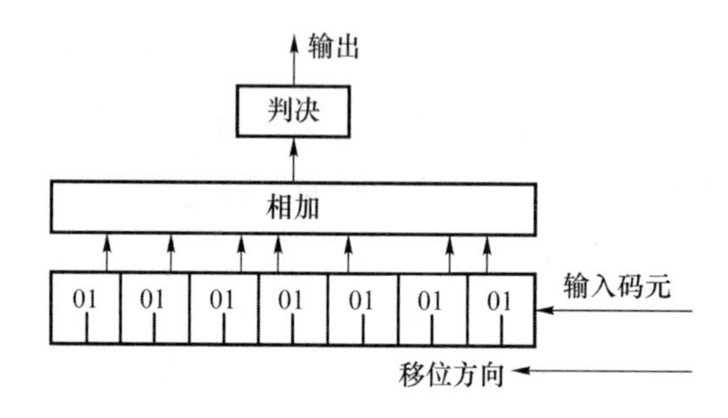

图 8-15　7 位巴克码识别器

当 7 位巴克码在图 8-16(a)中的 t_1 时刻已全部进入了 7 级移位寄存器时，7 个移位寄存器输出端都输出“+1”，相加后得最大输出“+7”。若判决器的判决门限电平定为“+6”，那么，就在 7 位巴克码的最后一位“0”进入识别器后，识别器输出一个帧同步脉冲，表示一帧数字信号的开头，如图 8-16(b)所示。

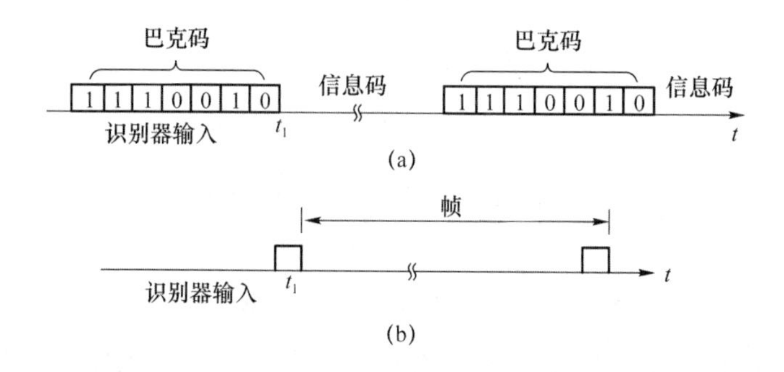

图 8-16　巴克码识别器的输出波形

2. PCM30/32 路的帧结构和基群设备定时脉冲及参数

PCM30/32 路数字传输时的帧同步通常采用集中插入同步法。PCM30/32 路时分多路时隙的分配如图 8-17 所示，将两个相邻抽样值间隔分成 32 个时隙，其中 30 个时隙用来传送 30 路电话，一个时隙用来传送帧同步码，另一个时隙用来传送各话路的标志信号码。第 1～15 话路的码组依次安排在时隙 TS_1～TS_{15} 中传送，而第 16～30 话路的码组依次在时隙 TS_{17}～TS_{31} 中传送。TS_0 时隙传送帧同步码，TS_{16}时隙传送标志信号码。

集中插入同步码通常采用一个字长为 r 比特的码组，集中插入一帧中的一个时隙内。在 PCM30/32 路设备中，采用 $r=7$ 比特的同步码组，集中插入偶帧的 TS_0 时隙。这种插入方式要占用信息时隙，但却缩短了同步引入时间，有利于开发数据传输等多种业务。

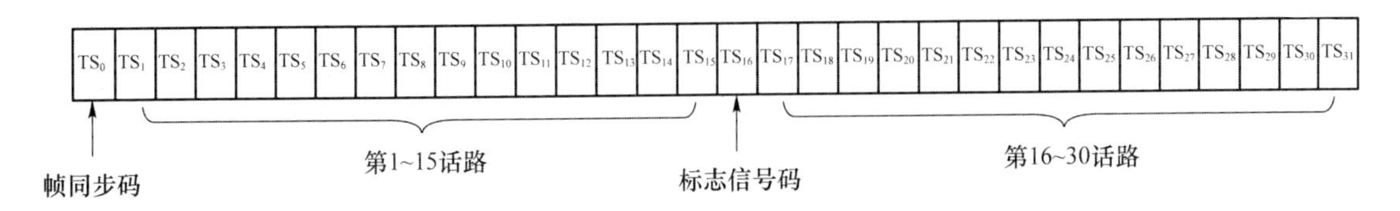

图 8-17 PCM30/32 路时分多路时隙的分配

3. PCM30/32 路传输系统的集中插入同步法

PCM30/32 路传输系统通常采用集中插入同步码的滑动法来恢复帧同步信号，如图 8-18 所示。此电路由 5 部分组成，移位寄存器和识别门组成同步码检出电路；前、后方保护时间计数器完成前方保护时间和后方保护时间计数，并通过 R-S 触发器发出同步及失步指令以及定时系统的起止信号 S；收定时系统产生接收端运用的各类定时脉冲；时标发生器产生与 PCM 码元中同步码的时间相一致的偶帧时标信号，作为比较脉冲在识别门中和收到的同步码进行比较并产生与 PCM 码流中奇帧监视码时间关系一致的奇帧时标信号，用来检出监视码，还产生供保护时间计数使用的触发时钟；奇帧监视码检出电路用来检出奇帧 TS_0 中的第二位。

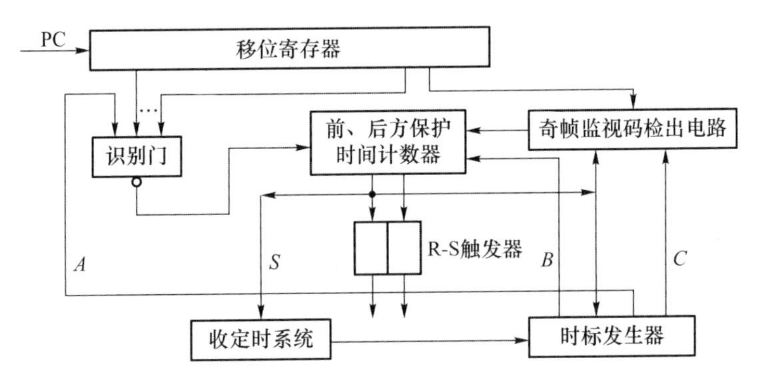

图 8-18 PCM30/32 路帧同步系统示意图

同步时，前、后方保护时间计数器处于起始状态。当 $S=1$ 时，收定时系统工作，时标发生器产生 3 种时标信号：A 的周期为 125 μs，脉冲为 1 bit，出现 TS_0 时隙；B 的周期为 250 μs，出现在偶帧 TS_0；C 的周期为 250 μs，出现在奇帧 TS_0。A、B、C 3 种时标信号分别加到识别门、保护时间计数器和奇帧监视码检出电路。PCM 码进入移位寄存器，当出现同步码组时，由于处于同步状态，收定时系统产生的各种定时脉冲与接收到的码流中的时序规律相同。同步码检出电路由 8 级移位寄存器和识别门组成。只有当 0011011 码组进入移位寄存器，且帧结构的时序状态保持对准关系，A 时标信号出现“1”的时刻才有同步码检出。检出的同步码是周期为 250 μs，脉宽为 1 bit 的负脉冲。

当出现同步码错误时，识别门无同步码检出，其输出为高电平。在时标信号 B 的作用下，开始前方保护时间计数。如果连续丢失 3(或 4)个帧同步码，计数器计满，输出指令 $S=0$，将收定时系统强迫置位到一个固定状态，系统进入同步捕捉状态。此时，收定时系统停止动作，使时标发生器输出的时标信号 A 为高电平状态，以便捕捉同步码。

当 PCM 码恢复正常后，同步系统从输入码流中捕捉到 0011011 码组，相当于第 N 帧有同步码，识别门输出一个检出脉冲用于帧同步。此时，后方保护时间计数开始，当 $S=1$ 时，收定时系统启动并使时标发生器产生各类时标信号 A、B、C。时标信号 C 加到奇帧监视码检出电路，如果 $N+1$ 帧的检出电路检出的是高电平“1”，表示 $N+1$ 帧满足无同步码条件，应在$N+2$

帧由识别门再一次检出同步码，后方保护时间计数器动作，系统进入同步状态。

当 $N+1$ 帧出现的第二位码不是“1”而是“0”时，则表示 $N+1$ 帧无同步码的要求不成立，奇帧监视码检出电路输出一个负脉冲，将计数器强制置位到起始状态。同步系统重新进入捕捉状态。

如果 N 帧和 $N+1$ 帧均符合规定，$N+2$ 帧无同步检出，后方保护时间计数器所计的数无效，系统必须重新进行捕捉。

8.4.4 分散插入同步法

另一种帧同步方法是将帧同步码分散地插入信息码元中，即每隔一定数量的信息码元插入一个帧同步码元。这时为了便于提取，帧同步码不宜太复杂。PCM24 路数字电话系统的帧同步码就是采用的分散插入同步法，下面以此为例进行讨论。

1. PCM24 路的帧结构

图 8-19 所示为 PCM24 路时分多路时隙的分配图。图 8-19 中 b 为振铃码的位数，n 为 PCM 编码位数，F 为帧同步码的位数，K 为监视码的位数，N 为路数。其中 $n=7$，$b=1$，$F=1$，$N=24$，$K=0$。

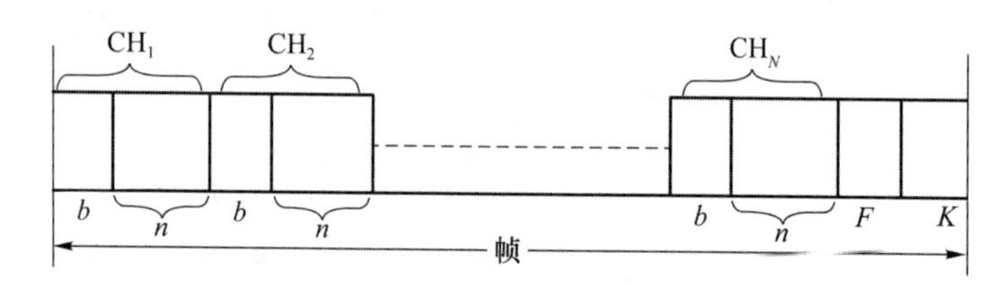

图 8-19　PCM24 路时分多路时隙的分配图

PCM24 路基群设备以及一些简单的 ΔM 同步通信系统通常采用等间隔分散插入方式。如图 8-20 所示，同步码采用 1、0 交替型，等距离地插入在每一帧的最后一个码位之后，即 PCM24 路设备的第 193 码位。这种插入方式的最大特点是同步码不占用信息时隙，同步系统结构较为简单，但是同步引入时间长。

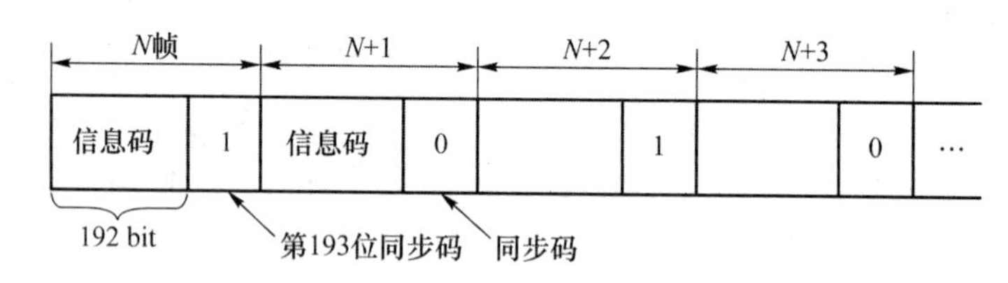

图 8-20　PCM24 路基群同步码分散插入方式

2. 1 bit 移位方式

对于采用分散插入方式的 PCM24 路的帧同步信号的提取通常采用 1 bit 移位方式，如图 8-21 所示。接收端通过本地码发生器产生和发送端相同的帧同步码，将接收到的 PCM 码与本地帧同步码同时加到“不一致门”上。不一致门由“模 2 加”电路组成，其逻辑功能为：输入端一致则输出“0”，输入端不一致则输出“1”。

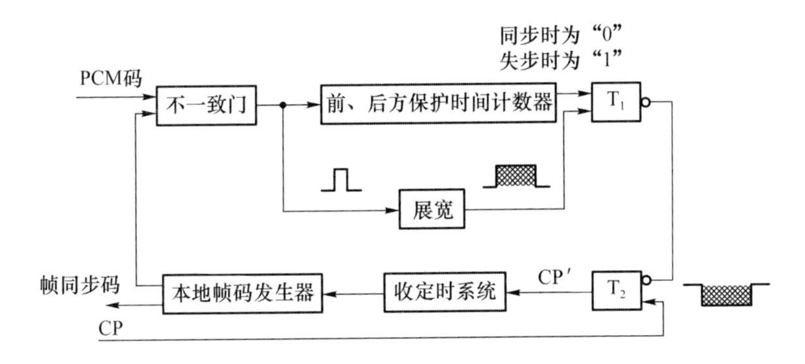

图 8-21 1 bit 移位方式示意图

当本地帧和收到码流中的帧对准时，不一致门无信号输出。当本地帧和收到码流中的帧对不上时，则不一致门有错误脉冲输出。一方面输出的错误脉冲经展宽、延时后作为控制定时系统的移位脉冲；另一方面输出的错误脉冲经前后方保护时间计数时，计数电路输出高电平“1”。此时移位脉冲经 T_1 门变为负脉冲，并通过 T_2 门将时钟脉冲扣除 1 bit，如图 8-22 所示。

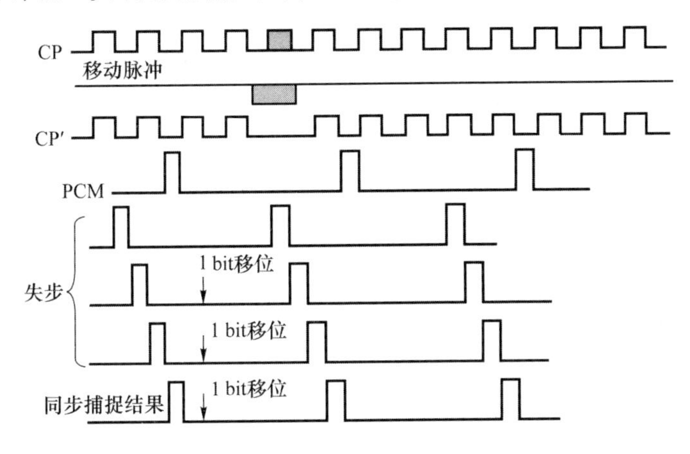

图 8-22 1 bit 移位原理示意图

CP 为时钟脉冲，它被扣除一个脉冲变为 CP′，使收定时电路停止动作一拍，相当于本地帧码时间后移 1 bit。如果后移一拍后的本地帧码和 PCM 码中的帧同步还未对准，又输出一个错误脉冲，再将 CP 扣除一个脉冲，使产生的帧码又后移 1 bit。如此下去，直到对准为止。此时，同步系统进入后方保护时间计数。当在后方保护时间内时，本地帧码和 PCM 码中的帧一直保持对准状态，则表明系统可以进入同步。保护电路的输出状态恢复到“0”，同步系统处于正常工作状态。

网同步及其方法

8.5 网 同 步

当通信是在点对点之间进行时，完成了载波同步、位同步和帧同步之后，就可以进行可靠的通信了。但现代通信往往需要在许多通信点之间实现相互连接，从而构成通信网。显然，为了保证通信网各点之间可靠地进行数字通信，必须在网内建立一个统一的时间标准，称为网同步。

图 8-23 所示为一个复接系统。图 8-23 中 A、B、C 等是各站送来的速率较低的数据流(A、B、C 本身又可以是多路复用信号),它们各自的时钟频率不一定相同。在总站的合路器里,A、B、C 等合并为路数更多的复用信号,当然这时数据流的速率更高了。高速数据流经信道传输到接收端,由收站分路器按需要将数据分配给 A′、B′、C′等各分站。如果只是 A 站与 A′站点对点之间的通信,那么它们之间的通信就是前几节介绍的方法。但在通信网中是多点通信,A 站的用户也要与 B′站和 C′站通信,若它们之间没有相同的时钟频率是不能进行通信的。

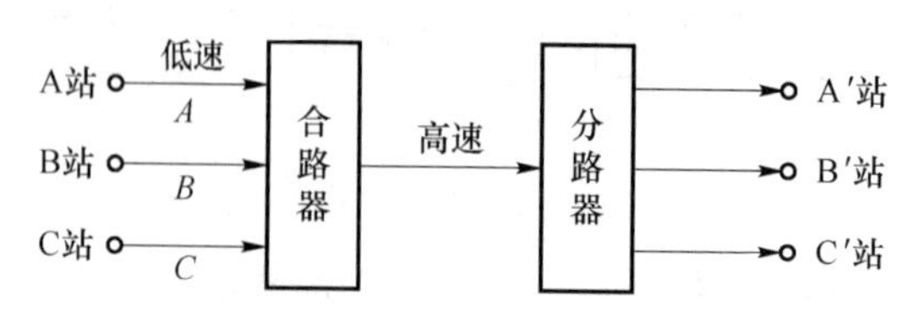

图 8-23 一个复接系统

保证通信网中各个站都有共同的时钟信号,是网同步的任务。实现网同步的方法主要有两大类。一类是全网同步系统,即在通信网中使各站的时钟彼此同步,各站的时钟频率和相位都保持一致。建立这种网同步的主要方法有主从同步法和相互同步法。另一类是准同步系统,也称独立时钟法,即在各站均采用高稳定性的时钟,使其相互独立,允许其速率偏差在一定的范围之内,在转接时设法把各处输入的数码速率变换成本站的数码速率,再将其传送出去。在变换过程中要采取一定措施使信息不致丢失。实现这种网同步的方法有两种:码速调整法和水库法。

8.5.1 全网同步系统

全网同步方式采用频率控制系统去控制各交换站的时钟,使它们都达到同步,即使得它们的频率和相位均保持一致,没有滑动。采用这种方式可用稳定度低而价廉的时钟,在经济上是有利的。

1. 主从同步法

在通信网内设立一个主站,它备有一个高稳定的主时钟源,再将主时钟源产生的时钟逐站传输至网内的各个站去,如图 8-24 所示。这样各站的时钟频率(即定时脉冲频率)都直接或间接来自主时钟源,所以通信网内各站的时钟频率相同。各从站的时钟频率通过各自的锁相环来保持和主站的时钟频率一致。主时钟到各站的传输线路长度不等,会使各站引入不同的时延。因此,各站都需设置时延调整电路,以补偿不同的时延,使各站的时钟不仅频率相同,而且相位也一致。主从同步法比较容易实现,它依赖单一的时钟,设备比较简单。此法的主要缺点是:若主时钟源发生故障,会使全网各站都因失去同步而不能工作;当某一中间站发生故障时不仅该站不能工作,其后的各站都因失步而不能工作。

图 8-25 所示是另一种主从同步法,称为等级主从同步法。它所不同的是全网所有的交换站都按等级分类,其时钟都按照其所处的地位水平,分配一个等级。在主时钟发生故障的情况下,就主动选择具有最高等级的时钟作为新的主时钟,即主时钟发生故障时,则由副时钟替代,通过图 8-25 中虚线所示通路供给时钟。这种方式改善了可靠性,但较复杂。

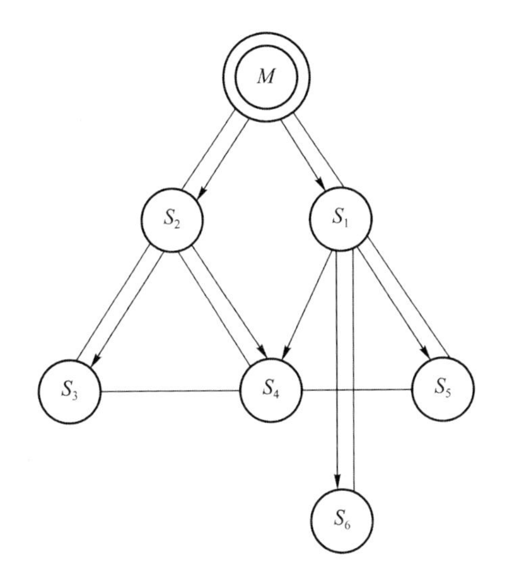

图 8-24 主从同步法

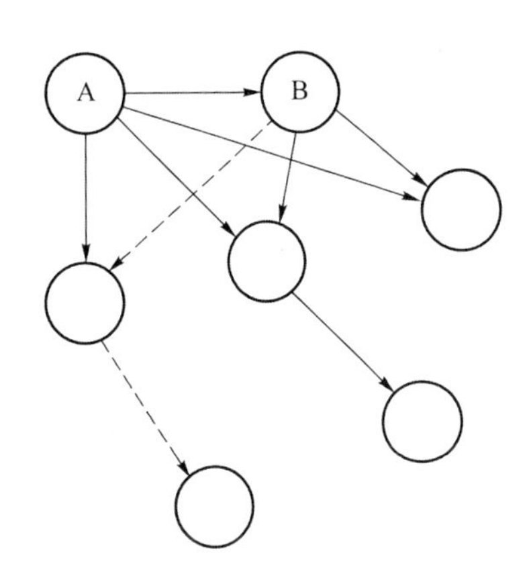

图 8-25 等级主从同步法

2. 互控同步法

为了克服主从同步法过分依赖主时钟的缺点，让网内各站都有自己的时钟，将数字网高度互联实现同步，从而消除了仅有一个时钟可靠性差的缺点。各站的时钟频率都锁定在各站固有频率的平均值上，这个平均值称为网频频率，从而实现网同步，这是一个相互控制的过程。当网中某一站发生故障时，网频频率将平滑地过渡到一个新的值。这样除发生故障的站外，其余各站仍能正常工作，因此提高了通信网工作的可靠性。这种方法的缺点是每一站的设备都比较复杂。

8.5.2 准同步系统

下面介绍上文提到的码速调整法和水库法。

① 码速调整法。准同步系统各站各自采用高稳定时钟，不受其他站的控制，它们之间的钟频允许有一定的容差。这样各站送来的信码流首先进行码速调整，使之变成相互同步的数码流，即对本来是异步的各种数码流进行码速调整。

② 水库法。这种方法是依靠在各交换站设置极高稳定度的时钟源和容量大的缓冲存储器，使得在很长的时间间隔内存储器不发生"取空"或"溢出"的现象。这种大容量的缓冲存储器类似于水库，系统很难将它抽干，也很难将它灌满，故称为水库法。使用水库法进行系统同步时，无须对码速进行调整。

现在来计算存储器发生一次"取空"或"溢出"现象的时间间隔 T。设存储器的位数为 $2n$，起始为半满状态，存储器写入和读出的速率之差为 $\pm\Delta f$，则显然有

$$T=\frac{n}{\Delta f} \tag{8-19}$$

设数字码流的速率为 f，相对频率稳定度为 S 并令

$$S=\left|\pm\frac{\Delta f}{f}\right| \tag{8-20}$$

则由式(8-19)得

$$fT=\frac{n}{S} \tag{8-21}$$

设 $f=512$ kbit/s，并设

$$S=\left|\pm\frac{\Delta f}{f}\right|=10^{-9} \tag{8-22}$$

需要使 T 不小于 24 小时，则利用式(8-21)可求出存储器位数 n 为

$$n=SfT=10^{-9}\times 512\,000\times 24\times 3\,600\approx 45 \tag{8-23}$$

显然，这样的设备不难实现，若采用更高稳定度的振荡器，例如镓原子振荡器，其频率稳定度可达 5×10^{-11}。因此，可在更高速率的数字通信网中采用水库法作网同步。但水库法每隔一个相对较长的时间总会发生"取空"或"溢出"现象，所以每隔一定时间 T 要对同步系统校准一次。

上面我们简要介绍了数字通信网网同步的几种主要方式。但是，网同步方式目前世界各国仍在继续研究，究竟采用哪一种方式，有待探索。而且它与许多因素有关，如通信网的构成形式、信道的种类、转接的要求、自动化的程度、同步码型和各种信道码率的选择等。前面所介绍的方式，各有其优缺点。目前数字通信正在迅速发展，随着市场的需要和研究工作的进展，可以预期今后一定会有更加完善、性能良好的网同步方式面市。

8.6 同步技术应用举例

下面通过一个具体的实例来说明载波同步、位同步和帧同步在数字通信系统中的位置。图 8-26 所示为两路数字电话通信系统框图，图 8-26(a)所示为发送部分，图 8-26(b)所示为接收部分。

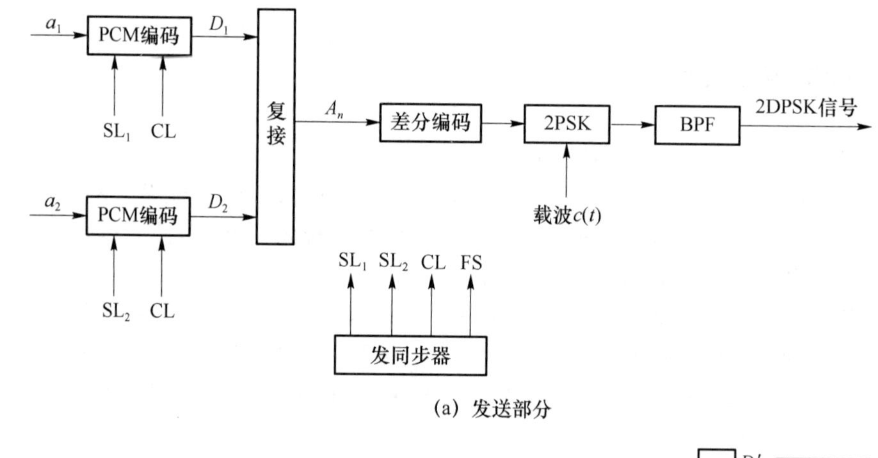

(a) 发送部分

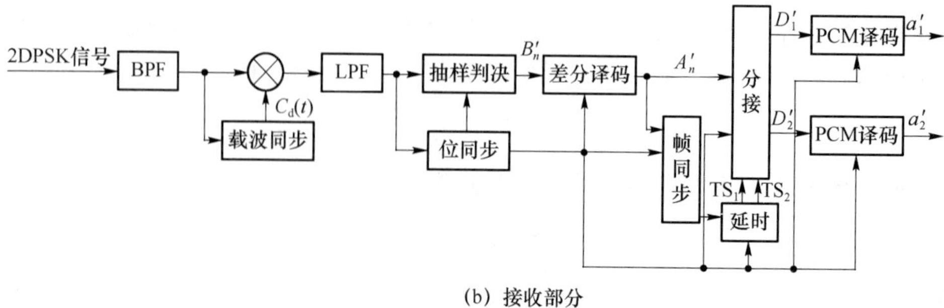

(b) 接收部分

图 8-26 两路数字电话通信系统框图

在发送部分,假设时钟为 192 kHz,两路抽样〔图 8-26(a)中的 SL_1、SL_2〕频率均为 8 kHz,每个抽样样本编码为 8 bit(D_1、D_2),各占一个时隙(TS_1、TS_2)。为了保证帧同步,采用集中插入同步法在时隙 TS_0 处插入帧同步码(FS):1110010。经过复接后的 A_n 为一个时分复用基带 PCM 信号,码元速率为 192 kHz,帧长为 125 μs,此序列经差分编码、2PSK 调制,就可以变为 2DPSK 信号,由 BPF 进入传输信道。

在接收部分,来自信道的 2DPSK 信号先经过 BPF,然后进入载波同步器产生恢复的相干载波,并进行相干解调。经 LPF 输出一个基带信号,还需经抽样判决器整形。抽样判决用的位定时信号来自位同步器。抽样判决器输出的是相对码 B'_n,还需要进行差分译码来将其恢复成绝对码 A'_n。B'_n 与 A'_n 信号都是时分复用 PCM 信号,经分接器分为两路,这个过程需要帧同步。帧同步器从输入码流 A'_n 中识别,并输出帧同步脉冲。帧同步脉冲经延迟后产生两个时隙 TS_1 和 TS_2,并选通 A'_n 中的 D'_1 和 D'_2,实现了分接。最后再经 PCM 译码恢复出原来的模拟话音信号 a'_1 和 a'_2。由图 8-26(b)可见,接收部分的 3 个同步出现的次序为载波同步、位同步、帧同步。

不论采取哪种同步方式,对正常的信息传输来说,都是非常必要的,因为只有收发方之间同步才能开始传输信息。因此,在通信系统中,通常都是要求同步信息传输的可靠性高于信号传输的可靠性。

本 章 小 结

① 为了使整个通信系统有序、准确、可靠地工作,收、发双方必须有一个统一的时间标准。这个时间标准就是靠定时系统保证收、发双方时间的一致性,即同步。

② 按照同步的功能来分,通信系统中的同步可以分为载波同步、位同步(码元同步)、帧同步(群同步)和网同步几大类。

③ 在采用相干解调的系统中,接收端必须提供一个与发送载波同频同相的相干载波,这就是载波同步。载波同步有插入导频法(外同步法)和自同步法(内同步法)。

④ 为了获得准确的抽样判决时刻,在接收端必须产生与接收码元的重复频率和相位一致的定时脉冲序列,这个过程称为位同步,又称为码元同步。位同步有插入导频法(外同步法)和直接法(自同步法)。

⑤ 在传输数据时则把若干个码元组成一个个的码组,即一个个的“字”或“句”,通常称为群或帧。帧同步的任务是把字、句和码组区分出来。在时分多路传输系统中,信号是以帧的方式传送的。每一帧包括许多路。接收端为了把各路信号区分开来,也需要帧同步系统。帧同步有起止式同步法、集中插入同步法和分散插入同步法。

⑥ 现代通信往往需要在许多通信点之间实现相互连接,而构成通信网。为了保证通信网各点之间可靠地进行数字通信,必须在网内建立一个统一的时间标准,称为网同步。网同步分为全网同步系统和准同步系统。

习　　题

8-1　说明通信系统中同步的概念。

8-2 按照功能说明通信系统中的同步类型。

8-3 说明通信系统中载波同步的方法。

8-4 画出科斯塔斯环法载波提取的原理图。

8-5 说明通信系统中位同步的方法。

8-6 画出插入导频法位同步提取的原理图。

8-7 说明帧同步的概念。

8-8 说明帧同步与位同步的区别并指出帧同步系统的要求。

8-9 说明通信系统中帧同步的方法。

8-10 说明网同步的应用场景并指出网同步的种类。

第9章 差错控制编码

实际信道存在噪声和干扰,使得经过信道传输后收到的码字与发送码字相比存在差错。一般情况下,信道噪声和干扰越大,码字产生差错的可能性也就越大。信道编码的目的在于改善通信系统的传输质量,发现或者纠正差错,以提高通信系统的可靠性。

本章首先介绍差错控制方法和差错控制编码的基本概念,接着介绍常用的简单编码、线性分组码、循环码、卷积码和交织编码。

本章学习目标

- 理解通信系统中差错控制的原理和方法。
- 掌握差错控制编码的基本概念。
- 熟悉常用的简单编码:奇偶监督码、恒比码和正反码。
- 掌握线性分组码的特征并熟悉其编解过程。
- 掌握循环码的特征并熟悉其编解过程。
- 理解卷积码的原理,熟悉卷积码编解的过程。
- 熟悉交织码编解的原理和实现方法。

9.1 差错控制编码概述

在数字通信系统中,为了提高数字信号传输的有效性而采取的编码称为信源编码,第5章所描述的PCM编码和增量调制编码等就属于信源编码的范畴;为了提高数字通信的可靠性而采取的编码称为信道编码。

在数字通信中,数字信息交换和传输过程中所遇到的主要问题就是可靠性问题,也就是数字信号在交换和传输过程中出现差错的问题。出现差错的主要原因是信号在传输过程中信道特性不理想以及加性噪声和人为干扰的影响,使接收端产生错误判决。不同的系统在信号传输的过程中会受到不同的干扰,产生不同的差错率,进而使传输的可靠性不同。随着传输速率的提高,可靠性问题更加突出。不同的通信系统对误码率的要求也不相同,例如:传输雷达数据时允许的误码率约为10^{-5};数字话音传输系统允许的误码率为10^{-3}～10^{-4};而在计算机网络之间传输数据时要求的误码率应小于10^{-9}。

为了提高系统传输的可靠性，降低误码率，常用的方法有两种：一种是减少数字信道本身引起的误码，可采用的方法有选择高质量的传输线路、改善信道的传输特性、增加信号的发送能量、选择有较强抗干扰能力的调制解调方案等；另一种方法就是采用差错控制编码，即信道编码。差错控制编码的基本思想是通过对信息序列作某种变换，使原来彼此独立、相关性极小的信息码元产生某种相关性，在接收端可以利用这种规律性来检查并纠正信息码元在信息传输中所造成的差错。在许多情况下，信道的改善是不可能的或者是不经济的，这时只能采用差错控制编码方法。

从差错控制角度看，按加性干扰引起的错码分布规律的不同，信道可以分为三类，即随机信道、突发信道和混合信道。在随机信道中，错码的出现是随机的，且错码之间是统计独立的。例如，由信道中的高斯白噪声引起的错码就具有这种性质，因此称这种信道为随机信道。在突发信道中，错码是成串集中出现的，也就是说，在一些短促的时间区间内会出现大量错码，而在这些短促的时间区间之间却又存在较长的无错码区间，这种成串出现的错码称为突发错码。产生突发错码的主要原因是脉冲干扰和信道中的衰落现象，因此称这种信道为突发信道。把既存在随机错码又存在突发错码的信道称为混合信道，对于不同的信道应采用不同的差错控制技术。

9.1.1 差错控制方法

常用的差错控制方法有以下几种。

1. 检错重发法

检错重发法(ARQ)是发送端发出有一定检错能力的码的方法。接收端译码器根据编码规则，判断这些码在传输中是否有错误产生，如果有错，就通过反馈信道告诉发送端，发送端将接收端认为错误的信息重新发送，直到接收端认为正确为止。

该方法的优点是只需要少量的多余码就能获得较低的误码率。由于检错码和纠错码的能力与信道的干扰情况基本无关，因此整个差错控制系统的适应性较强，特别适合于短波、有线等干扰情况非常复杂而又要求误码率较低的场合。该方法的主要缺点是必须有反馈信道。当信道干扰较大时，整个系统可能处于重发循环之中，因此信息传输的连贯性和实时性较差。

2. 前向纠错法

前向纠错法(FEC)是发送端发送有纠错能力的码，接收端的纠错译码器收到这些码之后，按预先规定的规则，自动地纠正传输中的错误的方法。

该方法的优点是不需要反馈信道，能够进行一个用户对多个用户的广播式通信。此外，这种通信方法译码的实时性好，控制电路简单，特别适用于移动通信。该方法的缺点是译码设备比较复杂，所选用的纠错码必须与信道干扰情况相匹配，因而对信道变化的适应性差。为了获得较低的误码率，必须以最坏的信道条件来设计纠错码。

3. 混合差错控制法

混合差错控制法(HEC)是检错重发法和前向纠错法的结合。发送端发送的码不仅能够检测错误，而且还具有一定的纠错能力。接收端译码器收到信码后，如果检查出的错误在码的纠错能力以内，则接收端自动进行纠错，如果错误很多，超过了码的纠错能力但尚能检测，接收端则通过反馈信道告知发送端必须重发这组码的信息。

该方法不仅克服了前向纠错法冗余度较大、需要复杂的译码电路的缺点，同时还增强了检错重发法的连贯性，在卫星通信中得到了广泛的应用。

图 9-1 是上述 3 种差错控制方法的系统框图。

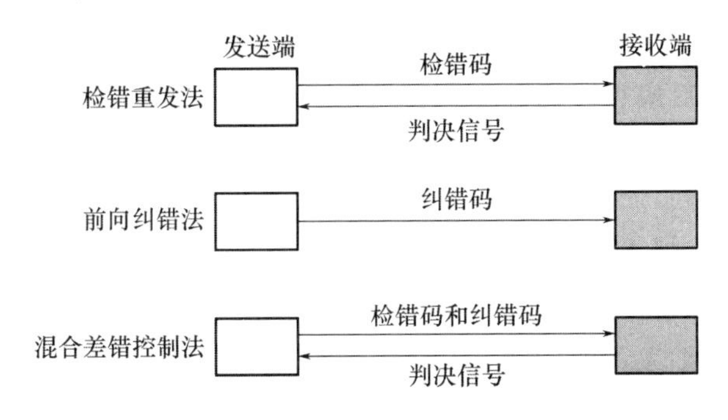

图 9-1　3 种差错控制方法的系统框图

9.1.2　差错控制编码的基本概念

差错控制编码的基本概念

1. 编码效率

设编码后的码组长度、码组中所含信息码元以及监督码元的个数分别为 n 、k 和 r，三者间满足 $n=k+r$，编码效率为 $R=k/n=1-r/n$。R 越大，说明信息位所占的比重越大，码组传输信息的有效性越高。所以，R 说明了分组码传输信息的有效性。

2. 编码分类

① 根据已编码组中信息码元与监督码元之间的函数关系，码元可分为线性码和非线性码。若信息码元与监督码元之间的关系呈线性，即满足一组线性方程式，则这类码元称为线性码。

② 根据信息码元与监督码元之间的约束方式不同，码元可分为分组码和卷积码。分组码的监督码元仅与本码组的信息码元有关，卷积码的监督码元不仅与本码组的信息码元有关，而且与前面码组的信息码元有约束关系。

③ 根据编码后信息码元是否保持原来的形式，码元可分为系统码和非系统码。在系统码中，编码后的信息码元保持原样，而非系统码中的信息码元则改变了原来的信号形式。

④ 根据编码的不同功能，码元可分为检错码和纠错码。

⑤ 根据纠、检错误类型的不同，码元可分为纠、检随机性错误码和纠、检突发性错误码。

⑥ 根据码元取值的不同，码元可分为二进制码和多进制码。

⑦ 按照信道编码所采用的数学方法不同，可以将它分为代数码、几何码和算术码。

随着数字通信系统的发展，可以将信道编码器和调制器统一起来综合设计，这就是所谓的网格编码调制。

本章只介绍二进制纠、检错编码。

3. 编码增益

由于编码系统具有纠错能力，因此在达到同样误码率要求时，编码系统会使所要求的输入信噪比低于非编码系统，为此引入了编码增益的概念。其定义为，在给定误码率的条件下，非编码系统与编码系统之间所需信噪比 S_0/N_0 之差(用 dB 表示)。采用不同的编码会得到不同的编码增益,但编码增益的提高要以增加系统带宽或复杂度来换取。

4. 码重和码距

对于二进制码组,码组中"1"码元的个数称为码组的重量,简称码重,用 W 表示。例如码组 10001,它的码重 $W=2$。

两个等长码组之间对应位不同的个数称为这两个码组的汉明距离,简称码距 d。例如码组 10001 和 01101,有 3 个位置的码元不同,所以码距 $d=3$。码组集合中各码组之间距离的最小值称为码组的最小距离,用 d_0 表示。最小码距 d_0 是信道编码的一个重要参数,它体现了该码组的纠、检错能力。d_0 越大,说明码字间最小差别越大,抗干扰能力越强。但 d_0 与所加的监督位数有关,所加的监督位数越多,d_0 就越大,这又引起了编码效率 R 的降低,所以编码效率 R 与码距 d_0 矛盾。

根据编码理论,一种编码的检错或纠错能力与码字间的最小距离有关。在一般情况下,对于分组码有以下结论。

① 为检测 e 个错误,最小码距应满足

$$d_0 \geqslant e+1 \tag{9-1}$$

② 为纠正 t 个错误,最小码距应满足

$$d_0 \geqslant 2t+1 \tag{9-2}$$

③ 为纠正 t 个错误,同时又能够检测 e 个错误,最小码距应满足

$$d_0 \geqslant e+t+1 \quad (e>t) \tag{9-3}$$

9.2 常用的简单编码

在讨论较为复杂的纠错编码之前,先了解几种简单的编码。这些编码属于分组编码,且编码电路简单,易于实现,有较强的检错能力,有些编码还具有一定的纠错能力,因此在实际中得到了比较广泛的应用。

9.2.1 奇偶监督码

奇偶监督码可分为奇数监督码和偶数监督码两种,两者的原理相同。在偶数监督码中,无论信息位有多少,监督位只有一位,它使码组中"1"的数目为偶数,即满足下式:

$$a_{n-1} \oplus a_{n-2} \oplus \cdots \oplus a_1 \oplus a_0 = 0 \tag{9-4}$$

式中 a_0 为监督位,$a_{n-1}, a_{n-2}, \cdots, a_2, a_1$ 为信息位,"⊕"表示模 2 加。这种码只能发现奇数个错误,不能发现偶数个错误。在接收端,译码器按照式(9-4)将码组中各码元进行模 2 加,若相加的结果为"1",说明码组存在差错,若为"0"则认为无错。

奇数监督码与偶数监督码类似,只不过其码组中"1"的个数为奇数,即满足下式:

$$a_{n-1} \oplus a_{n-2} \oplus \cdots \oplus a_1 \oplus a_0 = 1 \tag{9-5}$$

奇数监督码的检错能力与偶数监督码是相同的。尽管奇偶监督码的检错能力有限,但是在信道干扰不太严重、码长不长的情况下仍很有用,因此广泛地应用于计算机内部的数据传送及输入、输出设备中。

9.2.2 二维奇偶监督码

二维奇偶监督码又称方阵码或行列监督码。它把上述奇偶监督码的若干码组排列成矩阵，每一码组写成一行，然后再按列的方向增加第二维监督位，如图 9-2 所示。图 9-2 中 a_0^1，a_0^2，…，a_0^m 为 m 行奇偶监督码中的 m 个监督位；c_{n-1}，c_{n-2}，…，c_0 为按列进行第二次编码所增加的监督位，它们构成了一监督位行。

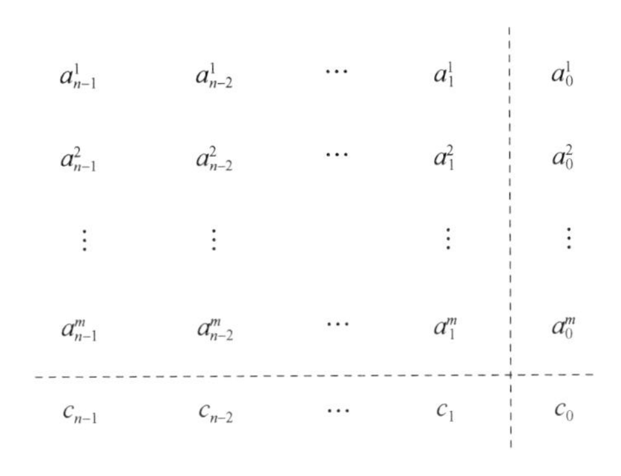

图 9-2 二维奇偶监督码

二维奇偶监督码适用于检测突发错码。因为这类突发错码常常成串出现，随后有较长一段无错区间，所以在某一行中出现多个奇数或偶数个错码的机会较多，而二维奇偶监督码正适于检测这类错码。

方阵码仅对方阵中同时构成矩形四角的错码无法检测。其检错能力较强，一些实验测量表明，这种码可使误码率降至原误码率的百分之一到万分之一。

二维奇偶监督码不仅可用来检错，还可用来纠正一些错码。例如，当码组中突发错码仅在一行中有奇数个错误时，则能够确定错码的位置，从而纠正它。

9.2.3 恒比码

在恒比码中，每个码组均含有相同数目的“1”和“0”。由于“1”的数目与“0”的数目之比保持恒定，所以称为恒比码。这种码在接收端检测时，只需计算接收码组中“1”的数目是否正确，就可以知道有无错误。

电传通信普遍采用 5 中取 3 恒比码，即每个码组长度为 5，“1”的个数为 3，“0”的个数为 2。该码组共有 $C_5^3=10$ 个许用码字，用来传送 10 个阿拉伯数字，如表 9-1 所示。

表 9-1 5 中取 3 恒比码

数字	0	1	2	3	4	5	6	7	8	9
码字	01101	01011	11001	10110	11010	00111	10101	11100	01110	10011

实际使用经验表明，5 中取 3 恒比码能使差错减至原来的十分之一左右。

国际无线电报通信广泛采用的是 7 中取 3 恒比码，这种码组规定“1”的个数恒为 3。因此，该码组共有 $C_7^3=35$ 个许用码组，它们可用来表示 26 个英文字母及其他符号。该码组除了不能检测“1”错成“0”和“0”错成“1”成对出现的差错外，能发现几乎任 何形式的错码，因此恒比码的检错能力较强。

恒比码的主要优点是简单，它适于用来传输电传机或其他键盘设备产生的字母和符号。对于二进制随机数字序列，这种码就不适合使用了。

9.2.4 正反码

正反码是一种能够简单地纠正错码的编码。其中监督位数目与信息位数目相同，监督码元与信息码元是相同（是信息码的重复）还是相反（是信息码的反码）由信息码中“1”的个数而定。以常用的5单元电码为例来加以说明。

5单元正反码的码长 $n=10$，其中信息位 $k=5$，监督位 $r=5$。其编码规则为：①当信息位中有奇数个“1”时，监督位是信息位的简单重复；②当信息位中有偶数个“1”时，监督位是信息位的反码。

例如：若信息位为11001，则码组为1100111001；若信息位为10001，则码组为1000101110。接收端解码的方法为：先将接收码组中信息位和监督位按位模2相加，得到一个5位的合成码组，然后，由此合成码组产生一校验码组。若接收码组的信息位中有奇数个“1”，则合成码组就是校验码组；若接收码组的信息位中有偶数个“1”，则取合成码组的反码作为校验码组。最后，观察校验码组中“1”的个数，按表9-2进行判决及纠正可能发现的错码。

表9-2 正反码的解码方法

编号	校验码组的组成	错码情况
1	全为“0”	无错码
2	有4个“1”、1个“0”	信息码中有一位错码，其位置对应校验码组中“0”的位置
3	有4个“0”、1个“1”	监督码中有一位错码，其位置对应校验码组中“1”的位置
4	其他组成	错码多于一个

上述长度为10的正反码具有纠正一位错码的能力，并能检测全部两位以下的错码和大部分两位以上的错码。例如，发送码组为1100111001，若接收码组中无错码，则合成码组应为 $11001 \oplus 11001=00000$。由于接收码组信息位中有奇数个“1”，所以校验码组就是00000。按表9-2进行判决，结论是无错码。若在传输中产生了差错，接收码组变成1000111001，则合成码组为 $10001 \oplus 11001=01000$。由于接收码组中信息位有偶数个“1”，所以校验码组应取合成码组的反码，即10111。由于有4个“1”、1个“0”，按表9-2进行判决，信息位中左边第二位为错码。若接收码组错成1100101001，则合成码组变成 $11001 \oplus 01001=10000$。由于接收码组中信息位有奇数个“1”，故校验码组就是10000，按表9-2进行判决，监督位中第一位为错码。最后，若接收码组为1001111001，则合成码组为 $10011 \oplus 11001=01010$，校验码组为01010，按表9-2进行判决，错码多于一个。

9.3 线性分组码

线性分组码的基本原理

上一节介绍了奇偶监督码的编码原理。奇偶监督码的编码原理利用了代数关系式，如式(9-4)所示，我们把这类建立在代数学基础上的编码称为代数码。在代数码中，常见的是线性分组码。线性分组码中的信息位和监督位是由一些线性代数方程联系着的。

9.3.1 监督矩阵 H 和生成矩阵 G

一个长为 n 的分组码，码字由两部分构成：信息码元（k 位）＋监督码元（r 位）。监督码元是根据一定规则由信息码元变换得到的，变换规则不同就构成不同的分组码。如果监督位为信息位的线性组合，就称其为线性分组码。

要从 k 个信息元中求出 r 个监督元，必须有 r 个独立的线性方程。根据不同的线性方程，可得到不同的(n,k)线性分组码。

例如，已知一(7,4)线性分组码，4 个信息元 a_6、a_5、a_4、a_3 和 3 个监督元 a_2、a_1、a_0 之间符合以下规则：

$$\begin{cases} a_2 = a_6 \oplus a_5 \oplus a_4 \\ a_1 = a_6 \oplus a_5 \oplus a_3 \\ a_0 = a_6 \oplus a_4 \oplus a_3 \end{cases} \tag{9-6}$$

给定信息位后，可直接计算出监督位，将得到的 16 个码组列于表 9-3 中。

表 9-3 (7,4)分组码编码表

信息位 $a_6\ a_5\ a_4\ a_3$	监督位 $a_2\ a_1\ a_0$	信息位 $a_6\ a_5\ a_4\ a_3$	监督位 $a_2\ a_1\ a_0$
0 0 0 0	0 0 0	1 0 0 0	1 1 1
0 0 0 1	0 1 1	1 0 0 1	1 0 0
0 0 1 0	1 0 1	1 0 1 0	0 1 0
0 0 1 1	1 1 0	1 0 1 1	0 0 1
0 1 0 0	1 1 0	1 1 0 0	0 0 1
0 1 0 1	1 0 1	1 1 0 1	0 1 0
0 1 1 0	0 1 1	1 1 1 0	1 0 0
0 1 1 1	0 0 0	1 1 1 1	1 1 1

为了进一步讨论线性分组码的基本原理，我们将式(9-6)的信息位和监督位的线性关系改写如下：

$$\begin{cases} 1\cdot a_6 + 1\cdot a_5 + 1\cdot a_4 + 0\cdot a_3 + 1\cdot a_2 + 0\cdot a_1 + 0\cdot a_0 = 0 \\ 1\cdot a_6 + 1\cdot a_5 + 0\cdot a_4 + 1\cdot a_3 + 0\cdot a_2 + 1\cdot a_1 + 0\cdot a_0 = 0 \\ 1\cdot a_6 + 0\cdot a_5 + 1\cdot a_4 + 1\cdot a_3 + 0\cdot a_2 + 0\cdot a_1 + 1\cdot a_0 = 0 \end{cases} \tag{9-7}$$

为了简化起见，我们将“$\oplus$”简写成“+”。后面除非特殊说明，这类式中的“+”均指模 2 相加。式(9-7)可以表示成矩阵形式：

$$\begin{bmatrix} 1 & 1 & 1 & 0 & 1 & 0 & 0 \\ 1 & 1 & 0 & 1 & 0 & 1 & 0 \\ 1 & 0 & 1 & 1 & 0 & 0 & 1 \end{bmatrix} \begin{bmatrix} a_6 \\ a_5 \\ a_4 \\ a_3 \\ a_2 \\ a_1 \\ a_0 \end{bmatrix} = \begin{bmatrix} 0 \\ 0 \\ 0 \end{bmatrix} \tag{9-8}$$

并简记为

$$\boldsymbol{HA}^{\mathrm{T}}=\mathbf{0}^{\mathrm{T}} \quad \text{或} \quad \boldsymbol{AH}^{\mathrm{T}}=\mathbf{0} \tag{9-9}$$

其中,$\boldsymbol{A}^{\mathrm{T}}$ 是 $\boldsymbol{A}=[a_6 \quad a_5 \quad a_4 \quad a_3 \quad a_2 \quad a_1 \quad a_0]$的转置,$\mathbf{0}^{\mathrm{T}}$、$\boldsymbol{H}^{\mathrm{T}}$ 分别是 $\mathbf{0}$ 和 $\boldsymbol{H}$ 的转置。

$$\boldsymbol{H}=\begin{bmatrix}1&1&1&0&1&0&0\\1&1&0&1&0&1&0\\1&0&1&1&0&0&1\end{bmatrix} \tag{9-10}$$

称 $\boldsymbol{H}$ 为监督矩阵,它由 r 个线性独立方程组的系数组成,其每一行都代表了监督位和信息位间的互相监督关系。上式中的 $\boldsymbol{H}$ 矩阵可分为两部分,即

$$\boldsymbol{H}=\left[\begin{array}{cccc|ccc}1&1&1&0&1&0&0\\1&1&0&1&0&1&0\\1&0&1&1&0&0&1\end{array}\right]=[\boldsymbol{PI}_r] \tag{9-11}$$

其中 $\boldsymbol{P}$ 是 $r\times k$ 阶矩阵,$\boldsymbol{I}_r$ 为 $r\times r$ 阶单位方阵。我们将具有$[\boldsymbol{PI}_r]$形式的监督矩阵 $\boldsymbol{H}$ 称为典型监督矩阵。由代数理论可知,$[\boldsymbol{I}_r]$的各行是线性无关的,故 $\boldsymbol{H}=[\boldsymbol{PI}_r]$的各行也是线性无关的,因此可以得到 r 个线性无关的监督关系式,从而得到 r 个独立的监督位。

同样,可以将式(9-6)的编码方程写成如下形式:

$$\begin{cases}a_2=1\cdot a_6+1\cdot a_5+1\cdot a_4+0\cdot a_3\\a_1=1\cdot a_6+1\cdot a_5+0\cdot a_4+1\cdot a_3\\a_0=1\cdot a_6+0\cdot a_5+1\cdot a_4+1\cdot a_3\end{cases} \tag{9-12}$$

用矩阵表示为

$$\begin{bmatrix}a_2\\a_1\\a_0\end{bmatrix}=\begin{bmatrix}1&1&1&0\\1&1&0&1\\1&0&1&1\end{bmatrix}\begin{bmatrix}a_6\\a_5\\a_4\\a_3\end{bmatrix} \tag{9-13}$$

经转置有

$$[a_2 \quad a_1 \quad a_0]=[a_6 \quad a_5 \quad a_4 \quad a_3]\begin{bmatrix}1&1&1\\1&1&0\\1&0&1\\0&1&1\end{bmatrix}=[a_6 \quad a_5 \quad a_4 \quad a_3]\boldsymbol{Q} \tag{9-14}$$

式中 $\boldsymbol{Q}$ 为 $k\times r$ 阶矩阵,它为 $\boldsymbol{P}$ 的转置,即

$$\boldsymbol{Q}=\boldsymbol{P}^{\mathrm{T}} \tag{9-15}$$

式(9-14)表明,在给定信息位之后,用信息位的行矩阵乘以矩阵 $\boldsymbol{Q}$,就可产生监督位,完成编码。

为此,我们引入生成矩阵 $\boldsymbol{G}$,$\boldsymbol{G}$ 的功能是通过给定信息位产生整个的编码码组,即有

$$[a_6 \quad a_5 \quad a_4 \quad a_3 \quad a_2 \quad a_1 \quad a_0]=[a_6 \quad a_5 \quad a_4 \quad a_3]\boldsymbol{G} \tag{9-16}$$

或者

$$\boldsymbol{A}=[a_6 \quad a_5 \quad a_4 \quad a_3]\boldsymbol{G} \tag{9-17}$$

如果找到了生成矩阵,我们就完全确定了编码方法。

根据式(9-14)由信息位确定监督位的方法和式(9-16)对生成矩阵的要求,我们很容易得到生成矩阵 $\boldsymbol{G}$:

$$G=[I_kQ]=\left[\begin{array}{cccc|ccc}1&0&0&0&1&1&1\\0&1&0&0&1&1&0\\0&0&1&0&1&0&1\\0&0&0&1&0&1&1\end{array}\right] \tag{9-18}$$

式中 I_k 为 $k\times k$ 阶单位方阵。具有 $[I_kQ]$ 形式的生成矩阵称为典型生成矩阵。

比较式(9-10)的典型监督矩阵和式(9-18)的典型生成矩阵,可以看出,典型监督矩阵和典型生成矩阵存在以下关系:

$$H=[PI_r]=[Q^{\mathrm{T}}I_r] \tag{9-19}$$

$$G=[I_kQ]=[I_kP^{\mathrm{T}}] \tag{9-20}$$

9.3.2　错误图样 E 和校正子 S

发送码组 $A=[a_{n-1}\quad a_{n-2}\quad \cdots\quad a_0]$ 在传输过程中可能发生误码。设接收到的码组为 $B=[b_{n-1}\quad b_{n-2}\quad \cdots\quad b_0]$,则收、发码组之差为

$$B-A=E$$

或写成

$$B=A+E \tag{9-21}$$

式中 $E=[e_{n-1}\quad e_{n-2}\quad \cdots\quad e_0]$ 为错误图样。

令

$$S=BH^{\mathrm{T}} \tag{9-22}$$

为分组码的校正子(又称为伴随式)。利用式(9-22),可以得到

$$S=(A+E)H^{\mathrm{T}}=AH^{\mathrm{T}}+EH^{\mathrm{T}}=EH^{\mathrm{T}} \tag{9-23}$$

这样就把校正子 S 与接收码组 B 的关系转换成了校正子 S 与错误图样 E 的关系。由此可知,若接收正确($E=0$),则 $S=0$;若接收不正确($E\neq 0$),则 $S\neq 0$。

下面来讨论如何利用校正子 S 进行纠错。前述(7,4)线性分组码的监督矩阵 H 为

$$H=\begin{bmatrix}1&1&1&0&1&0&0\\1&1&0&1&0&1&0\\1&0&1&1&0&0&1\end{bmatrix}$$

设接收码组的最高位有错,即错误图样为

$$E=[1\quad 0\quad 0\quad 0\quad 0\quad 0\quad 0]$$

则有

$$S=EH^{\mathrm{T}}=[1\quad 0\quad 0\quad 0\quad 0\quad 0\quad 0]\begin{bmatrix}1&1&1\\1&1&0\\1&0&1\\0&1&1\\1&0&0\\0&1&0\\0&0&1\end{bmatrix}=[1\quad 1\quad 1]$$

S 的转置恰好是典型形式 H 矩阵的第一列。

如果接收码组 B 次高位有错,则

$$E=[0\quad 1\quad 0\quad 0\quad 0\quad 0\quad 0]$$

那么算出得

$$S=[1\quad 1\quad 0]$$

其转置 S^{T} 恰好是典型形式 H 矩阵的第二列。重复上述计算，我们可以得到(7,4)分组码校正子与误码位置的完整关系，如表 9-4 所示。

表 9-4　(7,4)分组码校正子与误码位置对应表

S_1	S_2	S_3	误码位置
0	0	1	a_0
0	1	0	a_1
0	1	1	a_2
1	0	0	a_3
1	0	1	a_4
1	1	0	a_5
1	1	1	a_6
0	0	0	无误码

【例 9-1】 已知前述(7,4)线性分组码某码组在传输过程中发生一位误码，设接收码组为 $B=[0\quad 0\quad 0\quad 0\quad 1\quad 0\quad 1]$，试将其恢复为正确码组。

解：已知前述(7,4)线性分组码的典型监督矩阵为

$$H=\begin{bmatrix}1&1&1&0&1&0&0\\1&1&0&1&0&1&0\\1&0&1&1&0&0&1\end{bmatrix}$$

利用矩阵性质计算校正子的转置：

$$S^{T}=HB^{T}=\begin{bmatrix}1&1&1&0&1&0&0\\1&1&0&1&0&1&0\\1&0&1&1&0&0&1\end{bmatrix}\begin{bmatrix}0\\0\\0\\0\\1\\0\\1\end{bmatrix}=\begin{bmatrix}1\\0\\1\end{bmatrix}$$

因为 S^{T} 与 H 矩阵中的第三列相同，相当于得到错误图样为

$$E=[0\quad 0\quad 1\quad 0\quad 0\quad 0\quad 0]$$

所以正确码组为

$$\begin{aligned}A&=B+E\\&=[0\quad 0\quad 0\quad 0\quad 1\quad 0\quad 1]+[0\quad 0\quad 1\quad 0\quad 0\quad 0\quad 0]\\&=[0\quad 0\quad 1\quad 0\quad 1\quad 0\quad 1]\end{aligned}$$

9.3.3　汉明码

汉明码是一种可以纠正单个随机错误的线性分组码。它的最小码距 $d_0=3$，监督元位数

$r=n-k$(r 是一个大于等于 2 的正整数),码长 $n=2^r-1$,信息元位数 $k=2^r-1-r$,编码效率 $R=k/n=(2^r-1-r)/(2^r-1)=1-r/n$。当 n 很大时,这种码的编码效率接近 1,所以是一种高效码。

线性码有一种重要的性质,就是它的封闭性。所谓封闭性,是指一种线性码中的任意两个码组之和仍为这种码中的一个码组。这就是说,若 $\boldsymbol{A}_1$ 和 $\boldsymbol{A}_2$ 是一种线性码中的两个许用码组,则 $\boldsymbol{A}_1+\boldsymbol{A}_2$ 仍为其中的一个码组。这一性质的证明很简单,若 $\boldsymbol{A}_1$、$\boldsymbol{A}_2$ 为码组,按式(9-9)有

$$\boldsymbol{A}_1\boldsymbol{H}^{\mathrm{T}}=\boldsymbol{0},\quad \boldsymbol{A}_2\boldsymbol{H}^{\mathrm{T}}=\boldsymbol{0}$$

将上两式相加,可得

$$\boldsymbol{A}_1\boldsymbol{H}^{\mathrm{T}}+\boldsymbol{A}_2\boldsymbol{H}^{\mathrm{T}}=(\boldsymbol{A}_1+\boldsymbol{A}_2)\boldsymbol{H}^{\mathrm{T}}=\boldsymbol{0} \tag{9-24}$$

所以 $\boldsymbol{A}_1+\boldsymbol{A}_2$ 也是一许用码组。既然线性码具有封闭性,因而两个码组之间的距离必是另一码组的重量,故码的最小距离即码的最小重量(除全 0 码组外)。

9.4 循　环　码

循环码是一类重要的线性分组码。它是在严密的代数理论基础上建立起来的,因而有助于按照所要求的纠错能力系统地构造这类码,从而可以简化译码方法,使得循环码的编译码电路比较简单,因而循环码得到了广泛的应用。

9.4.1 循环码的概念

循环码除具有线性分组码的一般性质外,还具有循环性。所谓循环性是指循环码中任一许用码组经过循环移位之后,所得到的码组仍为一许用码组。表 9-5 给出了(7,3)循环码的全部码组。从表 9-5 中可以直观地看出这种码的循环性。例如:表 9-5 中的第 3 码组向右移一位即得到第 6 码组;第 5 码组向右移一位即得到第 3 码组。即若$[a_{n-1}a_{n-2}\cdots a_1a_0]$是循环码的一个许用码组,则$[a_{n-2}a_{n-3}\cdots a_0a_{n-1}]$、$[a_{n-3}a_{n-4}\cdots a_0a_{n-1}a_{n-2}]$也是许用码组。图 9-3 是(7,3)循环码的循环示意图。

表 9-5 (7,3)循环码的全部码组

码组编号	1	2	3	4	5	6	7	8
码组	0000000	0011101	0100111	0111010	1001110	1010011	1101001	1110100

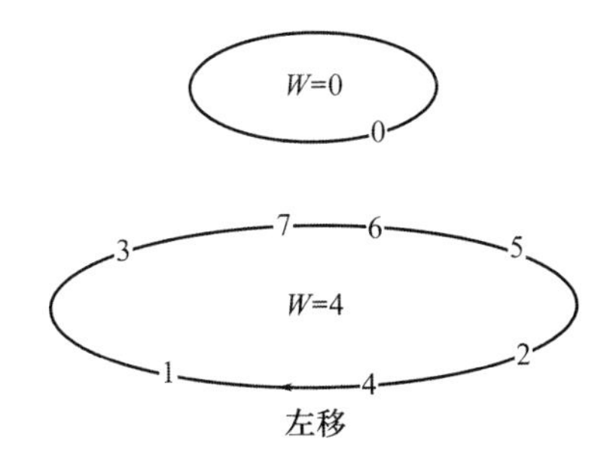

图 9-3 (7,3)循环码的循环示意图

9.4.2 码多项式及按模运算

在代数编码理论中，为了便于计算，把码组中的各码元当作一个多项式的系数，即把一个长为 n 的码组表示成

$$T(x)=a_{n-1}x^{n-1}+a_{n-2}x^{n-2}+\cdots+a_1x+a_0 \tag{9-25}$$

在此多项式中，x 只是码元位置的标记，因此不考虑它的取值。码元 a_i 只取“1”或“0”。例如，表 9-5 中的任一码组可以表示为

$$T(x)=a_6x^6+a_5x^5+a_4x^4+a_3x^3+a_2x^2+a_1x+a_0 \tag{9-26}$$

其中第三码组可以表示为

$$T(x)=0\cdot x^6+1\cdot x^5+0\cdot x^4+0\cdot x^3+1\cdot x^2+1\cdot x+1 \tag{9-27}$$

这种多项式有时称为码多项式。码多项式可以进行代数运算。为了分析方便，下面我们先来介绍多项式按模运算的概念，然后再从码多项式入手，找出循环码的规律。

在整数运算中，有模 n 运算。例如，在模 2 运算中，有 $1+1=2\equiv 0$ (模 2)，$1+2=3\equiv 1$ (模 2)，$2\times 3=6\equiv 0$ (模 2)等。一般来说，若一个整数 m 可以表示为

$$\frac{m}{n}=Q+\frac{p}{n},\quad p<n \tag{9-28}$$

式中 Q 为整数。则在按模 n 运算下有

$$m\equiv p\quad (\text{模 } n) \tag{9-29}$$

也就是说，在模 n 运算下，一整数 m 等于其被 n 除得的余数。

对于多项式，也有按模多项式的运算。若一任意多项式 $F(x)$ 被一 n 次多项式 $N(x)$ 除，得到商式 $Q(x)$ 和一个次数小于 n 的余式 $R(x)$，即

$$F(x)=N(x)Q(x)+R(x) \tag{9-30}$$

则记为

$$F(x)\equiv R(x)\quad [\text{模 } N(x)] \tag{9-31}$$

对于码多项式，由于其系数是二进制数，因此其系数仍按模 2 运算，即取“0”和“1”两个值，同时按模运算的加法代替了减法。例如

$$x^4+x^2+1\equiv x^2+x+1\quad [\text{模}(x^3+1)]$$

在循环码中，若 $T(x)$ 是一个码长为 n 的许用码组，则可以证明 $x^iT(x)$ 在模 x^n+1 运算下也是一个许用码组，即若

$$x^i\cdot T(x)\equiv T'(x)\quad [\text{模}(x^n+1)] \tag{9-32}$$

则 $T'(x)$ 也是一个许用码组。因为若

$$T(x)=a_{n-1}x^{n-1}+a_{n-2}x^{n-2}+\cdots+a_1x+a_0 \tag{9-33}$$

则

$$\begin{aligned}x^i\cdot T(x)&=a_{n-1}x^{n-1+i}+a_{n-2}x^{n-2+i}+\cdots+a_{n-1-i}x^{n-1}+\cdots+a_1x^{1+i}+a_0x^i\\&\equiv a_{n-1-i}x^{n-1}+a_{n-2-i}x^{n-2}+\cdots+a_0x^i+a_{n-1}x^{i-1}+\cdots+a_{n-i}\end{aligned} \tag{9-34}$$

所以

$$T'(x)=a_{n-1-i}x^{n-1}+a_{n-2-i}x^{n-2}+\cdots+a_0x^i+a_{n-1}x^{i-1}+\cdots+a_{n-i} \tag{9-35}$$

式中 $T'(x)$ 正是式(9-33)所代表的码组向左移位 i 次的结果。因为已假设 $T(x)$ 为一循环码，所以 $T'(x)$ 也必为该码组中的一个码组。

【例 9-2】 由式(9-27)可知,(7,3)循环码中第三码组的码多项式为

$$T(x)=x^5+x^2+x^1+1$$

其码长为 $n=7$,若取 $i=3$,则

$$\begin{aligned} x^i \cdot T(x) &= x^3 \cdot (x^5+x^2+x^1+1) \\ &= x^8+x^5+x^4+x^3 \\ &\equiv x^5+x^4+x^3+x \end{aligned}$$

其对应的码组为 0111010,它是表 9-5 所列循环码中的第 4 码组。

9.4.3 码的生成多项式和生成矩阵

对于(n,k)线性分组码,有了生成矩阵 $\boldsymbol{G}$,就可以由 k 个信息码元得到全部码组。而且经过前面的分析已经知道,生成矩阵的每一行都是一个码组,因此若能找到 k 个线性无关的码组,就能构成生成矩阵 $\boldsymbol{G}$。

在循环码中,一个(n,k)分组码有 2^k 个不同的码组,若用 $g(x)$表示其中前 $k-1$ 位皆为"0"的码组,则 $g(x)$,$xg(x)$,$x^2g(x)$,$\cdots$,$x^{k-1}g(x)$都是码组,而且这 k 个码组都是线性无关的。因此可以用它们来构造生成矩阵 $\boldsymbol{G}$。

需要说明的是,在循环码中除全"0"码组外,再没有连续 k 位均为"0"的码组,即连"0"的长度最多只能有 $k-1$ 位。否则,在经过若干次循环移位后将得到一个信息位全为"0"、而监督位不全为"0"的码组,这在线性码中显然是不可能的。因此 $g(x)$必须是一个常数项不为"0"的 $n-k$ 次多项式,而且 $g(x)$还是这种(n,k)循环码中次数为 $n-k$ 的唯一的一个多项式。因为如果有两个,则由码的封闭性可知,把这两个码组相加构成的新码组其多项式的系数将小于 $n-k$,即连"0"的个数多于 $k-1$ 个。显然这与前面的结论相矛盾,所以是不可能的。这唯一的$n-k$次多项式 $g(x)$被称为码的生成多项式。一旦确定了 $g(x)$,则整个(n,k)循环码就被确定了。

因此,循环码的生成矩阵 $\boldsymbol{G}$ 可以写成

$$\boldsymbol{G}(x)=\begin{bmatrix} x^{k-1}g(x) \\ x^{k-2}g(x) \\ \vdots \\ xg(x) \\ g(x) \end{bmatrix} \tag{9-36}$$

【例 9-3】 在表 9-5 所给出的循环码中,$n=7$,$k=3$,$n-k=4$。因此,唯一一个 $n-k=4$ 次码多项式代表的码组是第 2 码组,相对应的码多项式(即生成多项式)为

$$g(x)=x^4+x^3+x^2+1$$

将此式代入式(9-36)可以得到

$$\boldsymbol{G}(x)=\begin{bmatrix} x^2g(x) \\ xg(x) \\ g(x) \end{bmatrix} \tag{9-37}$$

或写成

$$\boldsymbol{G}=\begin{bmatrix} 1 & 0 & 1 & 1 & 1 & 0 & 0 \\ 0 & 1 & 0 & 1 & 1 & 1 & 0 \\ 0 & 0 & 1 & 0 & 1 & 1 & 1 \end{bmatrix} \tag{9-38}$$

由于上式不符合 $G=[I_kQ]$ 的形式，所以此生成矩阵不是典型阵。不过，将此矩阵作线性变换可以得到典型矩阵。对 k 个码元进行编码，就是把它们与生成矩阵 G 相乘。由此可写出此循环码组，为

$$T(x)=[a_6 \quad a_5 \quad a_4]\boldsymbol{G}(x)=[a_6 \quad a_5 \quad a_4]\begin{bmatrix} x^2g(x) \\ xg(x) \\ g(x) \end{bmatrix}$$
$$=a_6x^2g(x)+a_5xg(x)+a_4g(x)$$
$$=(a_6x^2+a_5x+a_4)g(x) \tag{9-39}$$

上式表明，所有码多项式 $T(x)$ 都可被 $g(x)$ 整除，而且任一次数不大于 $k-1$ 的多项式乘 $g(x)$ 都是码多项式。

由于循环码的全部码字由生成多项式 $g(x)$ 决定，因此如何寻找一个 (n,k) 循环码的多项式，就成了循环码编码的关键。由式(9-32)可知，任一循环码多项式 $T(x)$ 都是 $g(x)$ 的倍式，故可以写成

$$T(x)=h(x)\cdot g(x) \tag{9-40}$$

而生成多项式 $g(x)$ 本身也是一个码组，即有

$$T'(x)=g(x) \tag{9-41}$$

由于码组 $T'(x)$ 为一 $n-k$ 次多项式，故 $x^kT'(x)$ 为一 n 次多项式。由式(9-32)可知，$x^kT'(x)$ 在模 x^n+1 运算下亦为一码组，故可以写成

$$\frac{x^kT'(x)}{x^n+1}=Q(x)+\frac{T(x)}{x^n+1} \tag{9-42}$$

上式左端分子和分母都是 n 次多项式，故商式 $Q(x)=1$，因此，上式可化成

$$x^kT'(x)=(x^n+1)+T(x) \tag{9-43}$$

将式(9-40)和式(9-41)代入上式，并化简后可得

$$x^n+1=g(x)[x^k+h(x)] \tag{9-44}$$

上式表明，生成多项式 $g(x)$ 应该是 x^n+1 的一个因式。这一结论为寻找生成多项式指出了一条道路，即循环码的生成多项式应该是 x^n+1 的一个 $n-k$ 次因式。例如，x^7+1 可以分解为

$$x^7+1=(x+1)(x^3+x^2+1)(x^3+x+1) \tag{9-45}$$

为了求(7,3)循环码得生成多项式 $g(x)$，要从上式中找出一个 $n-k=4$ 次的因子。不难看出，这样的因子有两个，即

$$(x+1)(x^3+x^2+1)=x^4+x^2+x+1 \tag{9-46}$$

或

$$(x+1)(x^3+x+1)=x^4+x^3+x^2+1 \tag{9-47}$$

以上两式都可作为生成多项式用。不过，选用的生成多项式不同，产生的循环码码组也不同。用式(9-47)作为生成多项式产生的循环码即表 9-5 所列循环码。

9.4.4 循环码的编码

由式(9-39)可知，若已知输入的信息码元 $M=(m_{k-1}m_{k-2}\cdots m_1m_0)$ 和生成多项式 $g(x)$，就可以构成循环码，对应的码多项式为

$$T(x)=(m_{k-1}x^{k-1}+m_{k-2}x^{k-2}+\cdots+m_1x+m_0)g(x)=m(x)\cdot g(x) \tag{9-48}$$

式中，$m(x)$称为信息码多项式。但是用这种相乘方法得到的循环码不是系统码，信息位和监督位不容易区分。在系统码中，码组最左端的 k 位为信息位，后面的 $n-k$ 位是监督位，这时码多项式可以写为

$$
\begin{aligned}
T(x) &= m(x)x^{n-k}+r(x) \\
&= m_{k-1}x^{n-1}+\cdots+m_0x^{n-k}+r_{n-k-1}x^{n-k-1}+\cdots+r_0
\end{aligned} \tag{9-49}
$$

其中

$$
r(x)=r_{n-k-1}x^{n-k-1}+\cdots+r_0 \tag{9-50}
$$

称为监督码多项式，它的次数小于 $n-k$，其监督码元为$(r_{n-k-1}\cdots r_0)$。

由式(9-40)和式(9-49)可以得到

$$
T(x)=m(x)x^{n-k}+r(x)=h(x)\cdot g(x) \tag{9-51}
$$

用 $g(x)$除等式两边，得到

$$
\frac{x^{n-k}m(x)}{g(x)}=h(x)+\frac{r(x)}{g(x)} \tag{9-52}
$$

也即

$$
m(x)x^{n-k}\equiv r(x) \quad [\text{模 } g(x)] \tag{9-53}
$$

上式表明，构造系统循环码时，只需用信息码多项式乘以 x^{n-k}，也就是将 $m(x)$移位 $n-k$ 次，然后用 $g(x)$去除，所得的余式 $r(x)$即监督码多项式。因此系统循环码的编码过程就变成用除法求余的过程。

【例 9-4】 在(7,3)循环码中，若选定 $g(x)=x^4+x^3+x^2+1$，设信息码元为 101，对应的信息码多项式为 $m(x)=x^2+1$，可以求得

$$
\begin{aligned}
m(x)x^{n-k} &= x^4(x^2+1) \\
&\equiv x^6+x^4 \\
&= (x^2+x+1)(x^4+x^3+x^2+1)+(x+1)
\end{aligned}
$$

所以，$r(x)=x+1$，因而码多项式为

$$
T(x)=m(x)x^{n-k}+r(x)=x^6+x^4+x+1
$$

对应的码组为 1010011，为一个系统码。

上述编码过程在用硬件实现时，可以使用除法电路。除法电路的主体由一些移位寄存器和模 2 加法器组成。选定 $g(x)=x^4+x^3+x^2+1$ 时，(7,3)循环码的编码器如图 9-4 所示。图 9-4 中，移位寄存器的个数等于 $g(x)$中最高项的次数，即 D_0、D_1、D_2、D_3 是四级移位寄存器，反馈线的连接与 $g(x)$的非 0 系数相对应。

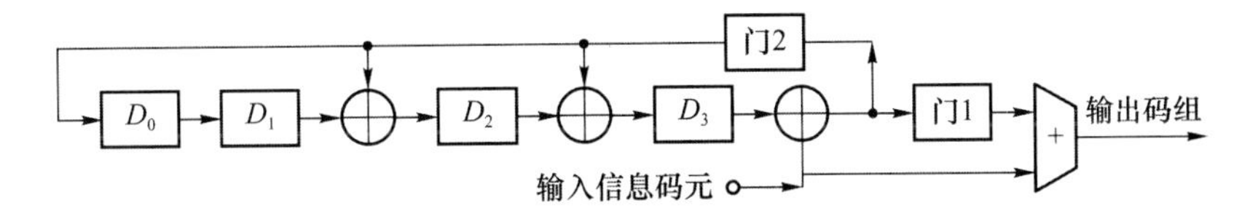

图 9-4 (7,3)循环码的编码器

首先，四级移位寄存器清零，三位信息码元到来时，门 1 断开，门 2 接通，直接输出信息码元。第 3 次移位脉冲来时将除法电路运算所得的余数存入四级移位寄存器，第 4～7 次移位时，门 2 断开，门 1 接通，输出监督码元(即余数)。当一个码字输出完毕后就将移位寄存器清零，等待下一组信息码元输入后重新编码。设输入的信息码元为 110，图 9-4 中各器件及端点状态变化情况如表 9-6 所示。

表 9-6 (7,3)循环码的编码过程

移位次序	输入	移位寄存器 D_0	D_1	D_2	D_3	输出
0	—	0	0	0	0	—
1	1	1	0	1	1	1
2	1	0	1	0	1	1
3	0	1	0	0	1	0
4	0	0	1	0	0	1
5	0	0	0	1	0	0
6	0	0	0	0	1	0
7	0	0	0	0	0	1

9.4.5 循环码的解码

接收端解码的目的有两个:检错和纠错。达到检错目的的解码原理非常简单。由于任一码组多项式 $T(x)$都能被 $g(x)$整除。所以,在接收端可以利用接收到的码组 $R(x)$去除以原生成多项式 $g(x)$来进行检错。当在传输中没有发生错误时,接收码组和发送码组相同,能被 $g(x)$ 整除。若码组在传输中发生错误,则 $R(x)=T(x)+E(x)\neq T(x)$,$R(x)$被 $g(x)$除时可能除不尽而有余项,即有

$$\frac{R(x)}{g(x)}=Q'(x)+\frac{r'(x)}{g(x)} \tag{9-54}$$

因此,以余项是否为零来判别码组中有无错码,这样就达到了检错的目的。如果用于纠错,要求每个可纠正的错误图样必须与一个特定余式 $r'(x)$有一一对应关系。这里错误图样是指式(9-48)中错误矩阵 $\boldsymbol{E}$ 的各种具体取值的图样。因为只有存在上述一一对应的关系时,才可能根据上述余式唯一地决定错误图样,从而纠正错码。因此,原则上纠错可按下述步骤进行:

① 用生成多项式 $g(x)$除接收码组 $R(x)$,得出余式 $r'(x)$;

② 按余式 $r'(x)$用查表的方法或通过某种运算得到错误图样 $E(x)$;

③ 从 $R(x)$中减去 $E(x)$,便得到已纠正错误的原发送码组 $T(x)$。

从表 9-5 可以看出,(7,3)循环码的码距为 4,所以它有纠正一个错误的能力。利用上述计算方法可以求得(7,3)循环码单个错误的错误图样 $E(x)$与余式 $r'(x)$的关系,如表 9-7 所示。

表 9-7 (7,3)循环码 $\boldsymbol{E(x)}$、$\boldsymbol{r'(x)}$对照表

$E(x)$	$r'(x)$ (模 $x^4+x^3+x^2+x^1$)
1	1
x	x
x^2	x^2
x^3	x^3
x^4	x^3+x^2+1
x^5	x^2+x+1
x^6	x^3+x^2+x

需要说明的是，有些错误码组也可能被 $g(x)$ 整除，这时的错误就无法检出，这种错误称为不可检错误。不可检错误中的错码数一定超过了这种编码的检错能力。

下面给出一种由硬件实现的(7,3)循环码的纠错译码器原理框图，如图 9-5 所示。接收码组 R(高次项在前，低次项在后)一方面送入 7 级缓冲移位寄存器暂存，另一方面送入 $g(x)$ 除法电路。假设接收码组 $R=(1^*,0,1,1,1,0,1)$，其中右上角打"＊"者为错码。当此码进入除法电路之后，移位寄存器各级的状态变化过程如表 9-8 所示。第 7 次移位时，7 个码元全部进入缓冲移位寄存器。R 中最高位输出，4 级移位寄存器 $D_0D_1D_2D_3$ 的状态为 0111，经与门输出"1"(纠错信号)，即可纠正最高位的错误，该纠错信号同时也被送到除法电路中去完成清零工作。此纠错译码过程如表 9-8 所示。其他位上的错误读者可自行计算并画出表格。

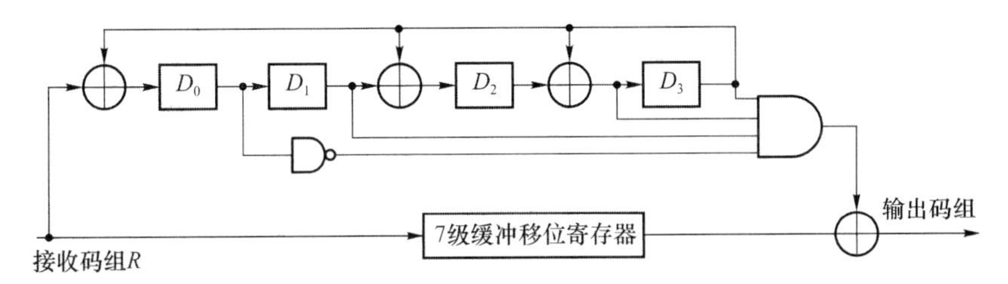

图 9-5 (7,3)循环码的纠错译码器原理框图

表 9-8 (7,3)循环码的译码过程示例

移位次序	输入	移位寄存器 D_0 D_1 D_2 D_3	与门输出	缓存输出	译码输出
0	—	0 0 0 0	0		
1	1	1 0 0 0	0		
2	0	0 1 0 0	0		
3	1	1 0 1 0	0		
4	1	1 1 0 1	0		
5	1	0 1 0 1	0		
6	0	1 0 0 1	0		
7	1	0 1 1 1	1	1	0
8		0 0 0 0	0	0	0
9		0 0 0 0	0	1	1
10		0 0 0 0	0	1	1
11		0 0 0 0	0	1	1
12		0 0 0 0	0	0	0
13		0 0 0 0	0	1	1

在实际使用中，码字不是孤立传输的，而是一组组连续地传输。从上面译码的过程中可以看出，除法电路在一个码组时间内运算出余式后，尚需在下一个码组时间内进行纠错。因此实际的译码器需要两套除法电路配合一个缓冲存储器进行工作，这两套除法电路由开关控制交替的接收码组。

9.5 卷积码

卷积码是一种非分组码,它先将信息序列分成长度为 k 的子组,然后将其编成长为 n 的子码,其中长为 $n-k$ 的监督码元不仅与本子码的 k 个信息码元有关,而且还与前面 m 个子码的信息码元密切相关。换句话说,各子码内的监督码元不仅对本子码有监督作用,而且对前面 m 个子码内的信息元也有监督作用。因此常用 (n,k,m) 表示卷积码,其中 m 称为编码记忆,它反映了输入信息元在编码器中需要存储的时间长短;$N=m+1$ 称为卷积码的约束度,单位是组,它是相互约束的子码的个数;$N\times n$ 被称为约束长度,单位是位,它是互相约束的二进制码元的个数。

在线性分组码中,单位时间内进入编码器的信息序列一般都比较长,k 可达 8～100。因此,编出的码字 n 也较长。对于卷积码,考虑编、译码器设备的可实现性,单位时间内进入编码器的信息码元的个数 k 通常比较小,一般不超过 4,往往就取 $k=1$。

9.5.1 卷积码的编码原理

下面通过一个例子来说明卷积码的编码原理和编码方法。图 9-6 所示为(3,1,2)卷积码编码器。它由两级移位寄存器 m_{j-1}、m_{j-2},两个模二加法器和开关电路组成。编码前,各级移位寄存器清零,信息码元按 $m_1 m_2 \cdots m_j \cdots$ 的顺序送入编码器。每输入一个信息码元 m_j,开关电路依次接到 $x_{1,j}$、$x_{2,j}$ 和 $x_{3,j}$ 各端点一次。其中输出码元序列 $x_{1,j}$、$x_{2,j}$ 和 $x_{3,j}$ 由下式决定:

$$\begin{cases} x_{1,j}=m_j \\ x_{2,j}=m_j+m_{j-2} \\ x_{3,j}=m_j+m_{j-1}+m_{j-2} \end{cases} \tag{9-55}$$

编码器编出的每一个子码 $x_{1,j}$、$x_{2,j}$ 和 $x_{3,j}$ 都与前面两个子码的信息元有关,因此 $m=2$,约束度 $N=m+1=3$ (组),约束长度 $N\times n=9$(位)。

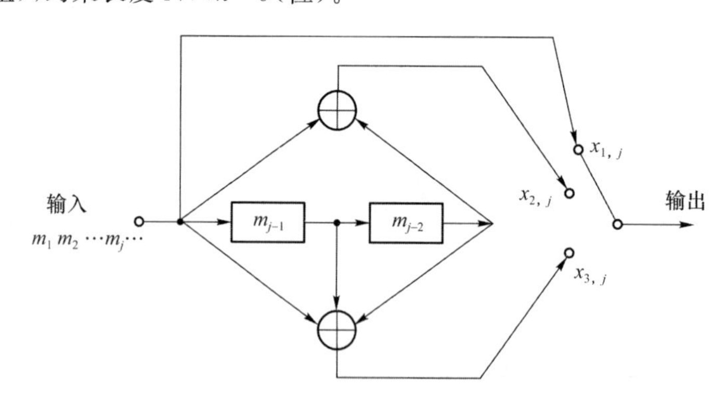

图 9-6 (3,1,2)卷积码编码器

表 9-9 举例示出了此编码器的状态。其中 a、b、c、d 表示 $m_{j-2}m_{j-1}$ 的 4 种可能状态:00、01、10 和 11。当第一位信息比特为 1 时,即 $m_1=1$,因移位寄存器的状态 $m_{j-2}m_{j-1}=00$,故输出比特 $x_{1,1}x_{2,1}x_{3,1}=111$;第二位信息比特为 1,这时 $m_2=1$,因 $m_{j-2}m_{j-1}=01$,故 $x_{1,2}x_{2,2}x_{3,1}=110$,依此类推。为保证输入的全部信息位 11010 都能通过移位寄存器,必须在信息位后加

3 个零。

表 9-9　(3,1,2)卷积码编码器状态表

m_j	1	1	0	1	0	0	0	0
$m_{j-2}m_{j-1}$	00	01	11	10	01	10	00	00
$x_{1,j}x_{2,j}x_{3,j}$	111	110	010	100	001	011	000	000
状态	a	b	d	c	b	c	a	a

卷积码编码时，信息码流连续地通过编码器，不像分组码编码器那样先把信息码流分成许多码组，然后再进行编码。因此，卷积码编码器只需要很少的缓冲和存储硬件。

9.5.2　卷积码的图解表示

卷积码的图解表示

卷积码可以用树状图、状态图和网格图表示。

1. 树状图

上小节所述移位过程可能产生的各种序列可以用图 9-7 所示的树状图来表示。树状图从节点 a 开始，此时移位寄存器的状态为 00。当第一个输入信息位 $m_1=0$ 时，输出码元 $x_{1,1}x_{1,2}x_{3,1}=000$；若 $m_2=1$，则 $x_{1,1}x_{1,2}x_{3,1}=111$。因此从 a 出发有两条支路可供选择，$m_1=0$ 时取上面一条支路，$m_1=1$ 时则取下面一条支路。当输入第二个信息位时，移位寄存器右移一位后，上支路情况下移位寄存器的状态仍为 00，下支路情况下移位寄存器的状态则为 01，即状态 b。新的一位输入信息位到来时，随着移位寄存器状态和输入信息位的不同，树状图继续分叉成4 条支路，2 条向上，2 条向下。上支路对应于输入信息位 0，下支路对应于输入信息位 1。如此继续，即可得到图 9-7 所示的树状图。在树状图中，每条树杈上所标注的码元为输出信息位，每个节点上标注的 a、b、c、d 为移位寄存器的状态。显然，对于第 j 个输入信息位，有 2^j 条支路，但在 $n=N\geqslant 3$ 时，树状图的节点自上而下开始重复出现 4 种状态。

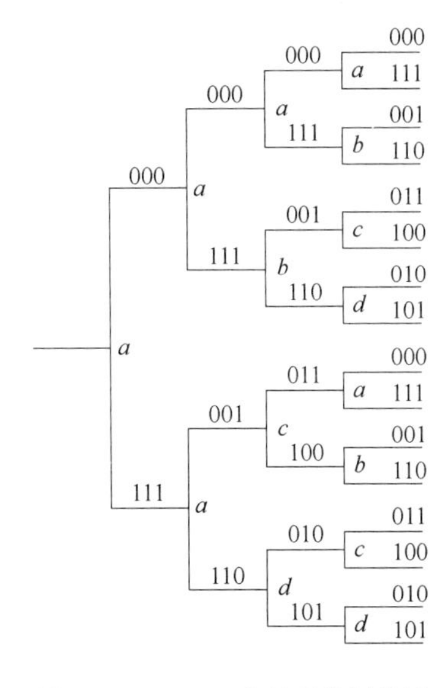

图 9-7　(3,1,2)卷积码的树状图

2. 状态图

图 9-7 所示的树状图可以改进为图 9-8 所示的状态图。图 9-8 中虚线方向表示输入信息位为“1”时状态转变的路线；实线表示输入信息位为“0”时状态转变的路线。线条旁的 3 位数字是编码器件的输出信息位。

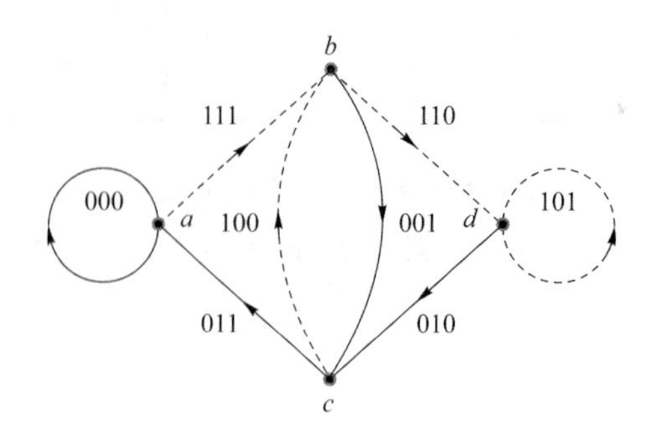

图 9-8 (3,1,2)卷积码的状态图

3. 网格图

将状态图在时间上展开，可以得到网格图，如图 9-9 所示。图 9-9 中画出了 5 个时隙。仍然用虚线表示输入信息位为“0”时状态转变的路线；用实线表示输入信息位为“1”时状态转变的路线。可以看出，第 4 时隙以后的网格图形完全重复第 3 时隙的图形。这反映了此(3,1,2)卷积码的约束度为 3。

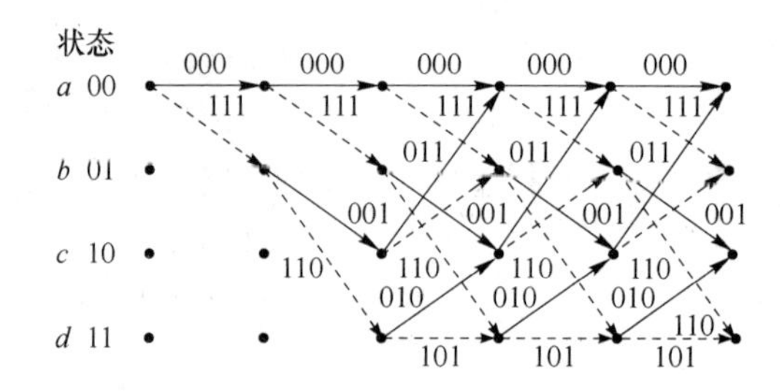

图 9-9 (3,1,2)卷积码的网格图

9.5.3 卷积码的生成矩阵和监督矩阵

1. 生成矩阵

卷积码是一种线性码。由前述可知，一个线性码完全由一个监督矩阵 $\boldsymbol{H}$ 或生成矩阵 $\boldsymbol{G}$ 所确定。下面以图 9-6 所示的卷积码编码器为例寻求卷积码的生成矩阵。当第一个信息比特输入时，若移位寄存器起始状态为全 0，则 3 个输出比特为

$$x_{1,1}=m_1, \quad x_{2,1}=m_1, \quad x_{3,1}=m_1$$

当第二个信息比特输入时，m_1 右移一位，输出为

$$x_{1,2}=m_2, \quad x_{2,2}=m_2, \quad x_{3,2}=m_2+m_1$$

当第三个信息比特输入时，输出为

$$x_{1,3}=m_3, \quad x_{2,3}=m_3+m_1, \quad x_{3,3}=m_3+m_2+m_1$$

当第 j 个信息比特输入时，输出为

$$\begin{cases} x_{1,j}=m_j \\ x_{2,j}=m_j+m_{j-2} \\ m_{3,j}=m_j+m_{j-1}+m_{j-2} \end{cases} \tag{9-56}$$

上式写成矩阵形式如下：

$$[m_{j-2} \quad m_{j-1} \quad m_j]\boldsymbol{A}=[x_{1,j} \quad x_{2,j} \quad x_{3,j}] \tag{9-57}$$

其中

$$\boldsymbol{A}=\begin{bmatrix} 0 & 1 & 1 \\ 0 & 0 & 1 \\ 1 & 1 & 1 \end{bmatrix}$$

当第一、第二个信息比特输入时存在过渡过程：

$$[x_{1,1} \quad x_{2,1} \quad x_{3,1}]=[m_1 \quad 0 \quad 0]\boldsymbol{T}_1$$
$$[x_{1,2} \quad x_{2,2} \quad x_{3,2}]=[m_1 \quad m_2 \quad 0]\boldsymbol{T}_2$$

其中

$$\boldsymbol{T}_1=\begin{bmatrix} 1 & 1 & 1 \\ 0 & 0 & 0 \\ 0 & 0 & 0 \end{bmatrix}, \quad \boldsymbol{T}_2=\begin{bmatrix} 0 & 0 & 1 \\ 1 & 1 & 1 \\ 0 & 0 & 0 \end{bmatrix}$$

把上述的编码过程综合起来，我们可以得到它的矩阵表示如下：

$$\boldsymbol{X}=\boldsymbol{MG} \tag{9-58}$$

其中

$$\begin{aligned} \boldsymbol{M}&=[m_1 \quad m_2 \quad m_3 \quad \cdots] \\ \boldsymbol{X}&=[x_{1,1} \quad x_{2,1} \quad x_{3,1} \quad x_{1,2} \quad x_{2,2} \quad x_{3,2} \quad \cdots] \end{aligned} \tag{9-59}$$

$\boldsymbol{G}$ 为生成矩阵，它是一个半无限矩阵：

$$\boldsymbol{G}=\begin{bmatrix} \boldsymbol{T}_1 & \boldsymbol{T}_2 & \boldsymbol{A} & & & \boldsymbol{O} \\ & & & \boldsymbol{A} & & \\ & & & & \boldsymbol{A} & \\ & \boldsymbol{O} & & & & \boldsymbol{A} \\ & & & & & & \cdots \end{bmatrix}$$

$$=\begin{bmatrix} 1&1&1&0&0&1&0&1&1&0&0&0&0&0&0&0&0&0 \\ 0&0&0&1&1&1&0&0&1&0&1&1&0&0&0&0&0&0 \\ 0&0&0&0&0&0&1&1&1&0&0&1&0&1&1&0&0&0 \\ 0&0&0&0&0&0&0&0&0&1&1&1&0&0&1&0&1&1 \\ 0&0&0&0&0&0&0&0&0&0&0&0&1&1&1&0&0&1 \\ 0&0&0&0&0&0&0&0&0&0&0&0&0&0&0&1&1&1 \\ 0&0&0&0&0&0&0&0&0&0&0&0&0&0&0&0&0&\cdots \end{bmatrix} \tag{9-60}$$

上式常记作 $\boldsymbol{G}_\infty$。这种表示方法与分组码时相同，然而分组码的生成矩阵是有限矩阵。生成矩阵与生成多项式之间存在确定关系。已知(3,1,2)卷积码的生成序列为

$$\begin{aligned} g_1&=[1 \quad 0 \quad 0]=[g_1^1 \quad g_1^2 \quad g_1^3] \\ g_2&=[1 \quad 0 \quad 1]=[g_2^1 \quad g_2^2 \quad g_2^3] \\ g_3&=[1 \quad 1 \quad 1]=[g_3^1 \quad g_3^2 \quad g_3^3] \end{aligned} \tag{9-61}$$

把生成序列 g_1、g_2 按如下方法交错排列，即可得生成矩阵

$$G=\begin{bmatrix} g_1^1 & g_2^1 & g_3^1 & g_1^2 & g_2^2 & g_3^2 & g_1^3 & g_2^3 & g_3^3 & & & & \\ & & g_1^1 & g_2^1 & g_3^1 & g_1^2 & g_2^2 & g_3^2 & g_1^3 & g_2^3 & g_3^3 & & \\ & & & & g_1^1 & g_2^1 & g_3^1 & g_1^2 & g_2^2 & g_3^2 & g_1^3 & g_2^3 & g_3^3 \\ & & & & & & & & & & & & \cdots \end{bmatrix} \tag{9-62}$$

其结果与式(9-60)相同。上式可以表达为

$$G=\begin{bmatrix} G_1 & G_2 & G_3 & & & \\ & G_1 & G_2 & G_3 & & \\ & & G_1 & G_2 & G_3 & \\ & & & & & \cdots \end{bmatrix} \tag{9-63}$$

其中每个子矩阵 $G_i(i=1,2,3)$ 由一行三列组成：

$$G_1=[g_1^1 \quad g_2^1 \quad g_3^1],\quad G_2=[g_1^2 \quad g_2^2 \quad g_3^2],\quad G_3=[g_1^3 \quad g_2^3 \quad g_3^3]$$

推广到一般情况，对于(n,k,m)码，有

$$\begin{aligned} M&=[m_{1,1} \quad m_{2,1} \quad m_{3,1} \quad \cdots \quad m_{k,1} \quad m_{1,2} \quad m_{2,2} \quad m_{3,2} \quad \cdots \quad m_{k,2} \quad \cdots] \\ X&=[x_{1,1} \quad x_{2,1} \quad x_{3,1} \quad \cdots \quad x_{n,1} \quad x_{1,2} \quad x_{2,2} \quad x_{3,2} \quad \cdots \quad x_{n,2} \quad \cdots] \end{aligned} \tag{9-64}$$

已知该码的生成序列一般表达式为

$$\begin{gathered} g_{i,j}=(g_{i,j}^1 \quad g_{i,j}^2 \quad \cdots \quad g_{i,j}^l \quad \cdots \quad g_{i,j}^N) \\ i=1,2,\cdots,k;j=1,2,\cdots,n;l=1,2,\cdots,N \end{gathered} \tag{9-65}$$

其中 $g_{i,j}^l$ 表示每组 k 个输入比特中第 i 个比特经 $l-1$ 组延迟后的输出与每组 n 个输出比特中第 j 个模 2 和的输入端的连接关系，$g_{i,j}^l=1$ 表示有连线，$g_{i,j}^l=0$ 表示无连线。由此，我们可以写出(n,k,m)码的生成矩阵一般形式为

$$G=\begin{bmatrix} G_1 & G_2 & G_3 & \cdots & G_N & & \\ & G_1 & G_2 & G_3 & \cdots & G_N & \\ & & G_1 & G_2 & G_3 & \cdots & G_N \\ & & & & & & \cdots \end{bmatrix} \tag{9-66}$$

式中，$N=m+1$ 为约束长度；$G_l(l=1,2,\cdots,N)$ 是 k 行 n 列子矩阵，有

$$G_l=\begin{bmatrix} g_{1,1}^l & g_{1,2}^l & g_{1,3}^l & \cdots & g_{1,n}^l \\ g_{2,1}^l & g_{2,2}^l & g_{2,3}^l & \cdots & g_{2,n}^l \\ \vdots & \vdots & \vdots & & \vdots \\ g_{k,1}^l & g_{k,2}^l & g_{k,3}^l & \cdots & g_{k,n}^l \end{bmatrix} \tag{9-67}$$

2. 监督矩阵

前面已经讨论过卷积码的生成矩阵 G，下面讨论它的监督矩阵 H，仍以图 9-6 为例来讨论监督矩阵。

设输入码序列为 $M=(m_1 m_2 m_3 \cdots m_j \cdots)$，则该编码器的输出码序列为

$$X=[m_1 \quad x_{2,1} \quad x_{3,1} \quad m_2 \quad x_{2,2} \quad x_{3,2} \quad m_3 \quad x_{2,3} \quad x_{3,3} \quad \cdots \quad m_j \quad x_{2,j} \quad x_{3,j} \quad \cdots]$$

并假定移位寄存器初始状态为全零，于是得到信息元与监督元的关系为

$$\begin{cases} x_{2,1}=m_1, \quad x_{3,1}=m_1 \\ x_{2,2}=m_2, \quad x_{3,2}=m_1+m_2 \\ x_{2,3}=m_3+m_1, \quad x_{3,3}=m_3+m_2+m_1 \\ \cdots \end{cases} \tag{9-68}$$

把上面的方程组写成矩阵形式为

$$\begin{bmatrix} 110 \\ 101 \\ 000110 \\ 100101 \\ 100000110 \\ 100100101 \\ 000100000110 \\ 000100100101 \\ \cdots \end{bmatrix} \begin{bmatrix} m_1 \\ x_{2,1} \\ x_{3,1} \\ m_2 \\ x_{2,2} \\ x_{3,2} \\ m_3 \\ x_{2,3} \\ x_{3,3} \\ \vdots \end{bmatrix} = \boldsymbol{O}^{\mathrm{T}} \tag{9-69}$$

上式左边的矩阵即卷积码的监督矩阵,即

$$\boldsymbol{H} = \begin{bmatrix} 110 \\ 101 \\ 000110 \\ 100101 \\ 100000110 \\ 100100101 \\ 000100000110 \\ 000100100101 \\ \cdots \end{bmatrix} \tag{9-70}$$

由此可以看出卷积码的监督矩阵是一个半无限矩阵,因此常记作 $\boldsymbol{H}_\infty$。观察该矩阵可以发现,该矩阵前三列的结构与后三列的结构相同,而后三列只是比前三列向下移两行。因此从结构上看,只要知道前 6 行的结构状况,即可得到 $\boldsymbol{H}_\infty$ 的全部信息。为了研究问题的简便,于是引入截短监督矩阵:

$$\boldsymbol{H} = \begin{bmatrix} 110 \\ 101 \\ 000110 \\ 100101 \\ 100000110 \\ 100100101 \\ 000100000110 \\ 000100100101 \\ \cdots \end{bmatrix} = \begin{bmatrix} \boldsymbol{P}_1 & \boldsymbol{I}_2 & & & & \\ \boldsymbol{P}_2 & \boldsymbol{O} & \boldsymbol{P}_1 & \boldsymbol{I}_2 & & \\ \boldsymbol{P}_3 & \boldsymbol{O} & \boldsymbol{P}_2 & \boldsymbol{O} & \boldsymbol{P}_1 & \boldsymbol{P}_1 \end{bmatrix} \tag{9-71}$$

式中 $\boldsymbol{P}_i(i=1,2,3)$ 为 2×1 阶矩阵;$\boldsymbol{I}_2$ 为二阶单位方阵;$\boldsymbol{O}$ 为二阶全零矩阵。推广到一般情况,(n,k,m)卷积码的截短监督矩阵为

$$\boldsymbol{H} = \begin{bmatrix} \boldsymbol{P}_1\boldsymbol{I}_{n-k} & & & \\ \boldsymbol{P}_1\boldsymbol{O} & \boldsymbol{P}_1\boldsymbol{I}_{n-k} & & \\ \vdots & \vdots & \ddots & \\ \boldsymbol{P}_N\boldsymbol{O} & \boldsymbol{P}_{N-1}\boldsymbol{O} & \cdots & \boldsymbol{P}_1\boldsymbol{I}_{n-k} \end{bmatrix} \tag{9-72}$$

式中 I_{n-k} 为 $n-k$ 阶单位方阵；P_i 为 $(n-k)\times k$ 阶 P 矩阵；O 为 $n-k$ 阶全零矩阵。人们还称上式最后一行矩阵

$$\boldsymbol{h}=[\boldsymbol{P}_N\boldsymbol{O}\quad \boldsymbol{P}_{N-1}\boldsymbol{O}\quad \cdots\quad \boldsymbol{P}_1\boldsymbol{I}_{n-k}] \tag{9-73}$$

为 (n,k,m) 卷积码的基本监督矩阵。显然由上式可以看出，一旦 h 给定，则可完全确定截短监督矩阵。

下面讨论卷积码的生成矩阵 G 和监督矩阵 H 之间的关系。比较由上例得到的卷积码的生成矩阵 G_∞〔式(9-60)〕和监督矩阵 H〔式(9-70)〕，可以得到

$$\boldsymbol{G}_\infty=\begin{bmatrix} \boldsymbol{I}_1\boldsymbol{P}_1^{\mathrm{T}} & \boldsymbol{O}\boldsymbol{P}_2^{\mathrm{T}} & \boldsymbol{O}\boldsymbol{P}_3^{\mathrm{T}} & & \\ & \boldsymbol{I}_1\boldsymbol{P}_1^{\mathrm{T}} & \boldsymbol{O}\boldsymbol{P}_2^{\mathrm{T}} & \boldsymbol{O}\boldsymbol{P}_3^{\mathrm{T}} & \\ & & \boldsymbol{I}_1\boldsymbol{P}_1^{\mathrm{T}} & \boldsymbol{O}\boldsymbol{P}_2^{\mathrm{T}} & \boldsymbol{O}\boldsymbol{P}_3^{\mathrm{T}} \\ & & & & \cdots \end{bmatrix} \tag{9-74}$$

式中 I_1 为 1 阶单位方阵；P^{T} 为 P 矩阵的转置。类似于截短监督矩阵的想法，可引入截短生成矩阵 G：

$$\boldsymbol{G}=\begin{bmatrix} \boldsymbol{I}_1\boldsymbol{P}_1^{\mathrm{T}} & \boldsymbol{O}\boldsymbol{P}_2^{\mathrm{T}} & \boldsymbol{O}\boldsymbol{P}_3^{\mathrm{T}} \\ & \boldsymbol{I}_1\boldsymbol{P}_1^{\mathrm{T}} & \boldsymbol{O}\boldsymbol{P}_2^{\mathrm{T}} \\ & & \boldsymbol{I}_1\boldsymbol{P}_1^{\mathrm{T}} \end{bmatrix} \tag{9-75}$$

推广到一般情况，截短生成矩阵为

$$\boldsymbol{G}=\begin{bmatrix} \boldsymbol{I}_k\boldsymbol{P}_1^{\mathrm{T}} & \boldsymbol{O}\boldsymbol{P}_2^{\mathrm{T}} & \cdots & \boldsymbol{O}\boldsymbol{P}_2^{\mathrm{T}} \\ & \boldsymbol{I}_k\boldsymbol{P}_1^{\mathrm{T}} & \cdots & \boldsymbol{O}\boldsymbol{P}_N^{\mathrm{T}} \\ & & \ddots & \vdots \\ & & & \boldsymbol{I}_k\boldsymbol{P}_1^{\mathrm{T}} \end{bmatrix} \tag{9-76}$$

式中 I_k 为 k 阶单位方阵；O 为 k 阶全零方阵；P^{T} 为截短监督矩阵 H 中的 P 矩阵的转置。由上式可以看出，它的第一行矩阵

$$\boldsymbol{g}=[\boldsymbol{I}_k\boldsymbol{P}_1^{\mathrm{T}}\quad \boldsymbol{O}\boldsymbol{P}_2^{\mathrm{T}}\quad \cdots\quad \boldsymbol{O}\boldsymbol{P}_N^{\mathrm{T}}] \tag{9-77}$$

完全决定着 G 矩阵，称此 g 矩阵为基本生成矩阵。一旦得到基本生成矩阵，则可以写出该卷积码的截短生成矩阵 G。

9.5.4 卷积码的译码

卷积码有 3 种主要的译码方法：序列译码、门限译码和最大似然译码。门限译码是一种代数译码，序列译码和最大似然译码都是概率译码。

代数译码利用编码本身的代数结构进行解码，并不考虑信道的统计特性。比如门限译码，它以分组码理论为基础，它的主要特点是算法简单，易于实现，但是它的误码性能要比概率译码差。它的译码方法是从线性码的校正子出发，找到一组特殊的能够检查信息位置是否发生错误的方程组，从而实现纠错译码。

概率译码的基本思想是：把已经接收到的序列与所有可能的发送序列相比较，选择其中可能性最大的一个序列作为发送序列。概率最大在大多数场合可解释为距离最小，这种距离最小体现的正是最大似然译码准则。维特比译码是用得较多的一种概率译码方法，它是一种最大似然译码方法，它译码的复杂性均随 m 按指数增长。维特比译码在编码约束长度不太长或

误比特率要求不太高的条件下，计算速度快，且设备比较简单，被广泛地应用于现代通信中。

下面以图 9-10 所示的(2,1,2)卷积码编码器为例，来说明维比特译码的方法和运作过程。为了说明译码过程，给出其网格图如图 9-11 所示。图 9-11 中 a、b、c、d 表示 $m_{j-2}m_{j-1}$ 的 4 种可能状态：00、01、10、11。图 9-11 设输入信息数目 $L=5$ ，所以画有 $L+N=8$ 个时间单位(节点)，图 9-11 中分别标以 0 至 7。设编码器从 a 状态开始，该网格图的每一条路径都对应着不同的输入信息序列。由于所有的可能输入信息序列共有 2^{kL} 个，因而网格图中所有可能路径也有 2^{kL} 条。

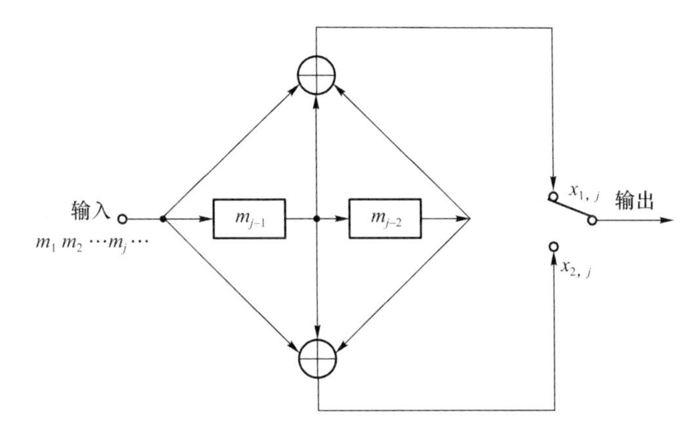

图 9-10 (2,1,2)卷积码编码器

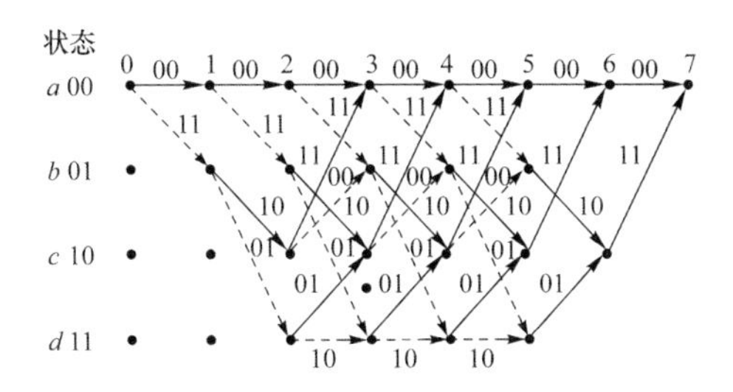

图 9-11 (2,1,2)卷积码网格图

设输入编码器的信息序列为 11011000，则由编码器输出的序列 $X=1101010001011100$，编码器的状态转移路线为 $abdcbdca$。若收到的序列 $R=0101011001011100$，对照网格图来说明维比特译码的方法。

由于该卷积码的约束长度为 6 位，因此先选择接收序列的前 6 位 $R=010101$ 同到达第 3 时刻的可能的 8 个码序列(即 8 个路径)进行比较，并计算出码距。该例中到达第 3 时刻 a 点的路径序列为 000000 和 111011，它们与 R_1 的距离分别是 3 和 4；到达第 3 时刻 b 点的路径序列为 000011 和 111000，它们与 R_1 的距离分别是 3 和 4；到达第 3 时刻 c 点的路径序列是 001110 和 110101，它们与 R_1 的距离分别是 4 和 1；到达第 3 时刻 d 点的路径序列为 001101 和 110110，它们与 R_1 的距离分别是 2 和 3。上述每个节点都保留码距较小的路径作为幸存路径，所以幸存路径码序列是 000000、000011、110101 和 001101，如图 9-12(a)所示。用与上面类似的方法可以得到第 4、5、6、7 时刻的幸存路径。需要指出的是，对于某一个节点而言，比较两条路径与接收序列的累计码距时，若两个码距值相等，则可以任选一路径作为幸存路径，此时不会影响译码的最终结果。图 9-12(b)给出了第 5 时刻幸存路径。在码的第 8 时刻 a 状态，得到一条幸存路径，如图 9-12(c)所示。由此可以看出译码器输出是 $R'=$

1101010001011100,即可变换成序列 11011000,恢复了发端原始信息。比较 R' 和 R 序列,可以看出在译码过程中已纠正了在码序列第 1 位和第 7 位上的错误。当然如果差错出现得太频繁,以至超出了卷积码的纠错能力,则会发生误纠。

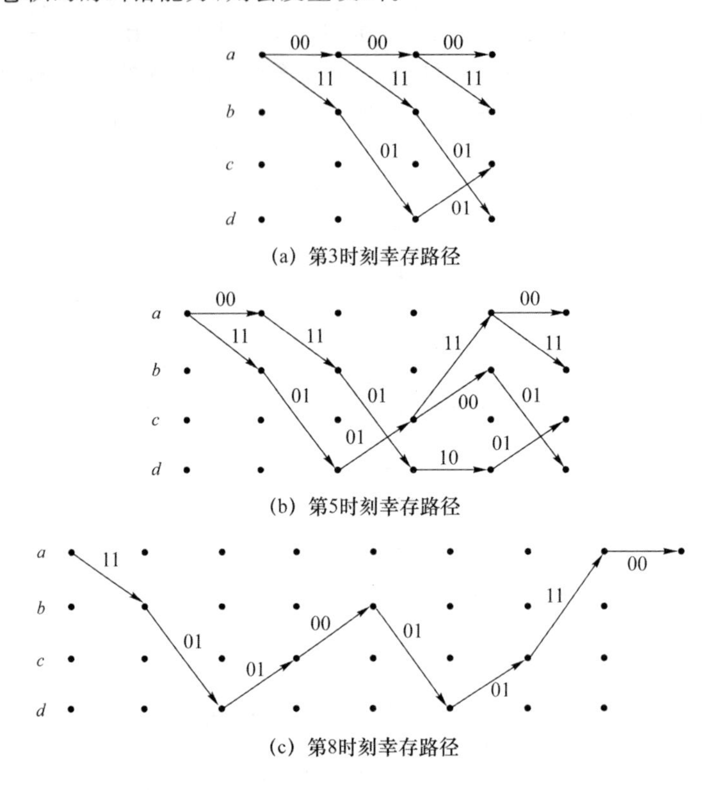

图 9-12 维特比译码示意图

9.6 交 织 码

在许多实际通信系统中,如移动通信,多径传播造成的衰落可能会产生一系列突发差错。前面讨论的纠错码主要是针对随机错误的,这里将讨论针对突发差错的交织码。

在某种意义上说,交织是一种信道改造技术,它通过信号设计将一个原来属于突发差错的有记忆信道改造为基本上是独立差错的随机无记忆信道。交织编码原理示意图如图 9-13 所示。

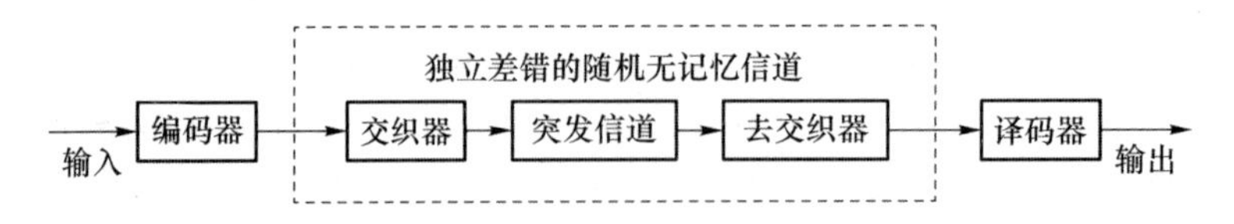

图 9-13 交织编码原理示意图

举例说明。假设将 $\boldsymbol{X}=[x_1,x_2,x_3,x_4,x_5,\cdots,x_{21},x_{22},x_{23},x_{24},x_{25}]$ 送入交织器,交织器设计成按列写入按行取出(假定 5 行 5 列),然后将其送入突发差错的有记忆信道。在接收端,去交织器进行交织器的相反变换,即按行写入按列取出,即交织器的输入为

$$\boldsymbol{X}=[x_1,x_2,x_3,x_4,x_5,\cdots,x_{21},x_{22},x_{23},x_{24},x_{25}] \tag{9-78}$$

交织矩阵(按列写入按行取出)为

$$\begin{bmatrix} x_1 & x_6 & x_{11} & x_{16} & x_{21} \\ x_2 & x_7 & x_{12} & x_{17} & x_{22} \\ x_3 & x_8 & x_{13} & x_{18} & x_{23} \\ x_4 & x_9 & x_{14} & x_{19} & x_{24} \\ x_5 & x_{10} & x_{15} & x_{20} & x_{25} \end{bmatrix} \tag{9-79}$$

则交织器输出为

$$\boldsymbol{X}'=[x_1,x_6,x_{11},x_{16},x_{21},x_2,\cdots,x_5,x_{10},x_{15},x_{20},x_{25}] \tag{9-80}$$

假设上述信号送入突发信道后发生突发错误,使得 x_1, x_6, x_{11}, x_{16}, x_{21} 连续 5 位发生错误。将经突发信道输出的信息表示为

$$\boldsymbol{X}''=[x_1',x_6',x_{11}',x_{16}',x_{21}',x_2,\cdots,x_5,x_{10},x_{15},x_{20},x_{25}] \tag{9-81}$$

经去交织器去交织(按行写入按列取出)后得到

$$\boldsymbol{X}'''=[x_1',x_2,x_3,x_4,x_5,x_6',\cdots,x_{21}',x_{22},x_{23},x_{24},x_{25}] \tag{9-82}$$

由此可见,经过交织矩阵与去交织矩阵变换后,原来信道中的突发 5 位连续错码变成了 $\boldsymbol{X}'''$ 中的随机错码。这样一来,一连串突发错码被分散到不同的码字上,对译码器来说,可以采用一般的纠错码和译码方式就可以纠正错误。

本章小结

① 提高系统传输的可靠性,降低误码率,常用的方法有两种:一种是减少数字信道本身引起的误码,可采用的方法有选择高质量的传输线路、改善信道的传输特性、增加信号的发送能量、选择有较强抗干扰能力的调制解调方案等;另一种方法就是采用差错控制编码,即信道编码。

② 通信系统中常用的差错控制方法有检错重发法、前向纠错法和混合差错控制法。

③ 根据编码理论,一种编码的检错或纠错能力与码字间的最小距离有关。在一般情况下,对于分组码有以下结论。

- 为检测 e 个错误,最小码距应满足

$$d_0 \geqslant e+1$$

- 为纠正 t 个错误,最小码距应满足

$$d_0 \geqslant 2t+1$$

- 为纠正 t 个错误,同时又能够检测 e 个错误,最小码距应满足

$$d_0 \geqslant e+t+1 \quad (e>t)$$

④ 建立在代数学基础上的编码称为代数码。在代数码中,常见的是线性分组码。线性分组码中的信息位和监督位是由一些线性代数方程联系着的。

⑤ 线性码具有封闭性,一种线性码中的任意两个码组之和仍为这种码中的一个码组。

⑥ 循环码是一类重要的线性分组码,它具有循环性。它是在严密的代数理论基础上建立起来的,因而有助于按照所要求的纠错能力系统地构造这类码,从而可以简化译码方法,使得循环码的编译码电路比较简单,因而循环码得到了广泛的应用。

⑦ 卷积码是一种非分组码，它先将信息序列分成长度为 k 的子组，然后将其编成长为 n 的子码，其中长为 $n-k$ 的监督码元不仅与本子码的 k 个信息码元有关，而且还与前面 m 个子码的信息码元密切相关。

⑧ 卷积码可用树状图、状态图和网格图表示，其中网格图最为简洁直观。

⑨ 卷积码的生成矩阵一般形式为

$$\boldsymbol{G}=\begin{bmatrix} \boldsymbol{G}_1 & \boldsymbol{G}_2 & \boldsymbol{G}_3 & \cdots & \boldsymbol{G}_N & & \\ & \boldsymbol{G}_1 & \boldsymbol{G}_2 & \boldsymbol{G}_3 & \cdots & \boldsymbol{G}_N & \\ & & \boldsymbol{G}_1 & \boldsymbol{G}_2 & \boldsymbol{G}_3 & \cdots & \boldsymbol{G}_N \\ & & & & & & \cdots \end{bmatrix}$$

⑩ 卷积码的监督矩阵一般形式为

$$\boldsymbol{H}=\begin{bmatrix} \boldsymbol{P}_1\boldsymbol{I}_{n-k} & & & \\ \boldsymbol{P}_1\boldsymbol{O} & \boldsymbol{P}_1\boldsymbol{I}_{n-k} & & \\ \vdots & \vdots & \ddots & \\ \boldsymbol{P}_N\boldsymbol{O} & \boldsymbol{P}_{N-1}\boldsymbol{O} & \cdots & \boldsymbol{P}_1\boldsymbol{I}_{n-k} \end{bmatrix}$$

⑪ 卷积码有 3 种主要的译码方法：序列译码、门限译码和最大似然译码。维特比译码是用得较多的一种概率译码方法，它是一种最大似然译码方法，它译码的复杂性均随 m 按指数增长。维特比译码在编码约束长度不太长或误比特率要求不太高的条件下，计算速度快，且设备比较简单，被广泛地应用于现代通信中。

⑫ 针对突发差错的交织码是一种信道改造技术，它通过信号设计将一个原来属于突发差错的有记忆信道改造为基本上是独立差错的随机无记忆信道。经过交织矩阵与去交织矩阵变换后，原来信道中的突发连续错码变成了随机错码，采用一般的纠错码和译码方式就可以纠正错误。

习　题

9-1　说明通信系统中差错控制的方法。

9-2　说明最小码距和检错、纠错能力的关系。

9-3　说明奇偶监督码的定义，并指出它的特点。

9-4　说明恒比码的定义，并指出它的特点。

9-5　说明汉明码的定义，并指出它的特点。

9-6　说明循环码和线性分组码之间的关系，同时指出循环码的特点。

9-7　说明卷积码的定义，并列举出它的不同表示方式。

9-8　说明交织编码的实现方式，并指出它的作用。

9-9　已知 8 个码组为(000000)、(001110)、(010101)、(011011)、(100011)、(101101)、(110110)、(111000)。

① 求以上码组的最小码距 d_0。

② 若此 8 个码组用于检错，计算其可检出的错位数。

③ 若此 8 个码组用于纠错，计算其可纠正的错位数。

④ 若此 8 个码组同时用于纠错和检错，说明其纠错、检错性能。

9-10　已知两码组(0000)和(1111),若这两个码组用于检错,计算其能检错的位数;若用于纠错,计算其能纠错的位数;若同时用于纠错和检错,计算其能同时纠、检错码的位数。

9-11　一码长 $n=15$ 的汉明码,计算其监督位 r 的位数和编码效率。试写出监督码元与信息码元之间的关系。

9-12　已知某(7,4)线性分组码的监督矩阵为

$$\boldsymbol{H}=\begin{bmatrix}1&1&1&0&1&0&0\\1&1&0&1&0&1&0\\1&0&1&1&0&0&1\end{bmatrix}$$

试求其生成矩阵,并写出所有许用码组。

9-13　设一线性分组码的一致监督方程为

$$\begin{cases}a_4+a_3+a_2+a_0=0\\a_5+a_4+a_1+a_0=0\\a_5+a_3+a_0=0\end{cases}$$

其中 a_5、a_4、a_3 为信息码。

① 试求其生成矩阵和监督矩阵。

② 写出所有的码字。

③ 判断下列接收到的码字是否正确:$B_1=(011101)$,$B_2=(101011)$,$B_3=(110101)$。若非码字,请说明如何纠错和检错。

9-14　试分别将下列生成矩阵化为标准形式 $\boldsymbol{G}=[\boldsymbol{I}_k\cdot\boldsymbol{Q}]$。

$$\boldsymbol{G}_1=\begin{bmatrix}0&0&0&1&1&0&1\\0&0&1&1&0&1&0\\0&1&1&0&1&0&0\\1&1&0&1&0&0&0\end{bmatrix},\quad \boldsymbol{G}_2=\begin{bmatrix}0&0&0&1&0&1&1\\0&0&1&0&1&1&0\\0&1&0&1&1&0&0\\1&0&1&1&0&0&0\end{bmatrix}$$

参考文献

[1] 樊昌信,曹丽娜.通信原理[M].6 版. 北京:国防工业出版社,2013.
[2] 曹志刚,钱亚生.现代通信原理[M].北京:清华大学出版社,2018.
[3] 南利平,李学华,王亚飞,等.通信原理简明教程[M]. 3 版. 北京:清华大学出版社,2014.
[4] 张辉,曹丽娜. 现代通信原理与技术[M]. 西安:西安电子科技大学出版社,2018.
[5] 张会生.现代通信系统原理[M]. 3 版. 北京:高等教育出版社,2014.
[6] 张玉平.通信原理与技术[M].北京:化学工业出版社,2009.
[7] 赵新亚,胡国柱.现代通信原理[M]. 北京:化学工业出版社,2017.
[8] 周炯槃,庞沁华,续大我,等.通信原理 [M]. 4 版. 北京:北京邮电大学出版社,2015.
[9] 郭文彬,杨鸿文,桑林,等.通信原理——基于 Matlab 的计算机仿真 [M]. 2 版. 北京:北京邮电大学出版社,2015.
[10] 黄载禄,殷蔚华.通信原理 [M]. 北京:科学出版社,2005.
[11] 冯玉珉.通信系统原理 [M]. 北京:清华大学出版社,2007.
[12] 李建东,郭梯云,邬国扬.移动通信 [M]. 5 版. 西安:西安电子科技大学出版社,2021.

附录A 傅里叶变换

1. 定义

正变换：

$$X(\omega)=\int_{-\infty}^{\infty}x(t)\mathrm{e}^{-\mathrm{j}\omega t}\,\mathrm{d}t$$

$$X(f)=\int_{-\infty}^{\infty}x(t)\mathrm{e}^{-\mathrm{j}2\pi ft}\,\mathrm{d}t$$

式中，$\omega=2\pi f$。

逆变换：

$$x(t)=\frac{1}{2\pi}\int_{-\infty}^{\infty}X(\omega)\mathrm{e}^{\mathrm{j}\omega t}\,\mathrm{d}\omega$$

$$x(t)=\int_{-\infty}^{\infty}X(f)\mathrm{e}^{\mathrm{j}2\pi ft}\,\mathrm{d}f$$

2. 常用的傅里叶变换

表 A-1　常用的傅里叶变换

信号名称	函数 $x(t)$	傅里叶变换	
		$X(\omega)$	$X(f)$
$\mathrm{rect}\,t$	$\begin{cases}1, & \|t\|\leqslant\frac{1}{2}\\0, & \|t\|>\frac{1}{2}\end{cases}$	$\frac{\sin(\omega/2)}{\omega/2}$	$\frac{\sin(\pi f)}{\pi f}$
抽样信号	$\frac{\sin(\pi t)}{\pi t}$	$\mathrm{rect}\,\frac{\omega}{2\pi}$	$\mathrm{rect}\,f$
指数信号	$\mathrm{e}^{-\alpha t}u(t)$	$\frac{1}{\alpha+\mathrm{j}\omega}$	$\frac{1}{\alpha+\mathrm{j}2\pi f}$
三角信号	$\begin{cases}1-\|t\|, & \|t\|\leqslant 1\\0, & \|t\|>1\end{cases}$	$\left[\frac{\sin(\omega/2)}{\omega/2}\right]^2$	$\left[\frac{\sin(\pi f)}{\pi f}\right]^2$
高斯信号	$\mathrm{e}^{-\pi t^2}$	$\mathrm{e}^{-\omega^2/(4\pi)}$	$\mathrm{e}^{-\pi f^2}$
冲激信号	$\delta(t)$	1	1

续 表

信号名称	函数 $x(t)$	傅里叶变换	
		$X(\omega)$	$X(f)$
阶跃信号	$u(t)$	$\pi\delta(\omega)+\frac{1}{j\omega}$	$\frac{1}{2}\delta(f)+\frac{1}{j2\pi f}$
常数	k	$2\pi k\delta(\omega)$	$k\delta(f)$
符号信号	$\frac{t}{\lvert t\rvert}$	$\frac{2}{j\omega}$	$\frac{1}{j\pi f}$
余弦信号	$\cos(\omega_0 t)$	$\pi\delta(\omega+\omega_0)+\pi\delta(\omega-\omega_0)$	$\frac{1}{2}\delta(f+f_0)+\frac{1}{2}\delta(f-f_0)$
正弦信号	$\sin(\omega_0 t)$	$j\pi\delta(\omega+\omega_0)-j\pi\delta(\omega-\omega_0)$	$\frac{j}{2}\delta(f+f_0)-\frac{j}{2}\delta(f-f_0)$
复指数信号	$e^{j\omega_0 t}$	$2\pi\delta(\omega-\omega_0)$	$\delta(f-f_0)$
脉冲序列信号	$\sum\limits_{\infty}\delta(t-nT)$	$\frac{2\pi}{T}\sum\limits_{\infty}\delta\left(\omega-\frac{2\pi n}{T}\right)$	$\frac{2\pi}{T}\sum\limits_{\infty}\delta\left(f-\frac{n}{T}\right)$

3. 常用的傅里叶变换性质

表 A-2　常用的傅里叶变换性质

运算名称	函数 $x(t)$	傅里叶变换	
		$X(\omega)$	$X(f)$
线性	$ax_1(t)+bx_2(t)$	$aX_1(\omega)+bX_2(\omega)$	$aX_1(f)+bX_2(f)$
对称	$X(t)$	$2\pi x(-\omega)$	$2\pi x(-f)$
标尺变换	$x(at)$	$\frac{X(\omega/a)}{\lvert a\rvert}$	$\frac{X(f/a)}{\lvert a\rvert}$
反演	$x(-t)$	$X(-\omega)$	$X(-f)$
时延	$x(t-\tau)$	$e^{-j\tau\omega}X(\omega)$	$e^{-j2\pi\tau f}X(\omega)$
微分	$\frac{dx(t)}{dt}$	$j\omega X(\omega)$	$j2\pi fX(f)$
积分	$\int_{-\infty}^{t}x(\tau)d\tau$	$\frac{X(\omega)}{j\omega}+\pi X(0)\delta(\omega)$	$\frac{X(f)}{j2\pi f}+\frac{1}{2}X(0)\delta(f)$
卷积	$x_1(t)*x_2(t)$	$X_1(\omega)X_2(\omega)$	$X_1(f)X_2(f)$
频移	$x(t)e^{j\omega_0 t}$	$X(\omega-\omega_0)$	$X(f-f_0)$
频域微分	$-jtx(t)$	$\frac{dX(\omega)}{d\omega}$	$\frac{1}{2\pi}\frac{dX(f)}{df}$
频域卷积	$x_1(t)x_2(t)$	$\frac{1}{2\pi}X_1(\omega)*X_2(\omega)$	$X_1(f)*X_2(f)$

常用三角函数公式

1. 两角和差

$$\sin(\alpha\pm\beta)=\sin\alpha\cos\beta\pm\cos\alpha\sin\beta$$
$$\cos(\alpha\pm\beta)=\cos\alpha\cos\beta\mp\sin\alpha\sin\beta$$

2. 积化和差

$$\cos\alpha\cos\beta=\frac{1}{2}\cos(\alpha+\beta)+\frac{1}{2}\cos(\alpha-\beta)$$
$$\sin\alpha\sin\beta=\frac{1}{2}\cos(\alpha-\beta)-\frac{1}{2}\cos(\alpha+\beta)$$
$$\sin\alpha\cos\beta=\frac{1}{2}\sin(\alpha+\beta)+\frac{1}{2}\sin(\alpha-\beta)$$

3. 和差化积

$$\sin\alpha+\sin\beta=2\sin\left[\frac{1}{2}(\alpha+\beta)\right]\cos\left[\frac{1}{2}(\alpha-\beta)\right]$$
$$\sin\alpha-\sin\beta=2\sin\left[\frac{1}{2}(\alpha-\beta)\right]\cos\left[\frac{1}{2}(\alpha+\beta)\right]$$
$$\cos\alpha+\cos\beta=2\cos\left[\frac{1}{2}(\alpha+\beta)\right]\cos\left[\frac{1}{2}(\alpha-\beta)\right]$$
$$\cos\alpha-\cos\beta=-2\sin\left[\frac{1}{2}(\alpha+\beta)\right]\sin\left[\frac{1}{2}(\alpha-\beta)\right]$$

4. 二倍角

$$\sin(2\alpha)=2\sin\alpha\cos\alpha$$
$$\cos(2\alpha)=2\cos^2\alpha-1=1-2\sin^2\alpha=\cos^2\alpha-\sin^2\alpha$$
$$\sin^2\alpha=\frac{1}{2}[1-\cos(2\alpha)]$$
$$\cos^2\alpha=\frac{1}{2}[1+\cos(2\alpha)]$$

5. 半角

$$\sin\frac{\alpha}{2}=\sqrt{\frac{1}{2}(1-\cos\alpha)}$$

$$\cos\frac{\alpha}{2}=\sqrt{\frac{1}{2}(1+\cos\alpha)}$$

6. 复指数

$$e^{j\alpha}=\cos\alpha+j\sin\alpha$$

$$\sin\alpha=\frac{e^{j\alpha}-e^{-j\alpha}}{2j}$$

$$\cos\alpha=\frac{e^{j\alpha}+e^{-j\alpha}}{2}$$

7. 辅助角

$$a\sin\alpha+b\cos\alpha=\sqrt{a^2+b^2}\sin\left(\alpha+\arctan\frac{b}{a}\right)\quad(a>0)$$

$$a\sin\alpha+b\cos\alpha=\sqrt{a^2+b^2}\cos\left(\alpha-\arctan\frac{a}{b}\right)\quad(b>0)$$

8. 其他

$$\sin\left(\alpha\pm\frac{\pi}{2}\right)=\pm\cos\alpha$$

$$\cos\left(\alpha\pm\frac{\pi}{2}\right)=\mp\sin\alpha$$

附录C 误差函数

1. 误差函数的定义

误差函数也称为高斯误差函数，是一个非基本函数（即不是初等函数），其在概率论、统计学以及偏微分方程中都有广泛的应用，其图形如图 C-1 所示，其常用部分数值如表 C-1 所示，其定义如下：

$$\mathrm{erf}(x)=\frac{2}{\sqrt{\pi}}\int_0^x \mathrm{e}^{-z^2}\,\mathrm{d}z$$

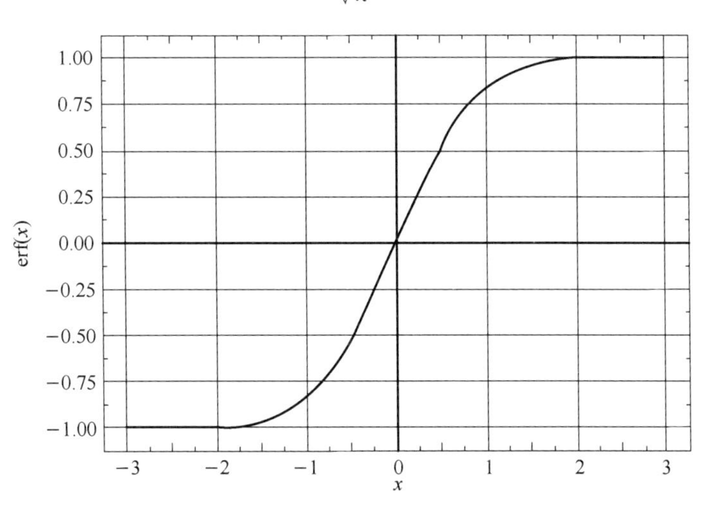

图 C-1　误差函数图

2. 互补误差函数

互补误差函数的定义为

$$\mathrm{erfc}(x)=1-\mathrm{erf}(x)=\frac{2}{\sqrt{\pi}}\int_x^{\infty} \mathrm{e}^{-z^2}\,\mathrm{d}z$$

附表 C-1 误差函数表

x	erf(x)	x	erf(x)	x	erf(x)	x	erf(x)	x	erf(x)
0.00	0.000 000 0	0.42	0.447 467 6	0.84	0.765 142 7	1.26	0.925 235 9	1.68	0.982 492 8
0.01	0.011 283 4	0.43	0.456 886 7	0.85	0.770 668 1	1.27	0.927 513 6	1.69	0.983 152 6
0.02	0.022 564 6	0.44	0.466 225 1	0.86	0.776 100 3	1.28	0.929 734 2	1.70	0.983 790 5
0.03	0.033 841 2	0.45	0.475 481 7	0.87	0.781 439 8	1.29	0.931 898 6	1.71	0.984 407 0
0.04	0.045 111 1	0.46	0.484 655 4	0.88	0.786 687 3	1.30	0.934 007 9	1.72	0.985 002 8
0.05	0.056 372 0	0.47	0.493 745 1	0.89	0.791 843 2	1.31	0.936 063 1	1.73	0.985 578 5
0.06	0.067 621 6	0.48	0.502 749 7	0.90	0.796 908 2	1.32	0.938 065 2	1.74	0.986 134 6
0.07	0.078 857 7	0.49	0.511 668 3	0.91	0.801 882 8	1.33	0.940 015 0	1.75	0.986 671 7
0.08	0.090 078 1	0.50	0.520 499 9	0.92	0.806 767 7	1.34	0.941 913 7	1.76	0.987 190 3
0.09	0.101 280 6	0.51	0.529 243 6	0.93	0.811 563 6	1.35	0.943 762 2	1.77	0.987 690 9
0.10	0.112 462 9	0.52	0.537 898 6	0.94	0.816 271 0	1.36	0.945 561 4	1.78	0.988 174 2
0.11	0.123 622 9	0.53	0.546 464 1	0.95	0.820 890 8	1.37	0.947 312 4	1.79	0.988 640 5
0.12	0.134 758 4	0.54	0.554 939 3	0.96	0.825 423 6	1.38	0.949 016 0	1.80	0.989 090 5
0.13	0.145 867 1	0.55	0.563 323 4	0.97	0.829 870 3	1.39	0.950 673 3	1.81	0.989 524 5
0.14	0.156 947 0	0.56	0.571 615 8	0.98	0.834 231 5	1.40	0.952 285 1	1.82	0.989 943 2
0.15	0.167 996 0	0.57	0.579 815 8	0.99	0.838 508 1	1.41	0.953 852 4	1.83	0.990 346 8
0.16	0.179 011 8	0.58	0.587 922 9	1.00	0.842 700 8	1.42	0.955 376 2	1.84	0.990 735 9
0.17	0.189 992 5	0.59	0.595 936 5	1.01	0.846 810 5	1.43	0.956 857 3	1.85	0.991 111 0
0.18	0.200 935 8	0.60	0.603 856 1	1.02	0.850 838 0	1.44	0.958 296 6	1.86	0.991 472 5
0.19	0.211 839 9	0.61	0.611 681 2	1.03	0.854 784 2	1.45	0.959 695 0	1.87	0.991 820 7
0.20	0.222 702 6	0.62	0.619 411 5	1.04	0.858 649 9	1.46	0.961 053 5	1.88	0.992 156 2
0.21	0.233 521 9	0.63	0.627 046 4	1.05	0.862 436 1	1.47	0.962 372 9	1.89	0.992 479 3
0.22	0.244 295 9	0.64	0.634 585 8	1.06	0.866 143 6	1.48	0.963 654 1	1.90	0.992 790 4
0.23	0.255 022 6	0.65	0.642 029 3	1.07	0.869 773 3	1.49	0.964 897 9	1.91	0.993 089 9
0.24	0.265 700 1	0.66	0.649 376 7	1.08	0.873 326 2	1.50	0.966 105 1	1.92	0.993 378 2
0.25	0.276 326 4	0.67	0.656 627 7	1.09	0.876 803 1	1.51	0.967 276 7	1.93	0.993 655 7
0.26	0.286 899 7	0.68	0.663 782 2	1.10	0.880 205 1	1.52	0.968 413 5	1.94	0.993 922 6
0.27	0.297 418 2	0.69	0.670 840 1	1.11	0.883 533 0	1.53	0.969 516 2	1.95	0.994 179 3
0.28	0.307 880 1	0.70	0.677 801 2	1.12	0.886 787 9	1.54	0.970 585 7	1.96	0.994 426 3
0.29	0.318 283 5	0.71	0.684 665 6	1.13	0.889 970 7	1.55	0.971 622 7	1.97	0.994 663 7
0.30	0.328 626 8	0.72	0.691 433 1	1.14	0.893 082 3	1.56	0.972 628 1	1.98	0.994 892 0
0.31	0.338 908 2	0.73	0.698 103 9	1.15	0.896 123 8	1.57	0.973 602 6	1.99	0.995 111 4
0.32	0.349 126 0	0.74	0.704 678 1	1.16	0.899 096 2	1.58	0.974 547 0	2.00	0.995 322 3
0.33	0.359 278 7	0.75	0.711 155 6	1.17	0.902 000 4	1.59	0.975 462 0	2.01	0.995 524 8
0.34	0.369 364 5	0.76	0.717 536 8	1.18	0.904 837 4	1.60	0.976 348 4	2.02	0.995 719 5
0.35	0.379 382 1	0.77	0.723 821 6	1.19	0.907 608 3	1.61	0.977 206 8	2.03	0.995 906 3
0.36	0.389 329 7	0.78	0.730 010 4	1.20	0.910 314 0	1.62	0.978 038 1	2.04	0.996 085 8
0.37	0.399 206 0	0.79	0.736 103 5	1.21	0.912 955 5	1.63	0.978 842 8	2.05	0.996 258 1
0.38	0.409 009 5	0.80	0.742 101 0	1.22	0.915 533 9	1.64	0.979 621 8	2.06	0.996 423 5
0.39	0.418 738 7	0.81	0.748 003 3	1.23	0.918 050 1	1.65	0.980 375 6	2.07	0.996 582 2
0.40	0.428 392 4	0.82	0.753 810 8	1.24	0.920 505 2	1.66	0.981 104 9	2.08	0.996 734 4
0.41	0.437 969 1	0.83	0.759 523 8	1.25	0.922 900 1	1.67	0.981 810 4	2.09	0.996 880 5

续表

x	erf(x)	x	erf(x)	x	erf(x)	x	erf(x)
2.10	0.997 020 5	2.50	0.999 593 0	2.90	0.999 958 9	3.30	0.999 996 942 3
2.11	0.997 154 8	2.51	0.999 614 3	2.91	0.999 961 3	3.31	0.999 997 145 9
2.12	0.997 283 6	2.52	0.999 634 5	2.92	0.999 963 6	3.32	0.999 997 336 4
2.13	0.997 407 0	2.53	0.999 653 7	2.93	0.999 965 8	3.33	0.999 997 514 7
2.14	0.997 525 3	2.54	0.999 672 0	2.94	0.999 967 9	3.34	0.999 997 681 5
2.15	0.997 638 6	2.55	0.999 689 3	2.95	0.999 969 8	3.35	0.999 997 837 5
2.16	0.997 747 2	2.56	0.999 705 8	2.96	0.999 971 6	3.36	0.999 997 983 4
2.17	0.997 851 1	2.57	0.999 721 5	2.97	0.999 973 3	3.37	0.999 998 119 9
2.18	0.997 950 6	2.58	0.999 736 4	2.98	0.999 975 0	3.38	0.999 998 247 4
2.19	0.998 045 9	2.59	0.999 750 5	2.99	0.999 976 5	3.39	0.999 998 366 6
2.20	0.998 137 2	2.60	0.999 764 0	3.00	0.999 977 909 5	3.40	0.999 998 478 0
2.21	0.998 224 4	2.61	0.999 776 7	3.01	0.999 979 261 0	3.41	0.999 998 582 1
2.22	0.998 307 9	2.62	0.999 788 8	3.02	0.999 980 533 6	3.42	0.999 998 679 3
2.23	0.998 387 8	2.63	0.999 800 3	3.03	0.999 981 731 6	3.43	0.999 998 770 1
2.24	0.998 464 2	2.64	0.999 811 2	3.04	0.999 982 859 1	3.44	0.999 998 854 8
2.25	0.998 537 3	2.65	0.999 821 5	3.05	0.999 983 920 2	3.45	0.999 998 933 9
2.26	0.998 607 1	2.66	0.999 831 3	3.06	0.999 984 918 4	3.46	0.999 999 007 8
2.27	0.998 673 9	2.67	0.999 840 6	3.07	0.999 985 857 4	3.47	0.999 999 076 7
2.28	0.998 737 7	2.68	0.999 849 4	3.08	0.999 986 740 5	3.48	0.999 999 141 0
2.29	0.998 798 6	2.69	0.999 857 8	3.09	0.999 987 570 8	3.49	0.999 999 201 0
2.30	0.998 856 8	2.70	0.999 865 7	3.10	0.999 988 351 3	3.50	0.999 999 256 9
2.31	0.998 912 4	2.71	0.999 873 2	3.11	0.999 989 085 0	3.51	0.999 999 309 0
2.32	0.998 965 5	2.72	0.999 880 3	3.12	0.999 989 774 4	3.52	0.999 999 357 7
2.33	0.999 016 2	2.73	0.999 887 0	3.13	0.999 990 422 0	3.53	0.999 999 403 0
2.34	0.999 064 6	2.74	0.999 893 4	3.14	0.999 991 030 4	3.54	0.999 999 445 2
2.35	0.999 110 7	2.75	0.999 899 4	3.15	0.999 991 601 8	3.55	0.999 999 484 5
2.36	0.999 154 8	2.76	0.999 905 1	3.16	0.999 992 138 3	3.56	0.999 999 521 2
2.37	0.999 196 8	2.77	0.999 910 5	3.17	0.999 992 641 9	3.57	0.999 999 555 3
2.38	0.999 236 9	2.78	0.999 915 6	3.18	0.999 993 114 6	3.58	0.999 999 587 0
2.39	0.999 275 1	2.79	0.999 920 4	3.19	0.999 993 558 1	3.59	0.999 999 616 6
2.40	0.999 311 5	2.80	0.999 925 0	3.20	0.999 993 974 2	3.60	0.999 999 644 1
2.41	0.999 346 2	2.81	0.999 929 3	3.21	0.999 994 364 6	3.61	0.999 999 669 7
2.42	0.999 379 3	2.82	0.999 933 4	3.22	0.999 994 730 6	3.62	0.999 999 693 6
2.43	0.999 410 8	2.83	0.999 937 3	3.23	0.999 995 073 9	3.63	0.999 999 715 7
2.44	0.999 440 8	2.84	0.999 940 9	3.24	0.999 995 395 6	3.64	0.999 999 736 4
2.45	0.999 469 4	2.85	0.999 944 3	3.25	0.999 995 697 2	3.65	0.999 999 755 5
2.46	0.999 496 6	2.86	0.999 947 6	3.26	0.999 995 979 8	3.66	0.999 999 773 3
2.47	0.999 522 6	2.87	0.999 950 7	3.27	0.999 996 244 6	3.67	0.999 999 789 9
2.48	0.999 547 2	2.88	0.999 953 6	3.28	0.999 996 492 6	3.68	0.999 999 805 3
2.49	0.999 570 7	2.89	0.999 956 3	3.29	0.999 996 724 8	3.69	0.999 999 819 6

续表

x	erf(x)	x	erf(x)	x	erf(x)	x	erf(x)
3.70	0.999 999 832 8	3.91	0.999 999 967 9	4.12	0.999 999 994 3	4.33	0.999 999 999 1
3.71	0.999 999 845 2	3.92	0.999 999 970 4	4.13	0.999 999 994 8	4.34	0.999 999 999 2
3.72	0.999 999 856 6	3.93	0.999 999 972 7	4.14	0.999 999 995 2	4.35	0.999 999 999 2
3.73	0.999 999 867 3	3.94	0.999 999 974 8	4.15	0.999 999 995 6	4.36	0.999 999 999 3
3.74	0.999 999 877 1	3.95	0.999 999 976 8	4.16	0.999 999 996 0	4.37	0.999 999 999 4
3.75	0.999 999 886 3	3.96	0.999 999 978 6	4.17	0.999 999 996 3	4.38	0.999 999 999 4
3.76	0.999 999 894 8	3.97	0.999 999 980 3	4.18	0.999 999 996 6	4.39	0.999 999 999 5
3.77	0.999 999 902 6	3.98	0.999 999 981 8	4.19	0.999 999 996 9	4.40	0.999 999 999 5
3.78	0.999 999 909 9	3.99	0.999 999 983 3	4.20	0.999 999 997 1	4.41	0.999 999 999 6
3.79	0.999 999 916 7	4.00	0.999 999 984 6	4.21	0.999 999 997 4	4.42	0.999 999 999 6
3.80	0.999 999 923 0	4.01	0.999 999 985 8	4.22	0.999 999 997 6	4.43	0.999 999 999 6
3.81	0.999 999 928 8	4.02	0.999 999 986 9	4.23	0.999 999 997 8	4.44	0.999 999 999 7
3.82	0.999 999 934 2	4.03	0.999 999 988 0	4.24	0.999 999 998 0	4.45	0.999 999 999 7
3.83	0.999 999 939 2	4.04	0.999 999 988 9	4.25	0.999 999 998 1	4.46	0.999 999 999 7
3.84	0.999 999 943 8	4.05	0.999 999 989 8	4.26	0.999 999 998 3	4.47	0.999 999 999 7
3.85	0.999 999 948 1	4.06	0.999 999 990 6	4.27	0.999 999 998 4	4.48	0.999 999 999 8
3.86	0.999 999 952 1	4.07	0.999 999 991 4	4.28	0.999 999 998 6	4.49	0.999 999 999 8
3.87	0.999 999 955 8	4.08	0.999 999 992 1	4.29	0.999 999 998 7	4.50	0.999 999 999 8
3.88	0.999 999 959 2	4.09	0.999 999 992 7	4.30	0.999 999 998 8	4.51	0.999 999 999 8
3.89	0.999 999 962 3	4.10	0.999 999 993 3	4.31	0.999 999 998 9	4.52	0.999 999 999 8
3.90	0.999 999 965 2	4.11	0.999 999 993 8	4.32	0.999 999 999 0	4.53	0.999 999 999 9